高等学校"十四五"规划教材

化学与环境

主　编　吴婉娥

副主编　付　潇

西北工业大学出版社

西　安

【内容简介】 本书依据火箭军工程大学环境工程和特种能源技术与工程专业的"无机及分析化学"课程要求编写,为该课程的补充教材。内容包括化学基本原理、化学与大气环境、化学与水环境、化学与土壤环境、环境污染物的监测、化学推进剂的质量检测以及化学推进剂污染监测及治理技术,重点阐述无机及分析化学在环境科学以及特种能源技术与工程专业中的应用。

本书主要用作火箭军工程大学特种能源技术与工程专业的教材,也可作为其他高校相关专业的补充教材。

图书在版编目(CIP)数据

化学与环境 / 吴婉娥主编. — 西安 :西北工业大学出版社,2021.9
ISBN 978 - 7 - 5612 - 7985 - 4

Ⅰ.①化… Ⅱ.①吴… Ⅲ.①化学–关系–环境保护
Ⅳ.①O6 ②X

中国版本图书馆 CIP 数据核字(2021)第 205233 号

HUAXUE YU HUANJING
化 学 与 环 境

责任编辑:王玉玲 唐小玉		策划编辑:杨 军	
责任校对:朱晓娟		装帧设计:李 飞	

出版发行:西北工业大学出版社
通信地址:西安市友谊西路 127 号　　　　　　邮编:710072
电　话:(029)88491757,88493844
网　址:www.nwpup.com
印 刷 者:兴平市博闻印务有限公司
开　本:787 mm×1 092 mm　　　　1/16
印　张:15.25
字　数:400 千字
版　次:2021 年 9 月第 1 版　　　　2021 年 9 月第 1 次印刷
定　价:49.00 元

前　言

　　"无机及分析化学"是火箭军工程大学环境工程和特种能源技术与理论专业的第一门专业基础课程。依据学校 2013 年、2018 年及 2020 年人才培养方案,"无机化学"与"分析化学"合并称为"无机及分析化学",合并后学时减少一半。

　　学时缩减后,重点、难点内容将进行概括性讲授,而应用知识则无法在课内学时进一步阐述,因此为了减少学员学习时搜索资料的时间,强化理论知识在实际中的应用,同时使学员在学习中深刻认识该课程的地位和作用,笔者编写了本书。本书在专业基础课与专业课之间架起了桥梁,实现了专业基础课与专业课的无缝对接。

　　全书共 7 章。

　　第 1 章为化学基本原理,阐述化学四大平衡理论的基础及滴定分析的基础理论。

　　第 2 章为化学与大气环境,介绍大气环境的基本组成、主要的气体污染物和颗粒污染物,着重阐述大气污染物的化学反应原理及光化学烟雾、酸雨、温室效应、臭氧层损耗等形成的化学机理。

　　第 3 章为化学与水环境,阐述天然水的组成、性质和水循环,以及水环境中有机污染物和重金属污染物的存在形态,着重介绍水体中重金属污染物的溶解沉淀反应、氧化还原反应、配位反应,水体中总颗粒物的迁移、聚集原理,有机污染物的分配、挥发、水解、光解及生物降解作用,水体的富营养化以及引发重要水污染事件的因素及其形成机理。

　　第 4 章为化学与土壤环境,阐述土壤的组成及其物理、化学、生物学特性,土壤的自净作用,土壤背景值,土壤污染及其危害,并着重介绍铅、汞、镉、铬等典型重金属污染物的迁移转化特征及其危害,农药在土壤中的化学迁移转化及其影响因素,针对性地论述了有机氯和有机磷农药的土壤降解规律。

　　第 5 章为环境污染物的监测,阐述无机及分析化学原理在环境监测中的应用,包括大气环境、水环境、土壤环境中污染物的主要种类、环境危害及监测的原理方法。

　　第 6 章为化学推进剂的质量检测,阐述无机及分析化学在推进剂质量检测中的应用,包括推进剂主要成分的酸碱滴定分析、氧化还原滴定分析、沉淀分析、配位滴定分析等多种化学分析方法和原理的详细剖析。

　　第 7 章为化学推进剂的污染监测及治理技术,阐述推进剂在使用过程中给环境带来的污染以及污染治理中采用的化学原理和方法。

本书由吴婉娥、付潇编写,其中第 1～5 章由吴婉娥编写,第 6 章和第 7 章由付潇编写。

在编写本书的过程中,借鉴了部分教材、著作及网络资料,在此对其作者表示感谢。同时感谢火箭军工程大学"2110 工程三期教学改革教材项目"的大力资助。

由于水平有限,书中难免有不足和疏漏之处,敬请读者批评指正。

编者

2020 年 12 月于火箭军工程大学

目　　录

第1章 化学基本原理

化学是在分子、原子层次上研究物质的组成、性质、结构与变化规律的科学,是创造新物质的科学。"化学"就是研究"物质变化的科学"。化学中存在两种变化形式:化学变化和物理变化。化学在发展过程中,依照所研究的分子类别以及研究手段、目的、任务的不同,派生出不同层次的许多分支。在 20 世纪 20 年代以前,有无机化学、有机化学、物理化学和分析化学四个分支;20 世纪 20 年代以后,出现了生物化学、高分子化学、环境化学、核化学、药物化学等多个交叉科学,但其基本原理没有变。本章着重阐述无机及分析化学的基本原理,包括化学热力学、化学动力学、物质结构、溶液平衡理论及其化学分析。

1.1 化学热力学和化学动力学

1.1.1 化学热力学基础

1.1.1.1 研究对象和基本任务

化学热力学主要应用热力学原理研究物质系统在各种物理和化学变化中所伴随的能量变化、化学现象和规律,依据系统的宏观可测性质和热力学函数关系判断系统的稳定性、变化的方向和限度。

化学热力学主要解决化学反应中的两个问题:一是化学反应中能量是如何转化的;二是化学反应朝着什么方向进行及其限度如何?

化学热力学主要讨论大量质点的统计平均行为,即物质的宏观性质,优势在于它不涉及物质的内部结构,不需要对物质的微观结构预先作任何假定,故所得的结论有高度的可靠性。但热力学的局限性也在于此,由于它不涉及物质的内部结构及时间的概念,因此它只能告诉我们一定条件下反应进行的可能性,而不能告诉我们反应如何进行及其速率大小。

1.1.1.2 化学热力学的基本概念

1.体系和环境

热力学中的研究对象称为体系,体系以外的其他部分称为环境。

按照体系与环境之间的物质和能量交换关系,将体系分为三类。

1)敞开体系:体系与环境之间既有能量交换,又有物质交换。

2)封闭体系:体系与环境之间有能量交换,但没有物质交换。

3)孤立体系:体系与环境之间既无能量交换,又无物质交换。

2.状态和状态函数

由一系列表征体系性质的物理量所确定下来的体系的存在形式称为体系的状态。借以确定体系状态的物理量称为体系的状态函数。

体系的状态是由一系列状态函数确定的。状态一定,则体系的各状态函数为一定值。体系的一个或几个状态函数发生了改变,则体系的状态发生变化。状态函数的变化用 Δ 表示。

状态函数的改变量取决于过程的始、终态,与经历的途径、过程无关。

有些状态函数的性质具有加和性,如体积、物质的量,这种性质称为量度性质或广延性质。也有些状态函数不具有加和性,如温度、压强,这种性质称为强度性质。

3.过程和途径

体系的状态从始态变到终态,则称体系经历了一个热力学过程,简称"过程",如恒压过程、恒容过程、恒温过程、绝热过程等。

体系经历的过程可以采取许多种不同方式,每一种具体的方式称为一种途径。

4.体积功

体系在反抗外界压强发生体积变化时,产生的功称为体积功 W,单位为 J,计算公式为

$$W = p \times \Delta V$$

式中:W 为体积功;p 为外界压强;ΔV 为体积变化量。

5.热力学能

体系内一切能量的总和叫作体系的热力学能,通常用 U 表示,包括体系内各种物质的分子或原子的位能、振动能、转动能、平动能、电子的动能以及核能等。

热力学能的绝对值尚无法求得,但它是体系的状态函数,具有体系的量度性质,有加和性。

6.化学反应热效应

在无非体积功的体系和反应中,若生成物与反应物的温度相同,则化学反应进度为 1mol 时吸收或放出的热量称为化学反应热效应,简称"反应热",用 $\Delta_r H$ 表示,单位为 $J \cdot mol^{-1}$。

7.熵

热力学熵把描述体系混乱度的状态函数称为熵,用 S 表示,单位为 $J \cdot mol^{-1} \cdot K^{-1}$。

从熵值为零的状态出发,使体系变化到一个大气压和某温度 T 时熵的改变量称为该物质在标准状态下的摩尔绝对熵值,简称"标准熵",用 $S_m^{\ominus}$ 表示,单位为 $J \cdot mol^{-1} \cdot K^{-1}$。

1.1.1.3 化学热力学的基本原理

1.Hess(盖斯)定律

俄国化学家日尔曼·亨利·盖斯很早就从化学研究中领悟到了能量守恒的规律。1836年,盖斯向彼得堡科学院报告:"经过连续的研究,我确信,不管用什么方式完成化合反应,由此发出的热总是恒定的。这个原理太显而易见了,即使不用证明,也可以不假思索就认为它是一条公理。"此后,盖斯从各方面对上述原理进行了实验验证,并于 1840 年提出了著名的 Hess 定律:在条件不变的情况下,化学反应的热效应只与起始和终了状态有关,与变化途径无关。

2.热力学第一定律

若体系由状态Ⅰ变化到状态Ⅱ的过程中体系吸热 Q,并做体积功 W,用 ΔU 表示体系热力学能的改变量,则体系热力学能的改变量等于体系从环境吸收的热量减去体系对环境所做的功,即

$$\Delta U = Q - W \tag{1-1}$$

式中:Q 为体系从环境中吸收的热量,其中吸热为正,放热为负,单位为 J;W 为体系对环境所做的功,其中体系对环境做功为正,环境对体系做功为负,单位为 J。

体积功 W 和热量 Q 都不是状态函数,而是过程函数,与经历的途径有关。

3.热力学第二定律

热力学第二定律有多种表达方式,各种说法是等效的,从一种说法可以推证出其他的说法。

表达方式之一:体系的熵变是过程变化的推动力之一。在孤立体系的任何自发过程中,系统的混乱度(即熵)总是增加的,即

$$\Delta S > 0 \tag{1-2}$$

对于孤立体系:若 $\Delta S < 0$,其逆过程自发进行;若 $\Delta S = 0$,体系处于平衡状态。

表达方式之二:热力学能可全部转换成热能,但是热能却不能以有限次的实验操作全部转换成功,即热机不可得。

表达方式之三:如果没有与之联系的、同时发生的其他变化的话,热永远不能从冷的物体传向热的物体。

4.热力学第三定律

纯物质的完美晶体在热力学零度时熵为零,因此一切物质均具有一定的正熵值;绝对零度不可达到但可以无限趋近。

5.化学反应热效应

对于热力学第一定律的应用,由式(1-1)可得

$$\Delta U = U_{产物} - U_{反应物} = Q - W \tag{1-3}$$

下面对该式进行讨论。

(1)恒容热效应 Q_V

恒容反应是指化学反应在恒容过程中完成,体系吸收的热量全部用来改变体系的内能,即

$$\Delta U = Q_V \tag{1-4}$$

(2)恒压热效应 Q_p

恒压反应是指化学反应在恒压过程中完成,体系吸收的热量一部分用来改变体系的内能,一部分用于做体积功,即

$$\Delta U = Q_p - W$$

$$Q_p = \Delta U + p\Delta V = (U_2 + p_2 V_2) - (U_1 + p_1 V_1)$$

式中,$p_1 = p_2$。由于 $\Delta U + p\Delta U$ 是状态函数的组合,因此将它定义为一个新的状态函数——焓,并用符号 H 表示,则有

$$H = U + pV \tag{1-5}$$

$$Q_p = \Delta H \tag{1-6}$$

恒压过程中,体系吸收的热量全部用来改变体系的热焓。焓是温度的函数。

(3)Q_V 和 Q_p 的关系

假定气体为理想气体,则

$$Q_p = Q_V + \Delta nRT \tag{1-7}$$

式中:Δn 为反应前后物质的量之差;R 为摩尔气体常数(8.314J·mol^{-1}·K^{-1})。

引入恒容热效应、恒压热效应的结论以及反应进度概念可得

$$\Delta_r H_m = \Delta_r U_m + \Delta nRT \tag{1-8}$$

1.1.1.4　化学反应进行的方向——吉布斯自由能判据

自然界中发生的化学反应不但伴随有能量的变化,且都有一定的方向。我们将无需外界干涉便可自动发生的反应称为自发反应。自发反应的逆过程不会自动发生,也就是化学反应的进行是有方向的。

吉布斯函数变 ΔG 可近似地认为是恒温、恒压条件下系统内分子、原子的势能变化之和,这个能量是系统发生反应的真正推动力。凡是势能降低的过程都是自发进行的。用化学反应中的吉布斯函数变可判断一个化学反应能否进行。

1.吉布斯自由能判据

令
$$G = H - TS$$

式中:H 为焓;T 为体系温度;S 为体系熵;G 称为吉布斯自由能,单位为 J。G 是状态函数,其物理意义是,体系所具有的在恒温、恒压下做非体积功的能量。

吉布斯函数变为
$$\Delta G = \Delta H - T\Delta S$$

在恒温、恒压条件下不做非体积功的化学反应的判据如下:

1)$\Delta G < 0$,反应以不可逆方式自发进行;

2)$\Delta G = 0$,反应以可逆方式进行;

3)$\Delta G > 0$,反应不能自发进行。

2.标准摩尔生成吉布斯自由能

如果化学反应在标准状态下进行,则反应前后的系统吉布斯函数变化 $\Delta_r G_m^{\ominus}$ 为:

$$\Delta_r G_m^{\ominus} = \sum_i \upsilon_i \Delta_f G_m^{\ominus}(生成物) - \sum_i \upsilon_i \Delta_f G_m^{\ominus}(反应物) = \Delta_r H_m^{\ominus} - T\Delta_r S_m^{\ominus} \qquad (1-9)$$

标准状态下,化学反应的自发性判据如下:

1)$\Delta_r H_m^{\ominus} < 0$,$\Delta_r S_m^{\ominus} > 0$,$\Delta_r G_m^{\ominus} < 0$,反应在任何温度下均能自发进行;

2)$\Delta_r H_m^{\ominus} > 0$,$\Delta_r S_m^{\ominus} < 0$,$\Delta_r G_m^{\ominus} > 0$,反应在任何温度下均不能自发进行;

3)$\Delta_r H_m^{\ominus} > 0$,$\Delta_r S_m^{\ominus} > 0$ 时,只有 T 大时才可能使 $\Delta_r G_m^{\ominus} < 0$,即反应在高温下能自发进行;

4)$\Delta_r H_m^{\ominus} < 0$,$\Delta_r S_m^{\ominus} < 0$ 时,只有 T 小时才可能使 $\Delta_r G_m^{\ominus} < 0$,即反应在低温下能自发进行。

1.1.1.5　化学反应进行的限度及化学平衡

吉布斯函数变 ΔG 从能量的角度指出了一个化学反应能否自发进行和自发进行的限度。当一个化学反应
$$a\text{A} + b\text{B} = y\text{Y} + z\text{Z}$$

进行到极限时,其 $\Delta G = 0$。尽管从微观上看,其正、逆反应绝不会停止,但在一定条件下,正、逆反应速率相等,此时系统所处的状态叫作化学平衡状态。化学平衡的实质是动态平衡,其程度可以用平衡常数衡量。

1.化学反应平衡常数 $K^{\ominus}$

对于可逆反应,有
$$a\text{A} + b\text{B} = y\text{Y} + z\text{Z}$$

任一时刻　$p(\text{A})$　$p(\text{B})$　$p(\text{Y})$　$p(\text{Z})$

平衡状态　$p_{(\text{A})}^{eq}$　$p_{(\text{B})}^{eq}$　$p_{(\text{Y})}^{eq}$　$p_{(\text{Z})}^{eq}$

反应进行到任一时刻时的反应商为

$$Q_p = \frac{\left[p(\mathrm{Y})/p^{\ominus}\right]^y \left[p(\mathrm{Z})/p^{\ominus}\right]^z}{\left[p(\mathrm{A})/p^{\ominus}\right]^a \left[p(\mathrm{B})/p^{\ominus}\right]^b} \qquad (1-10)$$

反应达到平衡时有

$$K^{\ominus} = \frac{\left[p_{(\mathrm{Y})}^{\mathrm{eq}}/p^{\ominus}\right]^y \left[p_{(\mathrm{Z})}^{\mathrm{eq}}/p^{\ominus}\right]^z}{\left[p_{(\mathrm{A})}^{\mathrm{eq}}/p^{\ominus}\right]^a \left[p_{(\mathrm{B})}^{\mathrm{eq}}/p^{\ominus}\right]^b} \qquad (1-11)$$

式中,$K^{\ominus}$ 称为标准平衡常数。在标准平衡常数表达式中,对纯固体或纯液体,可以认为它们的浓度是标准的,所以相对浓度为"1",在方程式中没有表达出来。

注意:

1)$K^{\ominus}$ 中各项为平衡分压(或浓度),而 Q 中各项为任意给定的分压(或浓度)。由于代入相对分压(或浓度),故 $K^{\ominus}$ 为无量纲的数值。

2)标准平衡常数 $K^{\ominus}$ 与标准吉布斯函数变 $\Delta_{\mathrm{r}}G_{\mathrm{m}}^{\ominus}(T)$ 的关系为

$$\lg K^{\ominus} = \frac{-\Delta_{\mathrm{r}}G_{\mathrm{m}}^{\ominus}(T)}{2.303RT} \qquad (1-12)$$

所以可以根据化学反应的吉布斯函数变求标准平衡常数 $K^{\ominus}$。

2.影响化学平衡移动的因素

平衡常数首先取决于化学反应。不同的化学反应,其平衡常数不同;对同一反应,若方程式的写法不一样,则它的平衡常数表达式不同,平衡常数的值也不一样。反应方程式中的计量数扩大或缩小几倍,相应地它的平衡常数的幂指数也要扩大或缩小几倍。如果两个化学方程式相加或相减,则它们的平衡常数也要相乘或相除。这种运算规则称为多重平衡法则。

影响平衡常数的因素主要有以下两个:

1)浓度的影响。对于确定反应方程式、确定温度的反应,其平衡常数不随各组分的压强或浓度的改变而改变,但其组分的压强或浓度改变时,平衡要发生移动。在表达式中,当起始时的分母值增大,只有分子值也增大才能保持分数值不变,所以增加反应物的压强或者浓度时,可造成生成物的压强或者浓度增加,使反应的平衡向着生成物方向移动。

对于确定反应方程式、确定温度的反应,如果不改变反应物或生成物的浓度或压强,仅仅通入不参与反应的气体或溶剂,例如惰性气体,其平衡常数不会改变。

2)温度的影响。温度不仅影响着平衡常数,而且还影响化学平衡的移动。升高温度,对吸热反应来说,$K^{\ominus}$ 值增大,意味着生成物浓度或压强增大,即平衡向生成物方向移动。同理,对放热反应来说,升高温度,平衡向反应物方向移动;反之,降低温度,平衡移动的方向也相反。

关于化学平衡移动的规律,法国化学家勒·夏特列等人经过长期研究,总结出一个重要的化学规律:系统达到平衡后,倘若改变平衡系统的条件之一(如温度、压强或浓度等),则平衡便要向消弱这种改变的方向移动。

1.1.2　化学动力学基础

1.1.2.1　研究对象和基本任务

化学热力学从宏观角度关注化学反应,不涉及物质的内部结构及时间的概念,而化学动力学则更多关注的是化学反应进行的快慢,有了时间的概念,同时还关注物质内部结构可能的变化规律,因此化学动力学解决了化学热力学无法解决的速率和物质结构变化问题。

化学动力学的研究对象即化学反应速率的影响因素(内因和外因)和化学反应机理。具体来讲,化学动力学一方面研究影响化学反应速率的内因,即研究物质结构、存在状态等对化学反应速率的影响;另一方面研究化学反应机理,即研究化学反应进行的历程、步骤等,揭示反应的宏观与微观机理,以更好地理解化学反应的本质,建立总包反应与基元反应的定量关系等。

1.1.2.2　化学动力学的基本概念

1.化学反应速率

化学反应速率是指在一定条件下,由反应物转变为生成物的速率,用单位时间内反应物浓度的减少或生成物浓度的增加来表示,单位为 $mol \cdot dm^{-3} \cdot s^{-1}$。

化学反应速率可用平均速率和瞬时速率表示。平均速率是指在一定时间间隔 Δt 内,反应物浓度的改变量 Δc,用 $\bar{r}$ 表示。瞬时速率则是指某一时刻 t 时的化学反应速率,用 r 表示。

2.反应机理

反应机理用于描述化学反应的微观过程,如反应是怎样开始的,要经历怎样的具体步骤。

1.1.2.3　化学动力学基础

1.化学反应速率

化学热力学解决的是化学反应的可能性,而动力学解决的是速率问题,即反应的现实性问题,因此涉及到化学反应的快慢问题。

对于一般的化学反应

$$a A + b B \longrightarrow g G + h H \tag{1-13}$$

式中, a, b, g, h 为物质 A,B,G,H 的反应系数。

其平均速率为

$$-\frac{1}{a}\frac{\Delta c(A)}{\Delta t} = -\frac{1}{b}\frac{\Delta c(B)}{\Delta t} = \frac{1}{g}\frac{\Delta c(G)}{\Delta t} = \frac{1}{h}\frac{\Delta c(H)}{\Delta t} \tag{1-14}$$

$$\frac{1}{a}\bar{r}(A) = \frac{1}{b}\bar{r}(B) = \frac{1}{g}\bar{r}(G) = \frac{1}{h}\bar{r}(H)$$

瞬时速率为

$$\frac{1}{a}r(A) = \frac{1}{b}r(B) = \frac{1}{g}r(G) = \frac{1}{h}r(H) \tag{1-15}$$

2.基元反应

研究复杂反应的机理,就是要弄清楚它的基元反应步骤。所谓的基元反应就是反应物分子一步直接转化为产物的反应。复杂反应一般是由若干个基元反应组成的。基元反应中发生反应所需要的微粒数目称为反应的分子数。分子数是一个微观概念。

若式(1-13)为基元反应,则基元反应的动力学特征,即反应的速率方程可写为

$$r = \frac{dc}{dt} = kc(A)^a c(B)^b \tag{1-16}$$

式中, k 为速率常数。

此方程称为质量作用定律。

式(1-16)中 $a+b$ 为该反应的总的反应级数, a 为物质 A 的反应级数, b 为物质 B 的反应级数。

对于速率常数 k,应注意以下几点:

1)速率常数 k 是温度的函数。

2)速率常数的物理意义为:在给定温度下,各种反应物浓度皆为 $1 mol/dm^3$ 时的反应速率。

3)速率常数与反应方程式中的化学计量系数有关。

4)速率常数的单位与反应级数有关。

3.化学反应动力学曲线

化学反应动力学曲线是反应物浓度与反应时间的关系,对级数不同的反应是不相同的。如果在反应开始($t=0$)以后的不同时间 $t_1, t_2, \cdots$ 测量某一参加反应物种的浓度 $c_1, c_2, \cdots$,把 c 对时间 t 作图,即可得到一条曲线,称之为 $c-t$ 曲线,或称为动力学曲线。若在给定时间作曲线的切线,切线的斜率即为瞬时反应速率。反应开始($t=0$)时的速率称为反应的初始速率,也是最大速率。

当反应温度不变时,反应动力学曲线为

$$c = c(t) \tag{1-17}$$

$$r = r(t) \tag{1-18}$$

联立式(1-17)和式(1-18)并消去时间 t,即得反应速率与浓度的关系:

$$r = f(c) \tag{1-19}$$

这个关系称为化学反应速率方程。一般情况下,反应动力学曲线是由实验来确定的。表 1-1 中列出了零级、一级、二级及三级反应的化学反应速率、半衰期及其反应特征。其中 t 为反应时间,k 为速率常数,$c(A)$ 或 c 为 t 时刻的浓度,$c(A)_0$ 或 c_0 为初始浓度,反应物浓度消耗一半所需的时间即半衰期。由表 1-1 中的微分式和积分式可见,反应级数不同,最终得到的浓度与时间的关系曲线是不同的,可见反应级数对化学反应速率有重要影响。

表 1-1　反应速率方程

反应级数	微分式	积分式	半衰期	反应特征
零级反应	$r = -\dfrac{dc(A)}{dt} = k$	$c(A) = c(A)_0 - kt$	$t_{\frac{1}{2}} = \dfrac{c(A)_0}{2k}$	反应速率与反应物浓度 c 无关
一级反应	$r = -\dfrac{dc(A)}{dt} = kc$	$\ln c - \ln c(A)_0 = -kt$	$t_{\frac{1}{2}} = \dfrac{0.693}{k}$	$\ln c$ 对 t 作图,图形是一直线
二级反应	$r = -\dfrac{dc(A)}{dt} = kc^2$	$\dfrac{1}{c} - \dfrac{1}{c(A)_0} = kt$	$t_{\frac{1}{2}} = \dfrac{1}{kc_0}$	$\dfrac{1}{c}$ 对 t 作图,图形为一直线
三级反应	$r = -\dfrac{dc(A)}{dt} = kc^3$	$\dfrac{1}{c^2} - \dfrac{1}{[c(A)_0]^2} = 2kt$	$t_{\frac{1}{2}} = \dfrac{3}{2kc_0^2}$	$\dfrac{1}{c^2}$ 对 t 作图,图形为一直线

4.温度对化学反应速率常数 k 的影响

反应速率与温度的关系可用阿伦尼乌斯方程衡量。阿伦尼马斯方程的指数形式为

$$k = A e^{-\frac{E_a}{RT}} \tag{1-20}$$

其对数形式为

$$\ln k = \ln A - \frac{E_a}{RT} \tag{1-21}$$

或者

$$\lg k = \lg A - \frac{E_a}{2.303RT} \tag{1-22}$$

式中：E_a 是反应的活化能；A 为指前因子。

可以看出速率常数 k 与热力学温度 T 成指数关系，温度的微小变化都会导致 k 的较大变化，尤其是活化能 E_a 较大时更是如此。

当温度改变时，速率常数也发生改变，可依据下式求得，在此近似认为 E_a 和 A 不随温度改变而改变。

$$\lg \frac{k_2}{k_1} = \frac{E_a}{2.303R}\left(\frac{1}{T_1} - \frac{1}{T_2}\right) \tag{1-23}$$

利用式(1－23)也可求出反应的活化能 E_a 和指前因子 A。

式(1－23)中的速率常数 k 是一个与浓度无关的比例常数，但并不是一个绝对的常数，它与温度、反应介质、催化剂、反应容器的器壁性质等多种因素有关。速率常数 k 是一个重要的动力学参数。其单位与反应级数有关，见表 1－2。

表 1－2　反应速率常数的单位

级数	速率方程	速率常数 k 的单位
0	$r=k$	$mol \cdot dm^{-3} \cdot s^{-1}$
1	$r=kc$	s^{-1}
2	$r=kc^2$	$mol^{-1} \cdot dm^3 \cdot s^{-1}$
3	$r=kc^3$	$mol^{-2} \cdot dm^6 \cdot s^{-1}$

5.催化剂对反应速率的影响

除了物质的浓度(气体压力)和温度对化学反应速率有重要影响之外，催化剂也是重要影响因素之一。由式(1－20)可以看出，活化能的改变也会使速率常数改变。当反应物的浓度和反应温度都一定时，催化剂可通过改变反应历程，降低化学反应的活化能 E_a，增大反应速率常数 k，最终致使反应速率增大。其速率常数的增大值或倍数，可通过下式计算：

$$\ln \frac{k_1}{k_2} = -\frac{E_{a1} - E_{a2}}{RT} \tag{1-24}$$

6.化学反应速率理论

(1)碰撞理论

分子碰撞理论是由 Lewis 于 1918 年提出的。他是在 Arrhenius 理论所提出的活化状态和活化能概念的基础上进行研究，认为分子要发生反应，首先必须相互接触碰撞。由于碰撞而生成的中间活化状态，必须具有超过某一数值的内部能量，并具有一定的空间结构。

碰撞理论的成功之处：一是定量提出和分析了频率因子，认为其与温度有关；二是对反应的活化能有了进一步的说明，活化能只与反应的本质有关，与温度无关。

碰撞理论假定分子为无结构特征、各向同性的刚性硬球，但实际的分子是具有一定结构特征的、各向异性的非刚性物质，因此简单的碰撞理论在解释分子取向、能量传递的迟滞效应和屏蔽效应时，遇到了困难。

（2）过渡态理论

过渡态又称活化络合物理论或绝对反应速率理论，是 1931—1935 年由 Eyring，Evans 和 Polanyi 分别提出的。该理论认为，当两个具有足够能量的分子相互接近时，分子的价键要经过重排，能量要经过重新分配，才能生成产物分子，在此过程中要经过一个过渡态，处于过渡态的反应系统称为活化络合物。因此，计算单位时间、单位体积内自反应物方向越过过渡态的体系数目，就能得知反应速率。

1.1.2.4　化学反应机理

化学反应机理即化学反应历程，就是反应究竟按什么途径、经过哪些步骤，才能转化为最终产物。反应历程涉及分子中旧键的断裂和新键的形成，是一个比较复杂的过程。某些反应过程中生成的自由原子或自由基的性质很活泼，寿命极短，当今的实验技术还很难确定它们是否存在，因此真正能弄清反应历程的反应还为数不多。

非基元反应要经过若干个基元反应才能从反应物转化为产物。反应机理即指所包含的各个基元反应集合而成的总包反应。例如，溴化氢合成反应的机理为五个基元反应的集合总包：

$$Br_2 \rightarrow 2Br \cdot$$
$$Br \cdot + H_2 \rightarrow HBr + H \cdot$$
$$H \cdot + Br_2 \rightarrow HBr + Br \cdot$$
$$H \cdot + HBr \rightarrow H_2 + Br \cdot$$
$$2Br \cdot \rightarrow Br_2$$

上面的每一个基元反应又由许多基元化学物理反应组成。同一基元反应的不同基元化学物理反应，参加反应和生成的化学粒子（分子、原子、离子或自由基）的宏观化学性质是等同的，都可以用上述化学反应式表征。但是，它们的微观物理性质有所不同，例如，离子运动可以处在不同的量子数状态，粒子间相对的空间配置、速度的大小和方向等微观性质彼此可有差异。对于不同的非基元反应（复杂反应），其反应机理也不相同。

确定反应机理是采用反应机理拟定方法来进行的。通常拟定的机理要通过总包反应与实验数据进行比较，并采用各种实践手段加以检验，例如：可以通过设计实验确定拟定反应机理的可靠性，采用同位素示踪实验就是确定反应机理的常用实验方法之一；通过半经验的量子化学理论计算也能证明自由原子的反应机理的可靠性。

1.2　原子结构和元素周期率

物质的性质及其变化规律与其自身的原子、分子或离子组成及其结构有密切关系。物质的化学问题涉及三个方面，即物质的化学组成、空间结构和化学变化规律。这三个方面都涉及物质的微观结构，特别是与原子核外的电子核外排布及其电子得失规律有关。因此，本节重点介绍原子中电子的排布规律和元素周期性变化规律，从微观角度更加深入地理解化学学科及其规律性。

1.2.1　原子结构及核外电子的运动状态

对宏观物体的运动而言，其位置和能量对应于确定的时间，因此在整个运动时间内都可得到物体的运动轨迹(即轨道)和能量值的分布,即其运动状态,而原子核外电子不同于宏观物体,其运动服从的是微观粒子的运动规律(波粒二象性),即运动轨迹是随机的,能量值不连续,且二者不能同时确定,因此其运动状态需用量子力学理论和方法来研究。

1.2.1.1 原子核外电子运动的特征

1.玻尔原子结构模型

1913 年,玻尔借助卢瑟福的原子模型、普朗克的量子论和爱因斯坦的光子学说,提出了玻尔原子结构模型,认为原子中有一原子核,带正电荷,与原子序数、核外电子数相等。原子核由质子和中子组成。玻尔原子结构模型要点如下:

1)核外电子在特定的原子轨道上运动,轨道具有固定的能量 E(见下式)。电子在轨道上绕核运动时,并不释放能量。

$$E = -\frac{13.6}{n^2}\ \text{eV} \tag{1-25}$$

式中,eV 为单位电子伏特;n 取值为 $1,2,3,\cdots$ 随着 n 的增加,电子离核越来越远,电子的能量以量子化的方式不断增加。当 $n \to +\infty$ 时,电子离核无限远,称为自由电子,脱离原子核的作用,能量 $E=0$。

2)原子中的各电子尽可能在离核最近的轨道上运动,即原子处于基态。

3)受到外界能量激发时,电子可以跃迁到离核较远、能量较高的轨道上,这时原子和电子处于激发态。处于激发态的电子不稳定,可以跃迁回低能量的轨道上,并以光子形式放出能量。光的频率决定于轨道的能量之差,即

$$h\nu = E_2 - E_1 \tag{1-26}$$

式中,E_2 为高能量轨道的能量;E_1 为低能量轨道的能量;ν 为频率;h 为普朗克常量。

将式(1-26)代入式(1-25)中,得

$$\nu = -\frac{13.6}{h}\left(\frac{1}{n_2^2} - \frac{1}{n_1^2}\right)\ \text{eV} \tag{1-27}$$

2.微观粒子的波粒二象性

1924 年,法国物理学家德布罗意认为,电子这样的微粒也应当有波粒二象性,即电子运动既有波动性又有微粒性,简称"波粒二象性"。微观粒子的波粒二象性表现为

$$\lambda = \frac{h}{P} = \frac{h}{mv} \tag{1-28}$$

式中:P 是电子的动量;m 是电子的质量;v 是电子的速度。

3.海森堡测不准原理

1927 年海森堡提出,由于微观粒子具有波粒二象性,因此不可能同时测准其空间位置和动量。微观粒子位置的测量偏差(测不准量)为 Δx,动量的测量偏差为 ΔP,则测不准关系可以表示为

$$\Delta x \cdot \Delta P \geqslant \frac{h}{2\pi} \tag{1-29}$$

或

$$\Delta x \cdot \Delta v \geqslant \frac{h}{2\pi m} \tag{1-30}$$

式中，$\Delta \upsilon$ 为粒子运动速度的测量偏差。

1.2.1.2　单电子原子(离子)体系中电子运动的描述——薛定谔方程

1.薛定谔方程

1926 年，奥地利物理学家薛定谔(1887—1961 年)根据得布罗意物质波的思想，以微观粒子的波粒二象性为基础，参照电磁波的波动方程，建立了描述微观粒子的波动方程——薛定谔方程。描述氢原子和类氢离子稳定状态的电子运动的薛定谔方程为

$$\frac{\partial^2 \psi}{\partial x^2}+\frac{\partial^2 \psi}{\partial y^2}+\frac{\partial^2 \psi}{\partial z^2}+\frac{8\pi^2 m}{h^2}(E-V)\psi=0 \qquad (1-31)$$

式中，波函数 ψ 为 x,y,z 的函数。

薛定谔方程的意义为：对于一个质量为 m、在势能等于 V 的势场中运动的微观粒子，有一个与其运动状态相联系的波函数 $\psi(x,y,z)$，即方程每个合理的解 $\psi(x,y,z)$ 表示电子运动的一种状态，称为原子轨道。与这个解相对应的 E 就是电子在该状态下的能量，也是电子所在轨道的能量。

现在对薛定谔方程进行坐标变换，将直角坐标 $\psi(x,y,z)$ 变换为球坐标 $\psi(r,\theta,\varphi)$ 并分离变量后，求解得到的波函数是包括三个常数 (n,l,m) 和三个变量 (r,θ,φ) 的函数式，即

$$\psi(r,\theta,\varphi)=R(r)Y(\theta,\varphi) \qquad (1-32)$$

式中：$R(r)$ 是径向部分函数，反映了波函数在距核不同距离处的分布情况；$Y(\theta,\varphi)$ 是角度函数，反映了波函数在同一球面上不同角度、不同方向上的分布。n,l,m 须满足：n 为正整数，且 $n-1 \geq l$；$l \geq |m|$，$m=0,\pm1,\pm2,\cdots$。

2.描述核外电子运动状态的量子数

在解薛定谔方程时，为使方程有合理的解，引入了 3 个参数 n,l,m。对于一组合理的 n，l,m 取值，有一个确定的波函数 $\psi_{n,l,m}$ 描述电子的一种运动状态。

(1)主量子数 n

$n=1,2,3,\cdots$ 依次可用符号 $K,L,M,\cdots$ 表示，它决定电子离核的远近和能级。n 的大小表示原子中电子所在的层数，n 越大，电子离核的平均距离越远，电子和轨道的能级越高。

(2)角量子数 l

$l=0,1,2,3,\cdots,n-1$，对应光谱学符号为 s,p,d,$\cdots$。l 的取值受 n 取值的限制。对应的能级表示亚层，它决定了原子轨道或电子云的形状(角动量)。在多电子原子中，电子的能量由 n 和 l 共同决定。n 相同、l 不同的原子轨道，角量子数 l 越大，其能量 E 越大。

(2)磁量子数 m

m 表示原子轨道在空间的不同取向，$m=0,\pm1,\pm2,\pm3\cdots\pm l$，一种取向相当于一个轨道，共可取 $2l+1$ 个数值。m 值反映了波函数(原子轨道)或电子云在核外空间的伸展方向(取向)，一般与原子轨道的能量无关。

(4)自旋量子数 m_s

$m_s=\pm1/2$，表示同一轨道中电子的两种自旋状态。

综上所述，n,l,m 一组量子数可以决定一个原子轨道，但原子中每个电子的运动状态则必须用 n,l,m,m_s 四个量子数来描述。四个量子数确定后，电子在核外空间的运动状态就确定了。

3.描述核外电子的运动状态——电子云图

电子云图表示电子在核外空间出现的概率密度,小黑点密集的地方,电子出现的概率大。电子云图就是概率密度的形象化图示,也可以说电子云图是$|\psi|^2$的图像。图1-1为1s,2s轨道和2p轨道的电子云图。

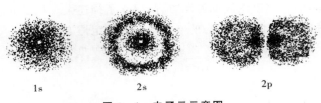

图1-1 电子云示意图

4.描述核外电子运动状态的角度分布图

(1)波函数的角度分布图

将$Y(\theta,\varphi)$对θ,φ作图,得到波函数的角度分布图。图1-2为s,p,d轨道的空间角度分布图。

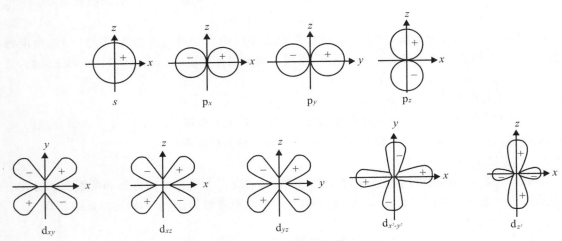

图1-2 部分原子轨道的角度分布图

(2)概率密度的角度分布图

将$|Y(\theta,\varphi)|^2$对θ,φ作图,得到电子云的角度分布图,如图1-3所示。原子轨道角度分布图的各个波瓣有"+""-"之分,而电子云的角度分布图无"+""-"之分;电子云角度分布的各个波瓣比相应原子轨道角度分布图的各个波瓣都"瘦"些。原子轨道角度分布图的各个波瓣的"+""-"号与原子轨道的对称性有关。

1.2.1.3 多电子原子核外电子的排布规律

除氢原子外,所有其他元素的原子在核外都不止一个电子,称为多电子原子。对于多电子原子,每个电子不仅受到原子核的吸引,还受到同原子中其他电子的排斥。这两种作用的相对大小,决定了原子轨道的能级高低。其中原子核对电子的吸引作用主要取决于核电荷数的大小和电子离核的距离远近,而多电子原子内电子间的相互作用通常归结为屏蔽效应和钻穿效应。

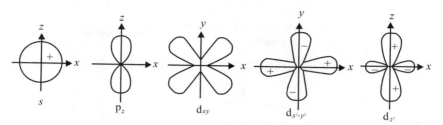

图 1-3　部分电子云的角度分布图

1. 屏蔽效应

在多电子原子中,由于其他电子对某电子的排斥作用而抵消了一部分核电荷对该电子的吸引力,从而引起有效核电荷的降低,削弱了核电荷对该电子的吸引,这种作用叫"屏蔽效应"。屏蔽效应的强弱可通过屏蔽常数 σ 来衡量,屏蔽常数的计算规则(Slater 规则)为

$$Z^* = Z - \sum_{i=1}^{Z-1} \sigma_i \qquad (1-33)$$

式中:Z^* 为有效核电荷;Z 为核电荷;σ 为屏蔽常数。

2. 钻穿效应

外层电子钻到离核较近的内层空间,从而削弱了其他电子对其屏蔽作用的现象,称为钻穿效应。具体而言,就是由于角量子数 l 不同,概率的径向分布不同,电子钻到核附近的概率不同,因而能量不同的现象。

一般来说,在原子核附近出现概率大的电子可以较多地避免其他电子的屏蔽作用,即受到核电荷的吸引力比较大,能量较低,反之则能量较高。屏蔽效应使核对电子的有效吸引减弱,导致轨道能量升高;钻穿效应使核对电子的有效吸引加强,导致轨道能量降低。两者的彼此消长决定了原子轨道实际能级的高低。

3. 鲍林的原子轨道能级图

美国著名化学家莱纳斯·卡尔·鲍林(Linnus Carl Pauling,1901—1994 年)根据光谱实验结果,总结了多电子原子的原子轨道近似能级图,将所有能级按照从低到高分为 7 个能级组。能量相近的能级划为一个能级组,如下列的每一行为一个能级组:

(1s)

(2s,2p)

(3s,3p)

(4s,3d,4p)

(5s,4d,5p)

(6s,4f,5d,6p)

(7s,5f,6d,7p)

鲍林得出的主要结论如下:

1)主量子数 n 相同、角量子数 l 不同时,l 值越大,原子轨道能量越高,例如 $E_{ns} < E_{np} < E_{nd} < E_{nf}$。

2)l 相同时,主量子数 n 越大,能量越高,例如 $E_{3p} < E_{4p} < E_{5p} < E_{6p}$。

3)在多电子原子中,有时主量子数 n 小的原子轨道,由于角量子数 l 较大,其能量 E 却比

n 大的原子轨道大,例如 $E_{3d} < E_{4s}$,这种现象叫作能级交错。主量子数和角量子数同时改变时,出现的能级交错现象归因于屏蔽效应和钻穿效应。

4.多电子原子核外电子的排布规律

多电子原子核外电子排布的总原则是使该原子系统的能量最低,使原子处于最稳定状态。核外电子排布遵循以下原理或规则:

1)能量最低原理。当多电子原子处于基态时,核外电子总是尽可能地排布到能量较低的轨道上去,以保证原子系统的能量最低。

2)泡利原理。一个原子轨道最多能容纳两个电子,且两个电子的自旋方向相反。或者说,在同一个原子中,不可能有两个电子处于完全相同的状态,即原子中两个电子所处状态的四个量子数不可能完全相同。

3)洪特规则。在同一能级内,电子尽可能分布在不同的轨道中,且自旋方式相同。即在 n 和 l 相同的简并轨道上分布的电子,将尽可能分占不同的轨道,且自旋平行。

洪特(德国物理学家费里德里希·洪特 Friedrich Hund,1896—1997 年)规则特例:对于同一 d 或 f 亚层,当电子排布为半充满、全充满或全空时,原子系统比较稳定。

按照上述原则,就可以写出原子核外的电子排布式。电子填充顺序如图 1-4 所示。

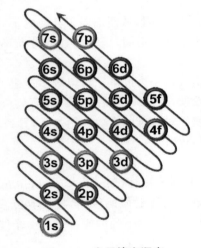

图 1-4 电子填充顺序

1.2.2 元素周期律

1.2.2.1 元素周期表

19 世纪 30 年代,已知的元素已达 60 多种,俄国化学家门捷列夫(1834—1907 年)研究了这些元素的性质,在 1869 年提出了元素周期律:元素的性质随着元素相对原子质量的增加呈周期性的变化,这个定律揭示了化学元素的自然系统分类。元素周期表就是根据周期律将化学元素按周期和族进行排列,周期律对于化学的研究和应用起到了极为重要的作用。门捷列夫根据元素周期律编制了第一个元素周期表,把已经发现的 63 种元素全部列入表里,从而初步完成了使元素系统化的任务。他还在表中留下空位,预言了类似硼、铝、硅的未知元素(门捷列夫叫它们类硼、类铝和类硅,即以后发现的钪、镓、锗)的性质,并指出当时测定的某些元素相对原子质量的数值有错误。而且他在周期表中也没有机械地完全按照相对原子质量数值的顺序排列。若干年后,他的预言都得到了证实。门捷列夫工作的成功引起了科学界的震动,人们为了纪念他的功绩,就把元素周期律和周期表称为门捷列夫元素周期律和门捷列夫元素周期表。该表的基本构造如图 1-5 所示。

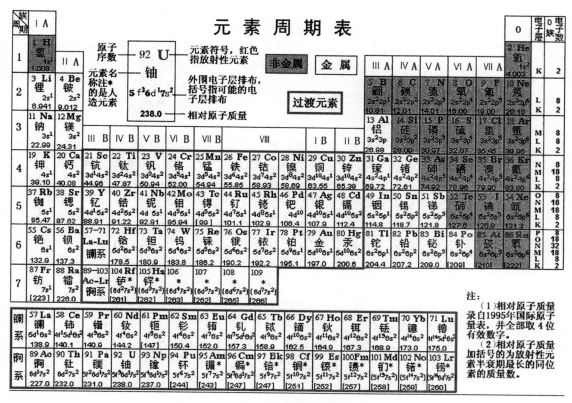

图 1-5　元素周期表

元素周期表体现了元素性质随核电荷数增加呈周期性变化的规律。物质结构决定其性质,元素性质的周期性是元素原子电子层结构周期性的结果,因此元素周期表也体现了原子电子层结构周期性的变化规律。

1.元素的周期

对应于主量子数 n 的每一个数值都有一个能级组,即一个周期。周期表中一共有 7 个周期,其中第 1 周期为特短周期,只有 2 种元素;第 2 周期和第 3 周期为短周期,各有 8 种元素;第 4 周期和第 5 周期为长周期,各有 18 种元素;第 6 周期和第 7 周期为超长周期,第 6 周期有32 种元素,第 7 周期为未完成周期。能级组与周期的关系见表 1-3。

表1-3 能级组与周期的关系

周期	特点	能级组序数	能级数	原子轨道数	元素种类数
1	特短周期	1	1个	1个	2种
2	短周期	2	2个	4个	8种
3	短周期	3	2个	4个	8种
4	长周期	4	3个	9个	18种
5	长周期	5	3个	9个	18种
6	超长周期	6	4个	16个	32种
7	超长周期	7	4个	16个	应有32种

2.元素的族

在元素周期表中,主族记为 A 族,副族记为 B 族。周期表共有 18 列,其中 7 个主族和零族(也可称为ⅧA 族,稀有气体)元素,最后一个电子填入 ns 或 np 轨道,其族数等于价电子总数;7 个副族和Ⅷ族(也可称为ⅧB 族,铁系和铂系)元素,最后一个电子一般填入 $(n-1)$d 轨道,对于ⅢB~ⅦB 族元素来说,原子核外价电子数即为其族数;Ⅷ族元素的价电子数为 8,9,10;ⅠB 和ⅡB 族元素的价电子数与其族数不完全相应,但族数却和最外层轨道 ns 上的电子数相同。

3.元素的分区

元素的分区见表 1-4。周期表分为 5 个区:s 区元素包括ⅠA 和ⅡA 族元素(ns$^{1~2}$);p 区元素包括ⅢA~ⅦA 和零族元素(ns$^2 n$p$^{1~6}$);d 区元素包括ⅢB~ⅦB 和Ⅷ族元素$[(n-1)$d$^{1~9} n$s$^{1~2}]$;ds 区元素包括ⅠB 和ⅡB 族元素$[(n-1)$d$^{10} n$s$^{1~2}]$;f 区元素包括镧系和锕系元素$[(n-2)$f$^{0~14}(n-1)$d$^{0~2} n$s$^2]$。

表1-4 周期表中的元素分区

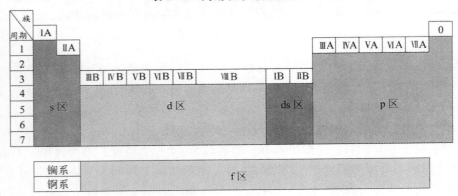

1.2.2.2 元素基本性质的周期性

元素在周期表中的位置与元素原子的电子层结构有关,而原子的电子层结构与元素的基本性质(如原子半径、电离能、电子亲和能、电负性等)周期性变化相关。

1.原子半径

根据原子与原子间作用力的不同,原子半径一般分为三种:共价半径、金属半径和范德华半径。其中:共价半径是指同种元素两个原子形成共价单键时,两原子核间距离的一半;金属半径是指在金属晶体中,相切两个原子的核间距的一半;范德华半径是指对于单原子分子,原子间只有范德华力(分子间作用力)结合,在低温、高压下形成晶体时相邻原子核间距的一半。

原子半径的变化规律有下面 4 种:

(1)短周期内原子半径的变化(第 1,2,3 周期)

在短周期中,从左到右随着原子序数的增加,核电荷数在增大,原子半径在逐渐缩小,但最后到稀有气体时,原子半径突然变大。这主要是因为稀有气体的原子半径不是共价半径,而是范德华半径。

(2)长周期内原子半径的变化(第 4,5 周期)

在长周期中,从左向右,主族元素原子半径变化的趋势与短周期基本一致,原子半径逐渐缩小。副族中的 d 区过渡元素,自左向右,由于新增加的电子填入了次外层的 $(n-1)d$ 轨道,对于决定原子半径大小的最外电子层上的电子来说,次外层的 d 电子部分地抵消了核电荷对外层 ns 电子的引力,使有效核电荷增大得比较缓慢。因此,d 区过渡元素从左向右,原子半径只是略有减小,缩小程度不大。到了 ds 区元素,由于次外层的 $(n-1)d$ 轨道已经全部充满,d 电子对核电荷的抵消作用较大,超过了核电荷数增加的影响,导致原子半径反而有所增大。

(3)特长周期内原子半径的变化(第 6,7 周期)

在特长周期中,不仅包含有 d 区过渡元素,还包含有 f 区内过渡元素(镧系元素、锕系元素)。由于新增加的电子填入外数第三层的 $(n-2)f$ 轨道,对核电荷的抵消作用比填入了次外层的 $(n-1)d$ 轨道更大,有效核电荷的变化更小。因此,f 区元素从左向右原子半径减小的幅度更小,这就是镧系收缩。由于镧系收缩的影响,镧系后面各过渡元素的原子半径都相应缩小,致使同一副族的第 5,6 周期过渡元素的原子半径非常接近,这导致 Zr 与 Hf,Nb 与 Ta,Mo 与 W 等在性质上极为相似,难以分离。

在特长周期中,主族元素、d 区元素、ds 区元素的原子半径变化规律与长周期的类似。

(4)同族元素原子半径的变化

在主族元素区内,从上往下,尽管核电荷数增多,但由于电子层数增多的因素起主导作用,因此原子半径显著增大。在副族元素区内,从上到下,原子半径一般只是稍有增大。其中第 5,6 周期的同族元素之间的原子半径非常接近,这主要是镧系收缩所造成的。

2.电离能

1mol 基态的气态原子失去一个电子形成 +1 价气态离子时,所消耗的能量称为元素的第一电离能。用 I_1 表示,单位为 kJ/mol 或 eV。

从 +1 价气态正离子再失去一个电子形成 +2 价气态正离子时,所需要的能量叫作元素的第二电离能。

同理可以定义元素的第三、第四电离能等。同种元素各电离能的大小有如下规律:$I_1 < I_2 < I_3 < I_4$ 等。

此处仅介绍元素第一电离能的变化规律。元素第一电离能的大小主要取决于原子核电荷、原子半径以及原子的电子层结构。

1)同一周期元素由左至右,随着原子序数增加,核电荷增多,原子半径变小,原子核对外层电子的引力变大,元素的电离能变大。元素的金属性慢慢减弱,由活泼的金属元素过渡到非金属元素。

2)同一族元素自上而下,元素电子层数不同,但最外层电子数相同,随着原子半径增大,电离能变小,金属性增强。ⅠA族中最下方的铯有最小的第一电离能,它是周期表中最活泼的金属元素;而稀有气体氦则有最大的第一电离能。

3)某些元素的电离能比同周期中相邻元素的高,是由于它具有全充满或半充满的电子层结构,稳定性较高,例如 N,P,As(具有半充满的轨道)以及 Zn,Cd,Hg[具有全充满的$(n-1)$ dns 轨道]。

3.电子亲合能

1mol 基态的气态原子获得一个电子成为-1价气态离子时所放出的能量称为元素的第一电子亲和能,用 E_1 表示。电子亲和能通常为电子亲和反应焓变的负值($-\Delta H$)。元素的电子亲合能越大,表示它的原子越容易获得电子,非金属性也就越强。因此,活泼的非金属元素一般都具有较高的电子亲合能。金属元素的电子亲合能都比较小,说明金属在通常情况下难以获得电子形成负价阴离子。

在周期中由左向右,元素的电子亲合能随原子半径的减小而增大;在族中自上而下,元素的电子系和能随原子半径的增大而减小。但ⅥA和ⅦA族的头一个元素(氧和氟)的电子亲合能并非最大,而是分别比第二个元素(硫和氧)的电子亲合能要小。这一反常现象是由于氧、氟原子半径最小,电子密度最大,电子间排斥力很强,以致当加合一个电子形成负离子时,放出的能量减小。

4.电负性

为了定量地比较原子在分子中吸引电子的能力,1932 年美国化学家鲍林在化学中引入了电负性的概念。原子在分子中吸引电子的能力称为元素的电负性,用符号 χ 来表示。一个原子的电负性愈大,原子在分子中吸引电子的能力愈强;电负性愈小,原子在分子中吸引电子的能力愈小。元素的电负性呈现周期性变化。在同一周期中,从左到右,随着原子序数的增大,电负性递增,元素的非金属性逐渐增强。在同一主族中,从上到下电负性递减,元素的非金属性依次减弱。副族元素的电负性没有明显的变化规律。在周期表中,右上方氟的电负性最大,非金属性最强,左下方铯的电负性最小,金属性最强。一般来说,金属元素的电负性在 2.0 以下,非金属元素的电负性在 2.0 以上。元素电负性的大小,可以衡量元素金属性和非金属性的强弱。

5.元素性质的周期性变化规律

(1)金属性和非金属性的变化规律

同一周期元素的单质,从左至右,金属性逐渐减弱,非金属性逐渐增强,由典型的金属晶体过渡到分子晶体,其间往往出现原子晶体或层状、链状结构的过渡型晶体。同一族元素,从上到下,金属性逐渐增强,非金属性逐渐减弱。这一趋势在第 2,3 周期中和各主族元素中表现得较为典型。对于过渡元素而言,金属性的变化不甚明显。

(2)物理性质的变化规律

熔点、沸点和硬度的一般规律:在同一周期中,主族元素单质的熔点、沸点和硬度等物理性质从左至右,都有低→高→低的变化规律,一般以第Ⅳ主族单质为最高,零族单质为最低。非金属单质大多熔点、沸点很低,唯有中部的碳、硅、硼具有很高的熔点和硬度。

导电性和导热性的变化规律:一般情况下,主族元素单质的电导率差别很大。许多非金属单质不能导电,是绝缘体。介于导体和绝缘体之间的是半导体。p 区斜对角线的单质大都具有半导体性质,其中以锗和硅用得最广,硒、镓、砷等也是良好的半导体材料。对于同素异形体,比如金刚石和石墨,其晶体结构影响了电性、硬度等物理性质。金刚石由于硬度大、熔点高,因而是很有用的切割、钻探和划痕材料。石墨由于既具有很高的熔点,又有良好的导电、导热性,而且化学性质也很稳定,对大多数化学试剂显惰性,因此在工业上可用来制造坩埚(熔炼钢、铜)、热交换器和电极。石墨结构层间结合力较弱,容易滑动,可用作固体润滑剂。

(3)化学性质的变化规律

单质的氧化还原性基本符合周期系中非金属性的递变规律及标准电极电位的顺序。非金属单质大多既具有氧化性又具有还原性:

1)较活泼的非金属单质,如 F_2,O_2,Cl_2,Br_2 常用作氧化剂。

2)较不活泼的非金属单质,如 C,H_2,Si 常用作还原剂。

3)部分非金属单质既具有氧化性,又具有还原性,如 Cl_2,Br_2,I_2,P,S 等能发生歧化反应。例如:

$$I_2(g)+H_2S(g)=2HI(g)+S(s)(I_2 \text{ 的氧化性})$$
$$I_2(s)+5Cl_2(g)+6H_2O(l)=2HIO_3(aq)+10HCl(aq)(I_2 \text{ 的还原性})$$
$$2H_2(g)+O_2(g)=2H_2O(g)(H_2 \text{ 的还原性})$$
$$Ca(s)+H_2(g)=CaH_2(s)(H_2 \text{ 的氧化性})$$
$$Cl_2(g)+2KOH(aq)=KCl(aq)+KClO(aq)+H_2O(l)(Cl_2 \text{ 的歧化反应})$$

一些不活泼的非金属单质(如稀有气体、N_2 等)通常不与其他物质反应,常用作惰性介质或保护性气体。

1.3　化学键与分子结构

原子通过化学键结合成分子。化学键是分子中相邻原子间较强烈的结合力。这种强烈的相互作用力是高速运动的电子对被结合的原子的一种吸引力,也可以说成是原子对电子的吸引。化学键的大小常用键能表示,在 $125\sim900$ kJ/mol 之间。本节着重介绍离子键、共价键、配位键和金属键理论,并对分子间力及其与物质性质的关系进行阐述。

1.3.1　离子键理论

1.3.1.1　离子键的形成及本质

1916 年,德国化学家柯塞尔(Kossel)根据稀有气体原子的电子层结构特别稳定的事实,提出了离子键理论,用以说明电负性差别较大的元素间所形成的化学键,并提出了离子键的概念,认为正、负离子间依靠静电吸引力(库仑力)作用而形成化学键,即离子键。

1.离子键理论的主要内容

1)当活泼金属原子和活泼非金属原子在一定条件下相遇时,由于原子电负性相差较大,金属失去价电子成为正离子,非金属原子得到电子变成负离子,从而实现原子间的电子转移。

2)正、负离子之间由于静电作用而相互靠近,当它们充分接近时,两核之间和电子云之间便产生排斥力,当吸引力和排斥力处于平衡状态时,正、负离子在平衡位置附近振动,体系能量最低,此时正、负离子之间形成了稳定的离子键。

3)两元素的电负性相差越大,它们之间成键的离子性越大。当电负性相差大于 1.7 时,键以离子性为主,正、负离子依靠静电作用结合成卤化物、氧化物等。

2.离子键的本质

1)没有方向性,没有饱和性。

2)离子键的本质是静电作用力。

3)离子键是极性键。

由离子键结合而成的化合物叫离子化合物,得到或失去的电子数目叫电价数。离子化合物在常温下一般都是固态晶体。

3.离子键的强度

离子键的强度用键能 E_i、晶格能 U 表示。键能 E_i 表示 1mol 气态分子解离成气态原子时所吸收的能量,单位为 kJ/mol。晶格能 U 则是在标准状态下,将 1mol 离子型晶体拆散为 1mol 气态正离子和 1mol 气态负离子所需要的能量,单位为 kJ/mol。对于晶体结构的离子化合物,离子电荷越多,核间距越小,晶格能就越大。

1.3.1.2 影响离子化合物性质的主要因素

由离子键理论可知,组成离子化合物的基本微粒是离子。影响离子化合物性质的因素是多方面的,主要有离子的电荷、半径和电子构型等,它们决定了离子化合物的性质。

1.离子的电荷

离子的电荷越高,与异号电荷间的吸引力越大,晶格能越大,离子键也就越强,最终导致离子化合物的熔点和沸点越高。

2.离子的电子构型

原子究竟能形成何种电子构型的离子,除取决于原子自身的性质和核外电子层构型的稳定性外,还与其相作用的其他电子有关。对于简单的负离子,通常有稳定的 8 电子构型(稀有气体构型即稳定的 8 电子构型)。对于正离子来说,情况比较复杂,依据最外层电子数,通常有 2 电子构型、8 电子构型、9～17 电子构型(不饱和电子构型)、18 电子构型、(18＋2)电子构型(次外层 18 个电子,最外层 2 个电子)等。离子的电子构型与离子键的强度有关。

3.离子的半径

离子的半径是指离子晶体中正、负离子的接触半径,即有效离子半径,用 r 表示。离子半径的大小是决定离子化合物中正、负离子间引力大小的因素之一,也是决定离子化合物中离子键强弱的因素之一。离子半径越小,离子间引力越大,离子化合物的熔点、沸点就越高。离子化合物的其他性质,如溶解度等,都与离子半径的大小密切相关。

1.3.1.3 离子晶体

由正离子和负离子通过离子键结合而成的晶体,称为离子晶体。组成晶体的质点(分子、原子、离子)在空间通过规则的排列形成一定的几何形状,这些点的总和称为晶格。

离子化合物采用哪一种晶格,主要取决于阴、阳离子的半径比。

(1)晶体的基本概念

晶体有七个晶系,即立方晶系、四方晶系、正交晶系、三方晶系、六方晶系、单斜晶系、三斜晶系。

(2)离子晶体的特性

离子晶体中不存在单个分子。质点之间的作用力是静电作用力,晶格能较大,故离子晶体具有较高的熔点、沸点和硬度,但比较脆,延展性较差。离子晶体在水中的溶解度与晶格能、离子的水合热等有关。离子晶体熔融后或溶解于水中都具有良好的导电性。

离子键理论的优势是能很好地说明离子化合物的形成,但其同种原子组成的非金属单质分子(如 H_2)和电负性相差不大的不同非金属分子(如 HCl)或者晶体(如 SiO_2),它们的原子不可能形成正、负离子以离子键结合,这些分子的形成就不能用离子键理论说明。

1.3.2　共价键理论

1916 年,美国化学家吉尔伯特·牛顿·路易斯(Gilbert Newton Lewis,1875—1964 年)提出了共价键理论,用以解释同种元素的原子或电负性相近的元素的原子形成的分子。

1.3.2.1　路易斯共价键理论

同种元素的原子或电负性相近的元素的原子之间可以通过共用电子对形成分子。通过共用电子对形成的化学键称为共价键,形成的分子称为共价分子。

路易斯共价键理论认为:在每一个共价分子中,每个原子均应具有稳定的稀有气体原子的 8 电子外层电子构型,习惯上称为"八隅体规则"(路易斯结构式)。分子中原子间不是通过离子间的电子转移,而是通过共用一对或几对电子来实现 8 电子稳定构型的。

该理论的贡献是指明了共价键与离子键的区别,解释了电负性相差较小的元素之间的成键事实,但它没有揭示共价键的本质和特征,无法解释 BCl_3,PCl_5 等化合物中原子未全部达到稀有气体结构的分子结构问题。

1.3.2.2　VB 价键理论

1927 年,德国物理学家沃尔特·海因里希·海特勒(Walter Heinrich Heitler,1904—1981 年)和菲列兹·伦敦(Fritz London,1900—1954 年)用量子力学求解氢分子体系的薛定谔方程后,形成了后来的现代价键理论(Valence - Boud Theory,简称 VB 理论),其要点如下:

1)成键的两原子必须有能量较低的单电子。

2)成键时单电子必须自旋方向相反,在核间电子云密度最大处形成稳定化学键。

3)共价键有饱和性,单电子的数目就是成键数目。

4)共价键有方向性,沿轨道方向重叠可产生最大重叠,形成的键最稳定。在所有轨道中只有 s 轨道无方向性,只有 s 轨道之间形成的键无方向性。

共价键有以下三种类型:

1)σ键:沿电子云最大方向头碰头重叠而形成的化学键。头碰头方式重叠是最有效的重叠,故形成的化学键最稳定。s 轨道无方向性,故有 s 轨道参与形成的化学键一定是 σ 键。

2)π键:成键两原子在已形成 σ 键的情况下其他轨道不可能再以头碰头方式重叠,可以肩并肩方式重叠形成 π 键。肩并肩重叠不如头碰头重叠有效,故 π 键稳定性一般不如 σ 键。π键是两原子间形成的第二、第三键。

3)δ键:由两个 d 轨道四重交盖而形成的生物共价键称为 δ 键(面对面)。δ 键常出现在有机金属化合物中,例如钌、钼、铼等金属有机化合物。

s 轨道只参与形成 σ 键一种,p 轨道可以形成 σ 键和 π 键两种键,d 轨道可以形成 σ 键、π键和 δ 键三种键,f 轨道能否成键尚未有定论。

该理论很好地解释了电负性相同及相差不大的元素之间如何形成稳定分子,也很好地解释了配位键的形成条件,但无法解释分子的空间构型。1931 年,美国化学家鲍林和美国物理学家约翰·克拉克·斯莱特(John Clarke Slater,1900—1976 年)在价键理论的基础上,提出了杂化轨道理论,进一步完善了价键理论。

1.3.2.3 杂化轨道理论

鲍林指出,原子轨道在成键时并不是其原来轨道的形状,而是将参与成键的几个轨道重新组合成数目相同的等价(简并)轨道,这个过程称杂化。只有能量相近的轨道才能进行杂化。杂化是原子成键前的轨道行为,与该原子的价层电子数目无关。

1.理论要点

1)同一原子中能量相近的原子轨道可以杂化。

2)杂化前后轨道数目不变。

3)杂化后轨道成分、伸展方向、形状和能量发生改变,杂化轨道与其他原子的原子轨道或杂化轨道之间重叠形成共价键。

4)杂化有等性杂化与不等性杂化之分。如果杂化后的一组轨道能量相等,空间分布对称,则此过程称为等性杂化,所得到的杂化轨道称为等性杂化轨道;如果杂化后的一组轨道中由已配对电子占据,致使杂化轨道能量不等,此过程称为不等性杂化,所得到的杂化轨道称为不等性杂化轨道。

2.杂化轨道的基本类型

1)sp 杂化。由一个 ns 轨道和一个 np 轨道参与的杂化称为 sp 杂化,所形成的轨道称为 sp 杂化轨道。每一个 sp 杂化轨道中含有 1/2 的 s 轨道成分和 1/2 的 p 轨道成分,杂化轨道间的夹角为 180°。

2)sp^2 杂化。由一个 ns 轨道和两个 np 轨道参与的杂化称为 sp^2 杂化,所形成的三个杂化轨道称为 sp^2 杂化轨道。每个 sp^2 杂化轨道中含有 1/3 的 s 轨道和 2/3 的 p 轨道成分,杂化轨道间的夹角为 120°,呈平面正三角形。

3)sp^3 等性杂化。由一个 ns 轨道和三个 np 轨道参与,形成完全相同的四个杂化轨道的杂化称为 sp^3 杂化,所形成的四个杂化轨道称为 sp^3 杂化轨道。sp^3 杂化轨道的特点是每个杂化轨道中含有 1/4 的 s 轨道和 3/4 的 p 轨道成分,杂化轨道间的夹角为 109°28′。

4)sp^3 不等性杂化。ns 轨道和三个 np 轨道杂化后,形成的四个 sp^3 杂化轨道中,有 1 个轨道或 2 个轨道被成对电子填充,另 3 个或 2 个各有 1 个电子,这种杂化形式称为 sp^3 不等性杂化。因为杂化后形成的四条杂化轨道中,必然有 1 条或 2 条轨道的成分与其他轨道不相同,能量也稍差别。以氨气分子为例,对 sp^3 不等性杂化来说,3 个氢原子分别占据了正四面体的三个顶点,孤对电子同样也占据正四面体的一个顶点,但由于孤对电子没有成键,因此它更加靠近于氮原子,从而对三个 N—H 键的共用电子对产生排斥作用,使轨道夹角相对变小,呈三角锥形。

3.π 键与大 π 键

在一个具有平面结构的多原子分子中,如果彼此相邻的三个或多个原子中有垂直于分子平面的、对称性一致的、未参与杂化的原子轨道,那么这些轨道可以相互重叠,形成多中心 π 键。这种多中心 π 键又称为"共轭 π 键"或"非定域 π 键",简称"大 π 键"。

杂化轨道理论在价键理论的基础上很好地解释了多原子分子、有机化合物及配位化合物的空间立体结构,在化学键理论中具有非常重要的地位和作用。

1.3.2.4　价层电子对互斥理论

价层电子对互斥理论最初是在 1940 年由英国化学家 Sidgwick 与 Powell 提出的,后经 Gillespie 与 Nyholm 补充发展。该理论适用于主族元素间形成的 AB_n 型分子或离子。

1.理论要点

1)分子或离子的空间构型决定于中心原子 A 周围的价层电子对数。价层电子对是指 σ 键电子对与孤对电子。

2)价层电子对间尽可能远离,以使斥力最小。

依据此理论,只要知道分子或离子中中心原子上的价层电子对数,就能容易而准确地判断 AB_n 型共价分子或离子的空间构型。

2.价层电子对理论预测分子空间构型的步骤

1)确定中心原子中价层电子对数,即中心原子的价层电子对数和配体所提供的共用电子数的总和除以 2。

2)判断分子的空间构型。电子对和电子对空间构型的关系有以下 5 种:①2 对电子,直线形;②3 对电子,正三角形;③4 对电子,正四面体;④5 对电子,三角锥形;⑤6 对电子,正八面体。若配体数和电子对数相一致,则分子构型和电子对构型一致;当配体数少于电子对数时,确定出孤对电子的位置,分子构型即可确定。中心价层有 5 对电子时,电子对构型为三角双锥。当配体数少于电子对数时,孤对电子总是位于平面三角形的位置。

3.影响键角的因素

影响键角的因素有孤对电子、重键、中心和配体的电负性等。

1.3.2.5　分子轨道理论

1932 年,德国理论物理学家洪特和美国化学家罗伯特·桑德森·马利肯(Robert Sanderson Mulliken,1896—1986 年)提出了分子轨道理论,简称"MO(Molecular Orbital Theory)理论"。分子轨道与原子轨道相比,区别在于分子轨道不是以一个原子核作为中心,而是由 2 个或更多个原子核构成的多中心轨道。

1.分子轨道的理论要点

1)强调分子的整体性。把组成分子的所有原子作为分子整体,其中的电子不再定域在个别原子内,而是在整个分子范围内运动。每一个电子都被看作是在核和其余电子共同提供的势场中运动,其状态可以用单电子波函数 ψ 来表示,波函数 ψ 即分子轨道。

2)分子轨道可以近似地用原子轨道的线性组合来表示。两个原子轨道组成两个分子轨道,其中一个分子轨道由两个原子轨道的波函数相加组成(成键轨道),另一个分子轨道由两个原子轨道的波函数相减组成(反键轨道)。

3)每一个分子轨道有一相应能量,分子的总能量等于被电子占据的分子轨道的能量总和。

4)原子轨道组成分子轨道时,也要符合鲍林不相容原理、能量最低原理和洪特规则,才能形成有效的分子轨道,形成分子轨道的数目等于原子轨道的数目。

2.分子轨道的类型

1)形成 σ 分子轨道:s 与 s,s 与 p,p_x 与 p_x 以头碰头的方式重叠形成 σ 分子轨道,包括一个成键轨道和一个反键轨道。

2)形成 π 分子轨道:以肩并肩形式重叠形成的分子轨道称为 π 分子轨道,也包括一个成键轨道和一个反键轨道。

分子轨道理论在解释 O_2 的顺磁性、N_2 的稳定性、He_2^+ 为什么能够存在及一些多原子分子的结构方面取得了成功,在共价键理论中占有重要地位。

1.3.3　金属键理论

金属中的自由电子把金属正离子吸引并约束在一起,这种作用称为金属键。通过金属键形成的晶体即金属晶体。

1.3.3.1　金属键的改性共价键理论

金属能导电,说明金属中有自由移动的电子,而金属的价层电子数少于 4,一般为 1~2 个,在金属晶体中,原子的配位数却达 8 或 12,显然不可能形成 8 或 12 个普通化学键。

金属的电负性小,电离能也较小,容易失去价层电子,而形成正离子。在金属晶格结点上排列的金属原子和正离子是难以移动的,只能在其平衡位置振动;从金属原子上脱下的自由电子在整个晶体中运动,将整个晶体结合在一起。金属键可看成是许多金属离子与许多自由电子共同作用而形成的特殊共价键,即改性共价键,只不过该共价键没有方向性,也没有饱和性。

该理论很好地解释了金属的不透明性、光泽性、导电性、传热性、延展性、可塑性等共同特性,但不能深入阐述金属晶体中金属键的本质,也不能解释导体、绝缘体和半导体性质的差异。

1.3.3.2　金属键的能带理论

能带理论用分子轨道理论处理金属键,把整个金属晶体看成是一个大分子,则所有能量相近的原子轨道都要参与组合。由于参与组合的原子轨道极多且能量一样(合金中能量相近),故组合后的分子轨道在能量间隔上相差极小,甚至产生能量重叠。

按原子轨道能级的不同,金属晶体可以有不同的能带,即满带、导带和禁带。其中满带为电子填满的能带,导带为部分填充电子的能带,禁带为满带与导带间的能量间隔。满带与导带重叠的物质为导体,满带与导带不重叠但禁带宽度(能级差)小于 3eV 的物质为半导体,禁带宽度大于 5eV 的物质为绝缘体。

1.3.4　分子间作用力

离子键、共价键和金属键都是原子间比较强的相互作用力,键能为 100~800kJ/mol。此外,在分子之间还存在着一种较弱的相互作用力,其结合能只有几到几十千焦每摩尔,比化学键小 1~2 个数量级,这种分子间的作用力称为范德华力,它是由荷兰物理学家约翰尼斯·迪德里克·范·德·瓦尔斯(Johannes Diderik van der Waals,1837—1923 年,通常译为范德华)于 1873 年首先提出的。他认为,气体分子能凝聚成液体和固体,主要靠分子间作用力。分子间作用力是决定物质熔点、沸点、溶解度等物理化学性质的一个重要因素,而分子间作用力又与分子的极性有密切关系。

1.3.4.1　分子的极性

1.非极性共价键和非极性分子

在共价键中,若成键的两个原子为同种元素,电负性差值为零,这种共价键称为非极性共价键。由相同原子组成的双原子分子,两个原子的电负性相同,对共用电子对的吸引力相同,分子中电子云分布均匀,整个分子的正电荷重心与负电荷重心重合,这种分子叫作非极性分子。

2.极性共价键和极性分子

若成键的两个原子所属元素的电负性差值不等于零,这种共价键称为极性共价键。由不同元素的两个原子组成的双原子分子,由于电负性有差值,原子对共用电子对的吸引力不同,分子中的电子云偏向电负性较大的原子,使该原子显负电性,另一端显正电性,分子的正电荷重心与负电荷重心不重合,形成正、负两极,这种分子叫极性分子。

在极性分子中,其极性的大小用偶极矩 μ 来衡量。分子中各个化学键的偶极矩的矢量和,等于分子的偶极矩。偶极矩为 0 的分子为非极性分子,偶极矩不为 0 的分子为极性分子。

1.3.4.2　分子间作用力

分子间作用力又称范德华力,是分子与分子之间的一种弱作用力,是一种短程吸引力,与分子间距离的 7 次方成反比,随分子间距离的增大而迅速减小。按分子间作用力的产生原因可将其分为取向力、诱导力、色散力。

1.取向力

取向力(orientation force)是极性分子之间偶极的定向排列而产生的作用力,只有极性分子之间才会产生。分子偶极越大,取向力越大。取向力在极少数极强极性的分子间中是最主要的分子间力,如 H_2O,HF,一般是次要的作用力。

2.诱导力

极性分子诱导其他分子产生偶极(非极性分子)或附加偶极(极性分子),诱导出的偶极再定向排列而产生的作用力,即诱导力(induction force)。只有极性分子存在才会产生诱导力。极性分子的极性越大,诱导力越大,被诱导分子的变形性越大,诱导力越大。诱导力强的分子变形性往往较差,而变形性强的分子诱导力又差。故诱导力绝不是分子间的主导作用力,而是次要的作用力。

3.色散力

分子中电子和原子核的瞬间位移而使分子在瞬间正负电荷重心不重叠而产生瞬间偶极,瞬间偶极的作用只能产生于相邻分子间,这种相互吸引便是色散力(dispersion force),又称为 London 力。任何分子间均有色散力。分子变形性越大,色散力越大;相对分子质量越大,色散力越大,重原子形成的分子色散力大于轻原子形成的分子色散力。除极少数极性极强的分子外,色散力是分子间的主流作用力。

4.分子间力的特点

1)分子间作用力的大小远不如化学键,一般小于 $40kJ \cdot mol^{-1}$,化学键的大小是分子间力的 10 倍至 100 倍之多。

2)分子间力的作用距离数百皮米,比化学键作用距离长。因为是电荷作用,故分子间力无饱和性,而且色散力还无方向性。

3)对大多数分子来说,色散力是主要的,故一般用色散力的大小便可判断其分子间力的大小。

4)分子间作用力对物质的熔点、沸点、溶解度、表面吸附等起重要作用。

1.3.4.3　次级键和氢键

当原子间距离介于化学键与范德华力范围之间时,可以认为原子间生成了次级键。次级键有相当一部分是有氢原子参与的。氢键是一个典型的次级键。

1.氢键的形成条件

1)必须是含氢化合物。

2)氢必须与电负性极大的元素成键,以保证键的强极性和偶极电荷。

3)与氢成键的元素的原子半径必须很小,只有第2周期元素才可以。

4)与氢形成氢键的另一原子电子云密度必须高,即需有孤对电子,且半径小,以保证作用距离较近。

2.氢键的特点

1)氢键有方向性,即孤对电子的伸展方向。

2)氢键也有饱和性,即氢与孤电子对一一对应,作用力大小一般为 40kJ/mol 左右,比化学键低一个数量级,但某些情况下氢键可能转化为化学键。

3)氢键强于分子间作用力。

4)要想形成强氢键,一般要求氢与 N,O,F 三元素之一形成化学键。

3.氢键对化合物熔点和沸点的影响

氢键有分子间氢键和分子内氢键。分子间氢键相当于使相对分子质量增大,色散力增大,故熔点、沸点升高,极性下降,水溶性下降;分子内氢键未增大相对分子质量,却使分子极性下降,故熔点、沸点下降,水溶性也下降。

1.4　酸碱平衡及酸碱滴定

在无机及分析化学中,溶液理论最重要的就是酸碱平衡、配位平衡、氧化还原平衡及沉淀溶解平衡,并基于每一种平衡理论建立了相应的滴定分析,因此在化学分析中,就有酸碱滴定、配位滴定、氧化还原滴定及沉淀滴定和重量分析。本节介绍酸碱平衡及滴定基础理论。

什么是酸? 什么是碱? 早在 17 世纪,英国化学家罗伯特·玻义耳(Robert Boyle,1627—1691 年)就提出:有酸味,能使蓝色石蕊变红的物质是酸;有涩味和滑腻感,能使红色石蕊变蓝的物质是碱。300 多年来,科学家通过大量实验和研究,提出了多种酸碱理论。本节介绍几种常用的酸碱理论,着重阐述酸碱质子理论、酸碱平衡及其在酸碱滴定中的应用。

1.4.1　酸碱理论基础

1.4.1.1　酸碱电离理论

1887 年,瑞典化学家斯万特·奥古斯特·阿伦尼乌斯(Svante August Arrhenius,1859—1927 年)提出了酸碱电离理论。

1.酸碱电离理论要点

1)电解质在水中电离生成带电荷的正、负离子。电离是一个可逆过程。电解质分为强电解质和弱电解质,强电解质在水中电离程度大,例如 HCl,H_2SO_4,HNO_3 为强酸,$NaOH$ 为强碱;弱电解质在水中电离程度小,例如 H_2CO_3,H_3PO_4,HNO_2 为弱酸,$NH_3 \cdot H_2O$ 为弱碱。

2)在水中电离生成正离子全部是氢离子(H^+)的化合物,称为酸。在水中电离生成负离子全部是氢氧根离子(OH^-)的化合物,称为碱。

3)酸碱中和反应实质就是 H^+ 与 OH^- 反应生成 H_2O。

2.酸碱电离理论的优势及局限性

酸碱电离理论成功地从物质的化学组成方面表达了酸碱本质,并从化学平衡角度对酸碱的强弱进行了定量描述,是酸碱理论的里程碑和奠基石。但该理论把酸碱局限在水溶液中,在非水溶液体系就无法使用;把碱局限为氢氧化物,无法解释氨水的碱性并不是由 NH_4OH 而来这一事实。

1.4.1.2　酸碱质子理论

1923 年,丹麦化学家约翰尼斯·尼古拉斯·布朗斯特(Johannes Nicolaus Brønsted,1879—1947 年)和英国化学家托马斯·马丁·劳里(Thomas Martin Lowry,1874—1936 年)分别独立提出了酸碱质子理论。

1.酸碱质子理论的核心

1)凡能给出质子(H^+)的物质都是酸,凡能接受质子(H^+)的物质都是碱。

2)酸和碱可以是分子、正离子、负离子。

3)酸碱中和反应实质就是强酸与强碱反应生成相应的弱碱和弱酸,即两个共轭酸碱对之间的质子传递反应。

2.酸碱质子理论的优势及缺陷

酸碱质子理论扩大了酸和碱的范围,并成功用于非水溶液体系中,广泛性和实用价值较酸碱电离理论更广。但该理论的局限性在于只适合有质子参加的反应,对于不含质子的酸碱反应则无法说明。

1.4.1.3　酸碱电子理论

1923 年,美国化学家路易斯提出了酸碱电子理论。

1.酸碱电子理论的核心

1)凡能接受电子对的物质都是路易斯酸,凡能提供电子对的物质都是路易斯碱。

2)路易斯酸和路易斯碱可以是分子、离子、原子团。

3)酸碱反应实质就是路易斯酸与路易斯碱反应形成配位键,生成酸碱配合物。

2.酸碱电子理论的优势及局限

酸碱电子理论在酸碱质子理论的基础上进一步扩大了酸和碱的范围,摆脱了酸碱必须有某种离子或元素的限制,应用更为广泛,特别是在配位化学中具有更为重要的指导意义。但该理论的局限性在于路易斯酸碱过于笼统,较难掌握酸碱的特征,也没用统一的酸碱标度,实际应用不方便。

不同理论有不同的特点和缺陷,滴定过程多数在水溶液体系中进行,因此本书采用酸碱质子理论为基础展开讨论。

1.4.2　酸碱平衡

1.4.2.1　酸碱平衡

基于酸碱质子理论,酸给出一个质子变成碱,碱接受一个质子变成酸。酸和碱的这种关系称为共轭关系,即酸碱平衡:

$$酸(HA) \rightleftharpoons 碱(A^-) + 质子(H^+)$$

酸（HA）与碱（A⁻）就是一对共轭酸碱对，HA 是 A⁻ 的共轭酸，A⁻ 是 HA 的共轭碱，即互为共轭。例如 $HCl - Cl^-$，$HAc - Ac^-$（Ac 为醋酸根 Acetate 的缩写，HAC 为醋酸），$H_2CO_3 -$ HCO_3^- 等。因此有酸才有碱，有碱必有酸，酸可以变碱，碱也可以变酸。

有的物质既可以给出质子作酸，又可以接受质子作碱，所以是两性物质，例如 HCO_3^-，$HC_2O_4^-$，H_2O 等。因此酸和碱是相对的，遇到酸时为碱，遇到碱时为酸。酸和碱相互依存又相互转化，彼此之间通过质子的传递相互联系。

值得注意的是：在酸碱质子理论中，没有了电离理论中盐的概念，物质均为酸或者碱。例如 $(NH_4)_2SO_4$，在电离理论中为盐，在质子理论中，NH_4^+ 能给出质子，为阳离子酸，SO_4^{2-} 能接受质子，为阴离子碱。

1.4.2.2 酸碱的强弱

酸碱的强弱取决于物质给出质子或接受质子能力的强弱。

酸给出质子的能力越强，即酸性越强，则对应的共轭碱接受质子的能力越弱，即碱性越弱；反之，酸给出质子的能力越弱，即酸性越弱，则对应的共轭碱接受质子的能力越强，即碱性越强。这种强弱关系可以表示为

$$强酸（HA）\Longleftrightarrow 弱碱（A^-）＋质子（H^+）$$
$$弱酸（HA）\Longleftrightarrow 强碱（A^-）＋质子（H^+）$$

1.4.2.3 酸碱反应实质

酸碱质子理论认为，酸碱反应的实质是两个共轭酸碱对之间质子的传递反应，即

$$强酸1＋强碱2 \Longleftrightarrow 弱碱1＋弱酸2$$

强酸 1 与弱碱 1、强碱 2 与弱酸 2 为两对共轭酸碱对。强酸 1 把质子 H^+ 传递给强碱 2，自身变成了共轭碱 1；强碱 2 接受质子 H^+ 后，变成了共轭酸 2。

非水溶液中的质子传递反应为

$$HCl＋NH_3 \Longleftrightarrow NH_4^+＋Cl^-$$

由此可见，酸碱反应中，强碱与强酸反应，最终产物为弱酸和弱碱。

1.4.3 酸碱平衡常数

酸碱平衡常数是描述酸碱反应达到平衡时的平衡常数。

1.水的质子自递反应平衡常数

发生在同种溶剂分子之间的质子传递作用称为质子自递反应。水的质子自递反应式为

$$H_2O＋H_2O \Longleftrightarrow H_3O^+＋OH^-$$

通常可简写为

$$H_2O \Longleftrightarrow H^+＋OH^-$$

故水的质子自递平衡常数为

$$K_w^\ominus = ([H^+]/c^\ominus) \times ([OH^-]/c^\ominus) = 1.0 \times 10^{-14}(25℃) \tag{1-34}$$

2.酸碱解离反应平衡常数

以 NH_3 为例，它在水溶液中的解离反应为

$$NH_3 + H_2O \rightleftharpoons NH_4^+ + OH^-$$

其解离反应平衡常数为

$$K_b^\ominus = \frac{([NH_4^+]/c^\ominus) \times ([OH^-]/c^\ominus)}{[NH_3]/c^\ominus} = 1.8 \times 10^{-5} \tag{1-35}$$

弱酸 HF 的解离反应为

$$HF + H_2O \rightleftharpoons F^- + H_3O^+$$

其解离常数为

$$K_a^\ominus = \frac{([F^-]/c^\ominus) \times ([H_3O^+]/c^\ominus)}{[HF]/c^\ominus} = 6.6 \times 10^{-4} \tag{1-36}$$

3.酸碱中和反应平衡常数

酸碱中和反应是水溶液中最常见的反应,也是滴定分析的重要反应,其平衡常数又称为滴定常数。例如强酸与强碱的中和反应及平衡常数为

$$H^+ + OH^- \rightleftharpoons H_2O, \qquad K_t = \frac{1}{([H^+]/c^\ominus) \times ([OH^-]/c^\ominus)} = \frac{1}{K_w^\ominus} \tag{1-37}$$

一元弱酸(如醋酸 HAc)与强碱的中和反应及平衡常数为

$$HAc + OH^- \rightleftharpoons Ac^- + H_2O, \qquad K_t = \frac{([Ac^-]/c^\ominus)}{([HAc]/c^\ominus) \times ([OH^-]/c^\ominus)} = \frac{K_a^\ominus}{K_w^\ominus}$$
$$\tag{1-38}$$

一元弱酸(如 HAc)与一元弱碱(如 NH_3)的中和反应及平衡常数为

$$HAc + NH_3 \rightleftharpoons Ac^- + NH_4^+, \qquad K_t = \frac{([NH_4^+]/c^\ominus) \times ([Ac^-]/c^\ominus)}{([NH_3]/c^\ominus) \times ([HAc]/c^\ominus)} = \frac{K_b^\ominus K_a^\ominus}{K_w^\ominus}$$
$$\tag{1-39}$$

4.水解反应平衡常数

弱碱水解时,其水解反应及平衡常数为(二元弱碱的一级水解反应和二级水解反应及平衡常数为

$$CO_3^{2-} + H_2O \rightleftharpoons HCO_3^- + OH^-$$

$$K_{b1}^\ominus = \frac{([HCO_3^-]/c^\ominus) \times ([OH^-]/c^\ominus)}{[CO_3^{2-}]/c^\ominus} = \frac{K_w^\ominus}{K_{a2}^\ominus} \tag{1-40}$$

$$HCO_3^- + H_2O \rightleftharpoons H_2CO_3 + OH^-$$

$$K_{b2}^\ominus = \frac{([H_2CO_3]/c^\ominus) \times ([OH^-]/c^\ominus)}{[HCO_3^-]/c^\ominus} = \frac{K_w^\ominus}{K_{a1}^\ominus} \tag{1-41}$$

金属离子水解时,可把金属离子看作酸,其水解反应及平衡常数为

$$Fe^{3+} + H_2O \rightleftharpoons Fe(OH)^{2+} + H^+$$

$$K_a^\ominus = \frac{([Fe(OH)^{2+}]/c^\ominus) \times ([H^+]/c^\ominus)}{[Fe^{3+}]/c^\ominus} \tag{1-42}$$

1.4.4 酸碱平衡中的型体分布

酸碱溶液中各型体的分布表示弱酸(碱)溶液的 pH 变化对于存在的各种型体(酸、共轭碱)的浓度的影响。

1.4.4.1　分析浓度和平衡浓度

分析浓度即总浓度,是指溶液达平衡后各型体的平衡浓度之和,用 c_T 表示,单位为 mol/dm^3。平衡浓度是指溶液达平衡后某一种型体的浓度,用[]表示,单位为 mol/dm^3。

1.4.4.2　水溶液中酸碱的分布分数(百分数)

分布分数 δ＝[某种型体平衡浓度]/分析浓度(乘以100％为分布百分数)。

例如一元弱酸 HA,溶液达到平衡时,存在如下解离关系:

$$HA \rightleftharpoons A^- + H^+$$

溶液中除 H^+ 之外,与 HA 有关的型体有 HA 和 A^-,各型体的分析浓度为[HA]和[A^-],所以 HA 的分析浓度为

$$c_T = [HA] + [A^-] \tag{1-43}$$

酸 HA 的分布分数为

$$\delta_{HA} = \delta_0 = \frac{[HA]}{c_T} = \frac{[HA]}{[HA]+[A^-]} = \frac{1}{1+\dfrac{[A^-]}{[HA]}} = \frac{1}{1+\dfrac{K_a^\ominus}{[H^+]}} = \frac{[H^+]}{[H^+]+K_a^\ominus} \tag{1-44}$$

共轭碱 A^- 的分布分数为

$$\delta_{A^-} = \delta_1 = \frac{[A^-]}{c_T} = \frac{[A^-]}{[HA]+[A^-]} = \frac{K_a^\ominus}{[H^+]+K_a^\ominus} \tag{1-45}$$

则有

$$\delta_{HA} + \delta_{A^-} = 1 \tag{1-46}$$

图1-6为 HAc 的分布分数与溶液 pH 的关系曲线。由图可知,溶液中 HAc,Ac^- 的平衡浓度[HAc],[Ac^-]与溶液 pH 有关。当 pH＜$pK_a^\ominus$ 时,$\delta_{HAc} \gg \delta_{Ac^-}$,[HAc]≫[$Ac^-$],以 HAc 为主要型体;当 pH＝$pK_a^\ominus$ 时,$\delta_{HAc} = \delta_{Ac^-}$,[HAc]＝[$Ac^-$];当 pH＞$pK_a^\ominus$ 时,$\delta_{HAc} \ll \delta_{Ac^-}$,[HAc]≪[$Ac^-$],以 Ac^- 为主要型体。

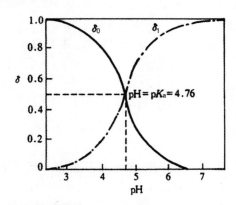

图1-6　HAc 溶液中 HAc,Ac^- 的分布分数与溶液 pH 的关系曲线

对于二元弱酸,例如 $H_2C_2O_4$,溶液中存在的型体有 $H_2C_2O_4$,$HC_2O_4^-$ 和 $C_2O_4^{2-}$,也同样可以用分布分数表示溶液平衡时各型体的分布状况,即

$$H_2C_2O_4 \rightleftharpoons HC_2O_4^- + H^+ \qquad K_{a1}^\ominus$$

$$HC_2O_4^- \rightleftharpoons C_2O_4^{2-} + H^+ \qquad K_{a2}^\ominus$$

$$c_T = [H_2C_2O_4] + [HC_2O_4^-] + [C_2O_4^{2-}]$$

$$\delta_0 = \delta_{H_2C_2O_4} = \frac{[H_2C_2O_4]}{c_T} = \frac{[H^+]^2}{[H^+]^2 + K_{a1}^\ominus \cdot [H^+] + K_{a1}^\ominus \cdot K_{a2}^\ominus}$$

$$\delta_1 = \delta_{HC_2O_4^-} = \frac{[H_2C_2O_4^-]}{c_T} = \frac{K_{a1}^\ominus \cdot [H^+]}{[H^+]^2 + K_{a1}^\ominus \cdot [H^+] + K_{a1}^\ominus \cdot K_{a2}^\ominus}$$

$$\delta_2 = \delta_{C_2O_4^{2-}} = \frac{[C_2O_4^{2-}]}{c_T} = \frac{K_{a1}^\ominus \cdot K_{a2}^\ominus}{[H^+]^2 + K_{a1}^\ominus \cdot [H^+] + K_{a1}^\ominus \cdot K_{a2}^\ominus}$$

$$\delta_0 + \delta_1 + \delta_2 = 1$$

可见,各型体的浓度与溶液 pH 及弱酸的解离常数 $K_{a1}^\ominus$,$K_{a2}^\ominus$有关。当弱酸确定后,$K_a^\ominus$ 为定值,则型体浓度仅与 pH 有关。

1.4.5　酸碱缓冲溶液

1.定义

缓冲溶液是指当加入少量酸或碱以及稀释时,溶液的 pH 不发生明显变化的酸碱溶液体系。

2.组成

缓冲溶液一般由共轭酸碱对组成,例如 $HAc - Ac^-$,$CO_3^{2-} - HCO_3^-$,$HPO_4^{2-} - H_2PO_4^-$ 等。

3.使用目的

1)酸碱缓冲溶液可保持化学反应体系的 pH。

2)测定 pH 时,可采用标准缓冲溶液对 pH 计进行校正。

4.pH 计算

弱酸及其共轭碱组成的缓冲溶液 pH 的计算公式为

$$[H^+] = \frac{c_a}{c_b} K_a^\ominus \tag{1-47}$$

弱碱及其共轭酸组成的缓冲溶液 pH 的计算公式为

$$[OH^-] = \frac{c_b}{c_a} K_b^\ominus \tag{1-48}$$

5.缓冲溶液的缓冲容量和缓冲范围

当缓冲溶液 $c_a = c_b$ 时,缓冲溶液具有最大的缓冲容量,因此多数缓冲溶液中酸与碱的配比为 $1:1$,此时溶液的缓冲范围为

$$pK_a^\ominus - 1 < pH < pK_a^\ominus + 1 \tag{1-49}$$

1.4.6　酸碱滴定原理

1.4.6.1　酸碱指示剂

在一定 pH 范围内能够利用本身的颜色改变来指示溶液 pH 变化的物质,称为酸碱指示剂。酸碱滴定中常用酸碱指示剂来指示滴定终点。

酸碱指示剂一般是有机弱酸或弱碱,其酸式与共轭碱式具有不同结构,且颜色不同。当溶液 pH 改变时,指示剂要么得到质子由碱式转变为酸式,要么失去质子由酸式转变为碱式。指示剂结构的改变会使其颜色发生变化,即

$$HIn \rightleftharpoons H^+ + In^-$$
$$\text{酸式色} \qquad\qquad \text{碱式色}$$

由此可见,指示剂颜色的改变源于溶液 pH 的变化,但并不是溶液 pH 任意改变或稍有改变都能引起指示剂颜色的明显变化。指示剂的变色是在一定的 pH 范围内进行的。

$$K_a^{\ominus} = \frac{([In^-]/c^{\ominus}) \times ([H^+]/c^{\ominus})}{[HIn]/c^{\ominus}} \qquad\qquad (1-50)$$

$$\frac{[In^-]}{[HIn]} = \frac{K_a^{\ominus}}{[H^+]/c^{\ominus}} \qquad\qquad (1-51)$$

由式(1-51)可知,指示剂所显示的颜色是由碱式色和酸式色的浓度比值决定的。在一定温度条件下,指示剂的 $K_a^{\ominus}$ 为一常数,则溶液颜色的变化则由溶液 pH 变化所致。pH 减小,$[H^+]$浓度增大,则$[In^-]/[HIn]$比值减小,碱式色浓度减小,酸式色浓度增大;反之,pH 增大,$[H^+]$浓度减小,则$[In^-]/[HIn]$比值增大,碱式色浓度增大,酸式色浓度减小。肉眼辨别能力有限,当$[In^-]/[HIn]<1/10$ 时,仅能看到酸式色;当$[In^-]/[HIn]>10$ 时,仅能看到碱式色;当 $1/10<[In^-]/[HIn]<10$ 时,看到的是酸式色和碱式色的混合色。

因此,pH$=pK_{a,HIn}^{\ominus} \pm 1$ 就是指示剂的变色范围。当 pH$=pK_{a,HIn}^{\ominus}$ 时,溶液中$[In^-]/[HIn]=1$,即为指示剂的理论变色点。

在酸碱滴定中,有时需要将滴定终点限制在较窄的 pH 范围内,这时可采用混合指示剂。混合指示剂利用颜色互补作用使终点变色敏锐。混合指示剂有两类:一类是由两种或两种以上的指示剂混合而成;另一类由某种指示剂和一种惰性染料组成,也是利用颜色互补来提高颜色变化的敏锐性。

影响指示剂变色范围的因素有很多,例如温度和溶剂均会影响指示剂平衡常数 $K_{a,HIn}^{\ominus}$ 的大小,从而影响变色范围 $pK_{a,HIn}^{\ominus} \pm 1$。指示剂的用量也会影响指示剂的敏感度,因为滴定时会消耗一定量的标准溶液,不能用量太多,否则滴定终点误差较大;但如果用量太少,颜色变色不明显,肉眼不易观察,滴定终点误差也会较大。因此,指示剂用量要适当,才能提高滴定终点的变色敏锐性,减小滴定终点的误差。

1.4.6.2 酸碱滴定过程

在酸碱滴定中,标准溶液一般都是强酸或强碱,被测物质是各种具有酸碱性或间接产生酸碱的物质。按照酸碱强弱,酸碱滴定分为以下四种:

1.强酸(碱)滴定强碱(酸)

$$H^+ + OH^- = H_2O$$

2.强酸(碱)滴定一元弱碱(酸)

强酸滴定一元弱碱:

$$H^+ + BOH = H_2O + B^+$$

强碱滴定一元弱酸:

$$OH^- + HA = A^- + H_2O$$

3.强碱(酸)滴定多元弱酸(弱碱)

强酸滴定多元弱碱:

$$H^+ + B(OH)_n = H_2O + B(OH)_{n-1}^+$$

$$H^+ + B(OH)_{n-1}^+ = H_2O + B(OH)_{n-2}^{2+}$$

$$\vdots$$
$$\text{H}^+ + \text{B(OH)}^{(n-1)+} = \text{H}_2\text{O} + \text{B}^{n+}$$

强碱滴定多元弱酸：

$$\text{OH}^- + \text{H}_n\text{A} = \text{H}_{n-1}\text{A}^- + \text{H}_2\text{O}$$
$$\text{OH}^- + \text{H}_{n-1}\text{A}^- = \text{H}_{n-2}\text{A}^{2-} + \text{H}_2\text{O}$$
$$\vdots$$
$$\text{OH}^- + \text{HA}^{-(n-1)} = \text{A}^{n-} + \text{H}_2\text{O}$$

4.混合酸（碱）的滴定

混合酸的强碱滴定类似于强碱滴定多元弱酸的过程，而强酸滴定混合碱也类似强酸滴定多元弱碱。

1.4.6.3　酸碱滴定时 pH 的变化规律

以强碱 NaOH 滴定强酸 HCl 为例，其反应为

$$\text{H}^+ + \text{OH}^- = \text{H}_2\text{O}$$

将滴定曲线标绘在坐标图中，以滴定剂 NaOH 的体积（或者以滴定分数 $= \dfrac{V_{\text{NaOH}}}{V_{\text{HCl}}} \times 100\%$）为横坐标，溶液 pH 为纵坐标，可以得到图 1-7 所示的酸碱滴定曲线。滴定曲线上近似垂直于横坐标的直线段即溶液的滴定突跃，突跃所在的 pH 范围称为突跃范围（ΔpH＝突跃起点 pH－突跃终点 pH）。依据此范围可以选择适当的指示剂来指示终点，参见表 1-5。滴定突跃的大小与酸、碱溶液的浓度有关。酸（HCl）、碱（NaOH）浓度越大，滴定突跃越大；酸碱浓度减小，滴定突跃减小。

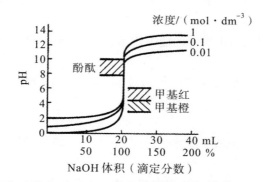

图 1-7　用相同浓度的 NaOH 滴定相同浓度 HCl 时溶液 pH 的变化曲线

表 1-5　浓度对滴定突跃的影响

酸浓度/ (mol·dm^{-3})	碱浓度/ (mol·dm^{-3})	突跃范围 ΔpH	滴定终点 pH	指示剂变色 范围(pH)	可选择的指示剂
0.100 0	0.100 0	4.30～9.70	7.00	甲基红：4.8～6.0 酚酞：8.2～10.0 甲基橙：3.1～4.4	甲基红、酚酞、 甲基橙（差）
0.010 00	0.010 00	5.30～8.70	7.00		甲基红、酚酞（差）
1.000	1.000	3.30～10.70	7.00		甲基橙、甲基红、酚酞

1.4.6.4 酸碱滴定方式

1.直接滴定法

用标准溶液直接滴定被测物质的溶液方法,称为直接滴定法。

2.返滴定法

当反应速率较慢或反应物是固体时,被测物质中加入等计量的标准溶液,反应常不能立即完成。在此情况下,可先于被测物质中加入一定量过量的标准溶液,待反应完成后,再用另一种标准溶液滴定过量的标准溶液。这种方法称为返滴定法。

3.置换滴定法

若被测物质与滴定剂不能定量反应,则可以用置换反应来完成。向被测物质中加入一种试剂溶液,被测物质可以定量地置换出该试剂中的有关物质,再用标准溶液滴定这一物质,从而求出被测物质的含量。这种方法称为置换滴定法。

4.间接滴定法

有些物质不能直接与滴定剂起反应,可以利用间接反应使其转化为可被滴定的物质,再用滴定剂滴定所生成的物质,此过程称为间接滴定法。

1.4.6.5 非水溶液的滴定

在非水溶液酸碱滴定中,常用的溶剂有甲醇、乙醇、冰醋酸、二甲基甲酰胺、丙酮和苯等。根据溶剂性质的差别,可定性地将它们分为两大类,即两性溶剂和非释质子性溶剂。

1.两性溶剂

两性溶剂既可作为酸,又可作为碱。依据给质子能力大小,可以将两性溶剂分为:

1)中性溶剂。这类溶剂的酸碱性与水相近,即它们给出质子的能力相当,例如甲醇、乙醇、丙醇、乙二醇等。

2)酸性溶剂。这类溶剂给出质子的能力比水强,接受质子的能力比水弱,它们的水溶剂显酸性,如甲酸、乙酸、丙酸等。

3)碱性溶剂。这类溶剂给出质子的能力较弱,接受质子的能力较强,它们的水溶液显碱性,如乙二胺、丁胺、乙醇胺等。

2.非释质子性溶液

非释质子性溶剂没有给出质子的能力,溶剂分子之间没有质子自递反应。非释质子溶剂可分为三种:

1)极性亲质子溶剂,如亲质子的二甲基甲酰胺、二甲亚砜;

2)极性疏质子溶剂,如丙酮、乙腈;

3)惰性溶剂,如苯、四氯化碳、三氯甲烷。

1.5 配位平衡及配位滴定

配位化合物最早是被偶然发现的,即 1693 年发现的铜氨配位化合物 $[Cu(NH_3)_4]SO_4$。1706 年,德国染料工人海因里希·迪斯巴赫(Heinrich Diesbach)和炼金术师约翰·康拉德·迪佩尔(Johann Konrad Dippel)为研制颜料而得到普鲁士蓝 $Fe_4[Fe(CN)_6]_3$;1760 年发现了氯铂酸钾 $K_2[PtCl_6]$;1789 年,法国分析化学家塔萨尔特(Tassaert)合成了第一个配位化合物

橙黄盐 $[Co(NH_3)_6]Cl_3$,并于次年发表于法国的化学杂志《分析化学》。自此以后,人们相继合成了成千上万种配位化合物,并在植物和动物机体中也发现了许多重要的配位化合物,可见配位化合物是一类数量极多的重要化合物,但不能用经典的价键理论解释。1893 年,瑞士无机化学家阿尔弗雷德·维尔纳(Alfred Warner,1866—1919 年)根据大量实验事实,提出了配位键理论,创立了配位学说,获得了 1913 年诺贝尔化学奖。本节阐述配位化合物的组成、分类、配位平衡及配位滴定。

1.5.1 配位化合物

1.配位化合物的基本组成

配位化合物是由形成体与配位体组成,以配位键结合的复杂化合物。依据 1.4.1 节中酸碱电子理论,形成体可以是正离子或原子,提供空轨道,是路易斯酸;配位体是中性分子或负离子,提供电子对,是路易斯碱。

2.配位化合物的分类

依据配位化合物的组成,配合物可以分为以下几种。

1)简单配合物:分子或离子只有一个中心离子,每个配位体只有一个配位原子与中心离子成键,如 $[Ag(NH_3)_2]^+$。

2)螯合物:在螯合物分子或离子中,每个配位体至少有两个或两个以上的配位原子同时与中心离子成键,形成环状结构。如 $[Cu(en)_2]^{2+}$,其中配位体乙二胺(en,$H_2N-CH_2-CH_2-NH_2$)有两个胺基 N 为配位原子。

3)多核配合物:分子或离子含有两个或两个以上的中心离子,两个中心离子之间常以配体连接起来。

4)羰合物:是 CO 分子与某些 d 区元素形成的配合物,常见的配位中心是中性金属原子,如 $Ni(CO)_4$。

5)烯烃配合物:配位体是不饱和烃类,有乙烯、丙烯等,常与一些 d 区元素的金属离子形成配合物,如 $[Ag(C_2H_4)]^+$。

6)多酸型配合物:一些复杂的无机含氧酸及其盐类,如 $(NH_4)_3[P(Mo_3O_{10})_4]\cdot 6H_2O$。

1.5.2 配位平衡

对于配位比为 $1:n$ 的配合物 ML_n,由于其形成和离解都是逐级进行的,所以有逐级稳定常数 $K_{fi}^{\ominus}$、逐级离解常数 $K_{di}^{\ominus}$ 和累积稳定常数 β_i 之分,例如金属离子 M^{2+} 与配位剂 L 的配位反应为

$$
\left.
\begin{aligned}
M^{2+}+L &\rightleftharpoons ML^{2+} & K_{f1}^{\ominus} &= \frac{[ML^{2+}]/c^{\ominus}}{([M^{2+}]/c^{\ominus})([L]/c^{\ominus})} \\
ML^{2+}+L &\rightleftharpoons ML_2^{2+} & K_{f2}^{\ominus} &= \frac{[ML_2^{2+}]/c^{\ominus}}{([ML^{2+}]/c^{\ominus})([L]/c^{\ominus})} \\
ML_2^{2+}+L &\rightleftharpoons ML_3^{2+} & K_{f3}^{\ominus} &= \frac{[ML_3^{2+}]/c^{\ominus}}{([ML_2^{2+}]/c^{\ominus})([L]/c^{\ominus})} \\
ML_3^{2+}+L &\rightleftharpoons ML_4^{2+} & K_{f4}^{\ominus} &= \frac{[ML_4^{2+}]/c^{\ominus}}{([ML_3^{2+}]/c^{\ominus})([L]/c^{\ominus})}
\end{aligned}
\right\}
\tag{1-52}
$$

同时水中可溶性配位化合物还存在解离,即上述反应的逆反应,例如

$$ML^{2+} \rightleftharpoons M^{2+} + L$$

其解离常数 $K_{dj}^{\ominus}$ 为

$$K_{dj}^{\ominus} = \frac{([M^{2+}]/c^{\ominus})([L]/c^{\ominus})}{[ML^{2+}]/c^{\ominus}} \tag{1-53}$$

显然,逐级稳定常数 $K_{fi}^{\ominus}$ 和解离常数 $K_{dj}^{\ominus}$ 之间成倒数关系,即

$$K_{d4}^{\ominus} = \frac{1}{K_{f1}^{\ominus}} = \frac{1}{K_1^{\ominus}}, K_{d3}^{\ominus} = \frac{1}{K_{f2}^{\ominus}} = \frac{1}{K_2^{\ominus}}, K_{d2}^{\ominus} = \frac{1}{K_{f3}^{\ominus}} = \frac{1}{K_3^{\ominus}}, K_{d1}^{\ominus} = \frac{1}{K_{f4}^{\ominus}} = \frac{1}{K_4^{\ominus}} \tag{1-54}$$

对具有相同配位体数目的配离子,$K_{fi}^{\ominus}$ 越大,配离子越稳定。配离子的稳定常数表示配离子在溶液中的相对稳定性,它与配位化合物的结构有一定关系。

利用逐级稳定常数 $K_{fi}^{\ominus}$ 或逐级解离常数 $K_{dj}^{\ominus}$ 可以计算溶液中配位反应和解离反应达到平衡时的中心离子浓度、配位体浓度及中心离子的配位程度。

该体系的累积常数 β_i 为

$$M^{2+} + L \rightleftharpoons ML^{2+} \qquad \beta_1 = \frac{[ML^{2+}]}{[M^{2+}][L]} = K_1^{\ominus}$$

$$M^{2+} + 2L \rightleftharpoons ML_2^{2+} \qquad \beta_2 = \frac{[ML_2^{2+}]}{[M^{2+}][L]^2} = K_1^{\ominus} \cdot K_2^{\ominus}$$

$$M^{2+} + 3L \rightleftharpoons ML_3^{2+} \qquad \beta_3 = \frac{[ML_3^{2+}]}{[M^{2+}][L]^3} = K_1^{\ominus} \cdot K_2^{\ominus} \cdot K_3^{\ominus}$$

$$M^{2+} + 4L \rightleftharpoons ML_4^{2+} \qquad \beta_4 = \frac{[ML_4^{2+}]}{[M^{2+}][L]^4} = K_1^{\ominus} \cdot K_2^{\ominus} \cdot K_3^{\ominus} \cdot K_4^{\ominus}$$

所以三种常数之间的关系为

$$\beta_1 = K_{f1}^{\ominus} = \frac{1}{K_{dn}^{\ominus}} \tag{1-55}$$

$$\beta_2 = K_{f1}^{\ominus} \cdot K_{f2}^{\ominus} = \frac{1}{K_{dn}^{\ominus} \cdot K_{d\,n-1}^{\ominus}} \tag{1-56}$$

$$\vdots$$

$$\beta_n = K_{f1}^{\ominus} \cdot K_{f2}^{\ominus} \cdots K_{fn}^{\ominus} = \frac{1}{K_{dn}^{\ominus} \cdot K_{d(n-1)}^{\ominus} \cdots K_{d1}^{\ominus}} \tag{1-57}$$

在配位滴定中常用 EDTA(乙二胺四乙酸)作为滴定剂,完成对金属离子的滴定分析。由于 EDTA 在水中溶解度较小,一般用其二钠盐,也称为 EDTA。EDTA 分子中含有 6 个配位原子(2 个 N,2 个 O),与多数金属离子形成 1:1 螯合物,且配合物稳定,其化学结构为

EDTA 能与溶液中的 H^+ 结合。在处理配位平衡时,常采用 H_6Y 的各级形成常数(又称逐级质子化常数)和累积质子化常数 β_n^H。

图 1-8 说明 EDTA 在水溶液中的存在形态(H_6Y^{2+},H_5Y^+,H_4Y,H_3Y^-,H_2Y^{2-},

HY^{3-}，Y^{4-}）的分布系数与溶液 pH 有密切关系，溶液 pH 越大，EDTA 的质子化程度越小，pH＞12 时主要存在型体为 Y^{4-}；相反，pH 越小，EDTA 的质子化程度越大，此时 EDTA 以质子酸型体 H$_n$Y 存在，pH＜1 时，EDTA 主要以 H$_6$Y^{2+} 型体存在。

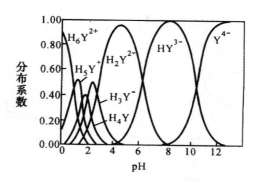

图 1－8　EDTA 随溶液 pH 各种型体的分布系数曲线

1.5.3　配位滴定

1.5.3.1　配位滴定曲线

用 EDTA 滴定金属离子的滴定反应为

$$M + Y \Longrightarrow MY$$

反应的标准稳定常数为

$$K_f^\ominus = \frac{[MY]}{[M][Y]} \tag{1-58}$$

定义 pM＝－lg[M]，将滴定曲线绘在坐标图中，以滴定剂（Y）的加入体积（或滴定分数＝$\dfrac{V_{EDTA}}{V_M} \times 100\%$）为横坐标，溶液 pM 值为纵坐标，可以得到如图 1－9 所示的配位滴定曲线。随滴定剂 Y 的加入，被测金属离子 M 浓度逐渐减小，在化学计量点附近发生突变，形成突跃 ΔpM。滴定曲线形状与酸碱滴定曲线相似。

影响配位滴定突跃 ΔpM 大小的主要因素是金属离子浓度和溶液中的各类副反应。

1）金属离子浓度增大，滴定曲线的起点降低，突跃的起点 pM 值降低，ΔpM 增大；反之，滴定突跃起点 pM 值升高，ΔpM 突跃就减小，如图 1－9(a)所示。

2）溶液中发生的各类副反应对滴定突跃 ΔpM 的影响如图 1－9(b)所示。各类副反应影响配位滴定主反应程度，例如，EDTA 的酸效应、与其他金属离子的配位效应，以及金属离子与其他配位剂的配位效应、水解效应，使表观平衡常数减小，从而影响滴定突跃 ΔpM 的大小。$K_{MY}^{\ominus\prime}$ 值增大，突跃终点的 pM 值增大，ΔpM 也增大；反之，$K_{MY}^{\ominus\prime}$ 值减小，ΔpM 也减小，如图 1－9(b)所示。

1.5.3.2　金属离子指示剂

1.金属离子指示剂的作用原理

金属离子指示剂与被滴定金属离子反应，形成一种与指示剂本身颜色不同的配位物

$$\underset{\text{颜色甲}}{M} + \underset{}{In} \Longrightarrow \underset{\text{颜色乙}}{MIn}$$

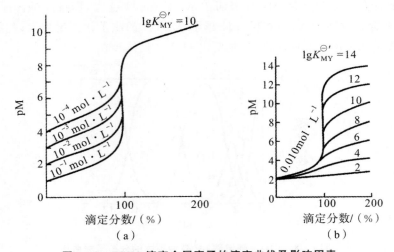

图 1-9 EDTA 滴定金属离子的滴定曲线及影响因素
(a)金属离子初始浓度的影响；(b)滴定体系中各种副反应的影响

滴入 EDTA 时，金属离子与 Y 形成配位化合物。当接近化学计量点时，发生如下置换反应：

$$MIn + Y \rightleftharpoons MY + In$$
颜色乙 　　　　颜色甲

MIn 中的金属离子与 EDTA 发生配位反应，形成 MY 配合物，颜色乙随 MIn 浓度减小而消失；指示剂 In 被释放，浓度逐渐增大，因此溶液颜色由颜色乙变成颜色甲即为滴定终点。

2.金属离子指示剂应具备的条件

金属离子指示剂应具备下列条件：

1)显色配位化合物(MIn)与指示剂(In)的颜色应显著不同。

2)显色反应灵敏、迅速，有良好的变色可逆性。

3)显色配位化合物的稳定性要适当。

4)金属离子指示剂应比较稳定，便于贮藏和使用。

3.金属离子指示剂的选择

在化学计量点附近，被滴定金属离子的 pM 产生"突跃"。要求指示剂能在此突跃区间内发生颜色变化，且指示剂变色的 pM_{ep} 应尽量与化学计量点的 pM_{sp} 一致，以减小终点误差。

1.6 氧化还原平衡及氧化还原滴定

1.6.1 氧化还原平衡

所有的化学反应均可被分成两类：一类是氧化还原反应，有电子转移，某些元素的氧化数发生了改变；另一类是非氧化还原反应，没有电子转移，如酸碱反应、沉淀反应、配位反应等。本节针对氧化还原反应展开讨论，着重阐述电极电位及氧化还原滴定。

凡是元素氧化数有升降的化学反应称为氧化还原反应。含有氧化数升高的元素物质为还原剂，还原剂发生氧化反应；含有氧化数降低的元素物质为氧化剂，氧化剂发生还原反应。

1.6.1.1　原电池

氧化还原反应是电子转移反应,因此就有可能在一定装置中利用氧化还原反应获得电流。原电池就是将化学能转变为电能的装置,它是利用氧化还原反应产生电流的。发生在原电池两极上的反应称为半电池反应或半反应。正极得电子发生还原反应,负极失电子发生氧化反应。

1.原电池组成

原电池由正极、负极、电解质溶液、盐桥、外电路等组成。

盐桥连接着不同电解质溶液或不同浓度的同种电解质溶液。中和溶液中过剩的正电性和负电性,使半电池反应得以继续,电流得以维持。

2.电池符号

Cu－Zn 电池可以表示为

$$(-)Zn\,|\,Zn^{2+}\,(1mol/dm^3)\,\|\,Cu^{2+}\,(1mol/dm^3)\,|\,Cu(+) \qquad (1-59)$$

值得注意的是:

1)盐桥的左边为负极,右边为正极,二者呈镜像对称结构;

2)Cu,Zn 表示极板材料;

3)离子浓度、气体分压要在括号内标明;

4)"|"表示相界面,"‖"表示盐桥。

3.原电池电动势

原电池电动势的大小与电池反应中各物质的本性有关,还与温度和溶液中溶质的浓度等因素有关。原电池的电动势为正极电势(又称电极电位)与负极电势(电极电位)之差,即

$$E=E_+ - E_- \qquad (1-60)$$

为了比较原电池电动势的大小,通常在标准状态下测定原电池的电动势,称为标准电动势,即

$$E^{\ominus}=E_+^{\ominus} - E_-^{\ominus} \qquad (1-61)$$

标准电动势定量地表示了在标准状态下,氧化还原反应中还原剂失去电子和氧化剂得到电子的能力,以及还原剂的还原能力和氧化剂的氧化能力的相对大小。

4.原电池电动势与吉布斯函数变的关系

热力学研究表明,在恒温恒压下,吉布斯函数变与原电池电动势的关系为

$$-\Delta G = zFE$$

式中:z 为电池反应所涉及的电荷数;F 为法拉第常数,大小为 96 485C/mol。如果电池反应是在标准状态下进行,则

$$-\Delta G^{\ominus} = zFE^{\ominus}$$

由此可知原电池的电动势大小可以用来推动反应进行的方向和程度。

1.6.1.2　电极电位和电动势

原电池的电动势即正极的电极电位减去负极的电极电位,但到目前为止,电极电位的绝对值尚不能确定。

1.电极电位

依据双电层理论,电极电位是电极中极板与溶液之间的电势差,用 $E_{氧化型/还原型}$ 或 $E($氧化

型/还原型)表示。

若电极中各物质处于标准状态,则极板与溶液之间的电势差就是标准电极电位,用 $E^{\ominus}_{氧化型/还原型}$ 或 $E^{\ominus}$(氧化型 / 还原型)表示,斜线"/"的左边写氧化数高的物质,右边写氧化数低的物质。电极电位越低,还原型的还原能力就越强;反之,电极电位越高,氧化型的氧化能力越强。

2.影响电极电位的因素

标准电极电位是在标准状态下测定的。如果条件改变,则电对的电极电位也将随之改变。由电极电位的能斯特方程可知,影响电极电位的因素就是影响氧化型、还原型浓度的因素,例如酸度的影响、沉淀物生成的影响和配位化合物生成的影响等。

例如,当电极反应中有 H^+ 或 OH^- 参与时,酸度将影响电极电位 E 的大小,对于反应

$$H_3AsO_4 + 2H^+ + 2e^- = H_3AsO_3 + H_2O$$

其能斯特方程为

$$E = E^{\ominus} + \frac{0.059V}{2}\lg\frac{[H_3AsO_4][H^+]^2}{[H_3AsO_3]}$$

当 $[H_3AsO_4]$ 和 $[H_3AsO_3]$ 不变时,$[H^+]$ 增大,pH 减小,E 增大,即

$$E = E^{\ominus} + \frac{0.059V}{2}\lg[H^+]^2 + \frac{0.059V}{2}\lg\frac{[H_3AsO_4]}{[H_3AsO_3]}$$

$$= E^{\ominus\prime} + \frac{0.059V}{2}\lg\frac{[H_3AsO_4]}{[H_3AsO_3]} \tag{1-62}$$

其中条件电势为

$$E^{\ominus\prime} = E^{\ominus} + \frac{0.059V}{2}\lg[H^+]^2 \tag{1-63}$$

可见酸度对电极电位的影响。其他影响因素可参照此情况进行类推。

1.6.1.3 氧化还原平衡的可逆性

氧化还原电对可粗略分为可逆的与不可逆的两大类。可逆的氧化还原反应电对是在反应一瞬间,能迅速建立反应平衡,电对的电势基本符合能斯特公式计算出的理论电势。而不可逆电对则不能在氧化还原反应的任一瞬间立即建立起符合能斯特公式的平衡,实际电势与理论电势相差较大。

氧化还原电对有对称电对和不对称电对两种。对称电对就是氧化态和还原态的系数相同,计算相对简单;而不对称电对则是氧化态和还原态的系数不同。当涉及不对称电对时,由于电对的系数不同,情况比较复杂,计算时应加以注意。

1.6.1.4 氧化还原反应平衡常数

氧化还原反应的进行程度用氧化还原平衡常数来衡量。平衡常数可以用有关电对的标准电势或条件电势求得。对于如下简单氧化还原反应:

$$n_1R_2 + n_2O_1 \rightleftharpoons n_1O_2 + n_2R_1$$

可分为两个半反应,其中 O_1/R_1 有关的电对反应为 $O_1 + n_1e^- \rightleftharpoons R_1$,能斯特方程为

$$E_1 = E_1^{\ominus\prime} + \frac{0.059V}{n_1}\lg\frac{c_{O_1}}{c_{R_1}}$$

O_2/R_2 有关的电对反应为 $O_2 + n_2e^- \rightleftharpoons R_2$,能斯特方程为

$$E_2 = E_2^{\ominus\,\prime} + \frac{0.059\mathrm{V}}{n_2}\lg\frac{c_{\mathrm{O2}}}{c_{\mathrm{R2}}}$$

若两电对电子转移数 n_1 与 n_2 的最小公倍数为 p，根据反应达到平衡时，两电对的极电位相等的原则（$E_1 = E_2$），则有

$$E_1^{\ominus\,\prime} + \frac{0.059\mathrm{V}}{n_1}\lg\frac{c_{\mathrm{O1}}}{c_{\mathrm{R1}}} = E_2^{\ominus\,\prime} + \frac{0.059\mathrm{V}}{n_2}\lg\frac{c_{\mathrm{O2}}}{c_{\mathrm{R2}}}$$

整理后可得

$$\lg K' = \lg\frac{c_{\mathrm{R1}}^{n2}c_{\mathrm{O2}}^{n1}}{c_{\mathrm{O1}}^{n2}c_{\mathrm{R2}}^{n1}} = \frac{p}{0.059}(E_1^{\ominus\,\prime} - E_2^{\ominus\,\prime}) \tag{1-64}$$

由式（1-64）可见，条件常数 K' 与两电对条件电位的差值（$E_1^{\ominus\,\prime} - E_2^{\ominus\,\prime}$）及有关反应中的电子转移数 n 有关。对于某一氧化还原反应来说，n 为定值。两电对的条件电位差值越大，其反应的平衡常数 K' 越大，反应进行得越完全。

氧化还原反应是电子转移，反应机理比较复杂，反应速度一般较慢。在滴定反应中，为了加快氧化还原反应的速度，通常采用提高反应物浓度、升高反应温度、添加适当催化剂的方式来加快氧化还原反应的速度。

1.6.2　氧化还原滴定

在氧化还原滴定过程中，除了用电位法确定终点外，还可利用有些物质在化学计量点附近时颜色的改变来指示终点。

1.6.2.1　氧化还原滴定指示剂

在氧化还原滴定法中，常用的指示剂有三类。

1.自身指示剂

在氧化还原滴定中，有些标准溶液或被滴定的物质本身有颜色。如果反应后变为无色或浅色物质，在滴定时就不必另加指示剂。

2.显色指示剂

有的物质本身不具有氧化还原性，但它能与氧化剂或还原剂产生特殊的颜色，因而可以指示滴定终点。

3.氧化还原指示剂

氧化还原指示剂的氧化态和还原态具有不同的颜色。当指示剂由氧化态变为还原态，或由还原态变为氧化态时，可用其颜色的突变来指示终点。

指示剂变色的电位范围为 $E_{\mathrm{In}}^{\ominus} \pm \frac{0.059}{n}\mathrm{V}$，采用条件电位则为 $E_{\mathrm{In}}^{\ominus\,\prime} \pm \frac{0.059}{n}\mathrm{V}$。在选择指示剂时，应使指示剂的条件电位尽量与反应的化学计量点电位一致，以减小终点误差。

1.6.2.2　氧化还原反应的滴定曲线

在氧化还原滴定中，随着滴定剂的加入，被滴物质氧化态和还原态的浓度逐渐改变，电对的电位也随之不断改变，这种变化用滴定曲线描述。对于可逆电对，滴定开始后，体系中同时存在两个电对，在滴定过程中的任一点，达到平衡时，两电对的电位相等。因此在滴定的不同阶段可选用便于计算的电对，按能斯特公式计算滴定过程中体系的电位。滴定曲线如图 1-10 所

示。横坐标为滴加的滴定剂的体积或滴定分数 $=\dfrac{V_{O1}}{V_{R2}}\times100\%$，纵坐标为滴定液电极电位的变化。此图为 $0.100\,0\mathrm{mol/dm^3}\,\mathrm{Ce^{4+}}$ 滴定 $20\mathrm{mL}$ $0.100\,0\mathrm{mol/dm^3}$ $\mathrm{Fe^{2+}}$ 溶液（$1\mathrm{mol/dm^3}\,\mathrm{H_2SO_4}$ 介质）时的滴定曲线变化规律，也是最简单的氧化还原滴定曲线。

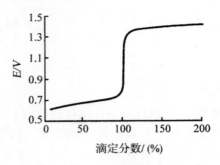

图 1-10　氧化还原反应的滴定曲线

1.7　沉淀溶解平衡及沉淀滴定法和重量分析法

1.7.1　沉淀溶解平衡

在含有固体难溶电解质的饱和溶液中，存在着难溶电解质与由它离解产生的离子之间的平衡，即沉淀溶解平衡。这是一种多相离子平衡，常伴有酸碱反应、配位反应，因此溶液 pH 的变化或配离子的生成等都会引起难溶物质溶解度的变化。本节就沉淀溶解平衡原理、沉淀滴定法及沉淀重量分析法进行阐述。

1.7.1.1　溶解度和溶度积

1. 沉淀的溶解度

沉淀物质在溶液中溶解量的大小即沉淀的溶解度。当难溶电解质 MA 在水中溶解并达到平衡时，可表示为

$$\mathrm{MA(s)} \Longleftrightarrow \mathrm{MA(aq)} \Longleftrightarrow \mathrm{M^+(aq)} + \mathrm{A^-(aq)}$$

$\mathrm{MA(s)}$ 和 $\mathrm{MA(aq)}$ 之间的平衡常数为

$$s_0 = \frac{a_{\mathrm{MA(aq)}}}{a_{\mathrm{MA(s)}}} \tag{1-65}$$

纯固体物质的活度 a 为 1，故式（1-65）变为 $s_0 = a_{\mathrm{MA(aq)}}$，$s_0$ 称为该物质的分子溶解度或固有溶解度，它与难溶电解质本身的性质有关。

沉淀溶解度包括沉淀的分子固有溶解度 s_0 和 MA 分子解离后的平衡浓度。若溶液中不存在其他副反应，MA 的溶解度 s 为

$$s = s_0 + [\mathrm{M^+}] = s_0 + [\mathrm{A^-}]$$

除少数沉淀外，大多数沉淀的固有溶解度 s_0 较小，在计算溶解度时可以忽略不计。

2. 沉淀的溶度积

根据 $\mathrm{MA(aq)}$ 在水溶液中的离解平衡可得

$$K = \frac{a_{\mathrm{M^+}} a_{\mathrm{A}}}{a_{\mathrm{MA(aq)}}} = \frac{a_{\mathrm{M^+}} a_{\mathrm{A}}}{s_0} \qquad (1-66)$$

$$K_{\mathrm{sp}}^{\ominus} = K \cdot s_0 = a_{\mathrm{M^+}} a_{\mathrm{A}}$$

$K_{\mathrm{sp}}^{\ominus}$ 称为难溶电解质 MA 的活度积常数,简称"活度积"。由于难溶电解质的溶解度一般很小,溶液中的离子强度不大,故通常不考虑离子强度的影响。若以平衡浓度代替活度,则有

$$K_{\mathrm{sp}}^{\ominus} = ([\mathrm{M^+}]/c^{\ominus})([\mathrm{A^-}]/c^{\ominus}) \qquad (1-67)$$

物质溶解性质的乘积形式的平衡常数 $K_{\mathrm{sp}}^{\ominus}$ 称为难溶电解质的溶度积。

对于 MA 型难溶电解质,溶解度 $s = \dfrac{K_{\mathrm{sp}}^{\ominus}}{[\mathrm{M^+}]} = \dfrac{K_{\mathrm{sp}}^{\ominus}}{[\mathrm{A^-}]}$。若 $[\mathrm{M^+}] = [\mathrm{A^-}]$,则 $s = \sqrt{K_{\mathrm{sp}}^{\ominus}}$。

对于 $\mathrm{M}_m \mathrm{A}_n$ 型沉淀,沉淀平衡为

$$\mathrm{M}_m \mathrm{A}_n(\mathrm{s}) \Longleftrightarrow m\mathrm{M^{n+}}(\mathrm{aq}) + n\mathrm{A^{m-}}(\mathrm{aq})$$

$$s = \sqrt[m+n]{\frac{K_{\mathrm{sp}}^{\ominus}}{m^m n^n}} \qquad (1-68)$$

式(1-68)是在没有影响沉淀平衡的其他副反应和过剩的某种构晶离子存在时,$\mathrm{M}_m \mathrm{A}_n$ 型沉淀的溶解度计算公式。

1.7.1.2　影响沉淀溶解度的因素

1.沉淀溶解的基本原理

对于 MA 型沉淀的主反应,还可能存在多种副反应,即

$$
\begin{array}{c}
\mathrm{MA(s)} \quad\rightleftharpoons\quad \mathrm{M^+} + \mathrm{A^-} \\
\mathrm{OH^-} \diagup\,|\,\diagdown\; \mathrm{L^-} \quad \diagdown\, \mathrm{H^+} \\
\mathrm{MOH} \quad \mathrm{ML} \quad \mathrm{HA}
\end{array}
$$

此时溶液中金属离子总浓度 c_{M} 和沉淀剂的总浓度为 c_{A} 分别为

$$c_{\mathrm{M}} = [\mathrm{M}] + [\mathrm{ML}] + \cdots + [\mathrm{ML}_n] + [\mathrm{MOH}] + [\mathrm{M(OH)_2}] + \cdots + [\mathrm{M(OH)}_n]$$

$$c_{\mathrm{A}} = [\mathrm{A}] + [\mathrm{HA}] + [\mathrm{H_2A}] + \cdots + [\mathrm{H}_n\mathrm{A}]$$

由上述反应可知,当溶液中存在 $\mathrm{OH^-}$,$\mathrm{L^-}$ 和 $\mathrm{H^+}$ 存在时,可能导致溶液中的 $[\mathrm{M}]$ 和 $[\mathrm{A}]$ 减小,从而使上述沉淀反应向右进行,即向沉淀溶解方向移动;相反,若溶液中的 $[\mathrm{M}]$ 和 $[\mathrm{A}]$ 增大,则上述平衡向左移动,生产沉淀。若处于平衡状态,则既不生产沉淀,也不生产离子。

2.影响沉淀溶解度的因素

影响沉淀溶解度的因素很多,如同离子效应、盐效应、酸效应、络合效应等。

(1)同离子效应

将含有与沉淀解离具有相同离子的盐溶于沉淀溶解平衡的水溶液时,沉淀的溶解度会降低,这种现象叫作同离子效应。同离子效应使沉淀溶解度减小,此时沉淀的溶解度为

$$s = [\mathrm{M^+}] = \frac{K_{\mathrm{sp}}^{\ominus}}{[\mathrm{A^-}]} \;\; 或 \;\; s = [\mathrm{A^-}] = \frac{K_{\mathrm{sp}}^{\ominus}}{[\mathrm{M^+}]} \qquad (1-69)$$

(2)盐效应

盐效应主要是影响溶液中沉淀的构晶离子活度,使离子活动系数减小,从而使沉淀溶解度增大。此时沉淀的溶解度为

$$s = [\mathrm{M}^+] = [\mathrm{A}^-] = \sqrt{K_{sp}^{\ominus}} = \sqrt{\dfrac{K_{sp}^{\ominus}}{\gamma_{\mathrm{M}^+}\gamma_{\mathrm{A}^-}}} \qquad (1-70)$$

对于 $\mathrm{M}_m\mathrm{A}_n$ 型沉淀,有

$$s = \left[\dfrac{K_{sp}^{\ominus}}{(m\gamma_{\mathrm{M}})^m(n\gamma_{\mathrm{A}})^n}\right]^{\frac{1}{m+n}} \qquad (1-71)$$

因为活度系数 $\gamma \leqslant 1$,且随溶液中离子强度的增大而减小,因此使沉淀的溶解度增大。

值得注意的是:当利用同离子效应降低沉淀溶解度时,应考虑盐效应的影响,即沉淀剂的过量不可太多,否则将使沉淀的溶解度增大。

(3)酸效应

溶液酸度对沉淀溶解度的影响称为酸效应,其大小用 $\alpha_{\mathrm{A(H)}}$ 来衡量,此时溶解度的计算式为

$$s = [\mathrm{M}^+] = c_{\mathrm{A}^-} = \sqrt{K_{sp}^{\ominus}\left(1 + \dfrac{[\mathrm{H}^+]}{K_a^{\ominus}}\right)} \qquad (1-72)$$

式中,$\alpha_{\mathrm{A(H)}} = 1 + \dfrac{[\mathrm{H}^+]}{K_a^{\ominus}}$。

(4)络合效应

当金属离子可与溶液中存在的其他络合剂形成络合物时,反应向沉淀溶解方向进行,影响沉淀的完全程度,甚至不产生沉淀,这种效应就称为络合效应。络合效应的大小可用副反应系数 α 来衡量,此时沉淀的溶解度为

$$s = c_{\mathrm{A}} = c_{\mathrm{M}} = \sqrt{K_{sp}^{\ominus}\alpha_{\mathrm{A}}\alpha_{\mathrm{M}}} \qquad (1-73)$$

若溶液中既有盐效应,且 M 和 A 还有副反应,那么 $\mathrm{M}_m\mathrm{A}_n$ 型沉淀的溶解度将由这几种因素共同决定。

此外,沉淀的溶解度还与温度、溶剂、沉淀析出形态、颗粒大小等有关。

3.溶度积原理

对于反应

$$\mathrm{MA(s)} \rightleftharpoons \mathrm{M}^+(\mathrm{aq}) + \mathrm{A}^-(\mathrm{aq})$$

其反应商 Q 为

$$Q = (\mathrm{M}^+)(\mathrm{A}^-) \qquad (1-74)$$

式中,(M^+) 和 (A^-) 分别表示某时刻离子的非平衡浓度。

溶度积原理用来判断沉淀的生成和溶解:

1)当 $Q > K_{sp}^{\ominus}$ 时,沉淀从溶液中析出。

2)当 $Q = K_{sp}^{\ominus}$ 时,饱和溶液与沉淀物平衡。

3)当 $Q < K_{sp}^{\ominus}$ 时,溶液不饱和。若体系中有沉淀物,则沉淀物将发生溶解。

1.7.2 沉淀滴定法

被分析物质与滴定剂通过化学反应生成沉淀,基于沉淀反应的滴定分析方法即沉淀滴定法。

沉淀滴定法对沉淀的要求是:沉淀物组成恒定,溶解度小,不易形成过饱和溶液和产生共沉淀,达到平衡时间短且具有合适的指示剂指示终点。

常用的沉淀滴定法有以下三种。

1.莫尔(Mohr)法

用铬酸钾作指示剂的银量法称为莫尔法。

在中性或弱碱性溶液中,用 $AgNO_3$ 滴定剂滴定 Cl^-,Br^-,反应式为

$$Ag^+ + Cl^- = AgCl \downarrow$$
$$Ag^+ + Br^- = AgBr \downarrow$$

滴定终点时生成砖红色 Ag_2CrO_4 沉淀,即

$$2Ag^+ + CrO_4^{2-} = Ag_2CrO_4 \downarrow (砖红色)$$

莫尔法的指示剂用量($[CrO_4^{2-}] = 5.0 \times 10^{-3} mol \cdot dm^{-3}$)和滴定酸度($pH = 6.5 \sim 10.0$)是主要影响因素。莫尔法可用于溶液中 Cl^-,Br^- 的直接滴定和 Ag^+ 的返滴定。

2.佛尔哈德法

用铁铵矾作指示剂的银量法称为佛尔哈德法,该银量法有直接滴定法和返滴定法两种,用 NH_4SCN 或 $KSCN$ 为滴定剂。佛尔哈德法在强酸性溶液中进行($0.1 \sim 1mol/dm^3$),Fe^{3+} 一般控制在 $0.015mol \cdot dm^{-3}$,反应式为

$$Ag^+ + SCN^- = AgSCN \downarrow (白色)$$
$$Fe^{3+} + SCN^- = Fe(SCN)^{2+} (红色)$$

佛尔哈德法可用于直接滴定法测定 Ag^+、返滴定法测定 Cl^-,Br^-,I^-,SCN^- 及有机卤化物等,比莫尔法应用广泛,但测定卤素离子时需使用 $AgNO_3$ 和 NH_4SCN 两种标准溶液。在测定 Cl^- 时,需加入有机溶剂以防止沉淀发生转化反应。

3.法扬司法

用吸附指示剂指示滴定终点的银量法称为法扬司法。吸附指示剂一般是有机染料,在溶液中可离解为具有一定颜色的阴离子,此阴离子容易被带正电荷的胶体沉淀所吸附,从而引起颜色的改变,指示终点到达。法扬司法可测定 Cl^-,Br^-,I^-,Ag^+ 及 SCN^-,一般控制溶液为弱酸性或弱碱性。法扬司法方法简便、终点明显,但反应条件要求比较严格,应注意溶液的酸度、浓度及胶体的保护等。

1.7.3　重量分析法

重量分析法是经典的化学分析法,它通过直接称量、换算后得到实验结果,不需要标准试样或基准物质作比较。对高含量组分的测定,重量分析法比较准确,一般测定的相对误差不大于 0.1%。重量分析法的不足之处是操作烦琐,耗时长。

根据被测组分与其他试样分离方法的不同,重量分析法可分为沉淀法、气化法和电解法等。

本节介绍沉淀法,即利用沉淀反应将待测组分转化为难溶物的形式沉淀下来,再经过过滤、洗涤、烘干或灼烧将其转化为一定的称量形式,然后称其质量,根据称量形式的质量计算被测组分的含量。

1.7.3.1　重量分析法对沉淀形式和称量形式的要求

利用沉淀反应,使被测组分形成沉淀从溶液中析出,即被测组分的"沉淀形式"。重量分析法对沉淀形式的要求为:①沉淀的溶解度要足够小;②沉淀易于过滤和洗涤;③沉淀必须纯净;

④沉淀易于转化为称量形式。

被测组分的"沉淀形式"经过过滤、洗涤,再将沉淀烘干或灼烧后,即成为"称量形式"。重量分析法对称量形式的要求为:①称量形式必须有确定的化学组成;②称量形式有足够的化学稳定性;③称量形式应具有尽可能大的摩尔质量。

1.7.3.2 重量分析法对沉淀剂的要求

沉淀剂的选择应根据上述沉淀形式和称量形式的要求来考虑,应满足以下条件:①沉淀剂应具有良好的选择性,试液中有共存离子时,沉淀剂应不与共存离子反应。②生成沉淀的溶解度要小,以使被测组分达到完全沉淀。③沉淀剂本身的溶解度应尽可能大,以减少沉淀吸附量。④沉淀剂应易挥发或灼烧后易除去。即使沉淀中带有未被洗净的沉淀剂,也可以通过烘干或灼烧而除去。

在选择沉淀剂时,有时也选择有机沉淀剂。有机沉淀剂的特点为:①试剂品种多,有些实际的选择性很高。②沉淀的溶解度一般很小,有利于被测物质沉淀完全。③沉淀吸附无机杂质很少,且沉淀易于过滤和洗涤。④沉淀的相对分子质量大,有利于提高分析准确度。⑤有些沉淀的组成恒定,经烘干后即可称量,简化了重量分析操作。

有机沉淀剂与金属离子生成的沉淀溶解度与试剂中所含的疏水基团和亲水基团有关。在有机沉淀剂上引入一些疏水基团,可使溶解度减小,测定的灵敏度增高,这种作用称为"加重效应"。

1.7.3.3 沉淀的形成过程及影响沉淀纯度的因素

1.晶核的形成

晶核的形成有两种情况:均相成核作用和异相成核作用。构晶离子在过饱和溶液中,通过离子缔合作用自发形成晶核即均相成核。晶核的数目与反应物的性质和浓度有关,反应物浓度越大,则沉淀开始瞬间溶液的相对过饱和度越大,形成的晶核数目越多。若溶液中混有固体微粒,这些固体微粒会起晶种的作用,诱导沉淀的形成,即异相成核。

2.晶体沉淀和无定形沉淀的生成

沉淀的形成过程可简单地表示为

溶液中的构晶离子向晶核表面扩散并沉积在晶核上,使晶核逐渐长大,到一定程度时,成为沉淀微粒(聚集过程)。这种沉淀微粒相互聚集在一起便形成无定形沉淀。构晶离子按一定规则进一步在沉淀表面沉积,使沉淀微粒长大成为大晶粒(定向过程),便形成晶形沉淀。沉淀的聚集速度主要与溶液的相对过饱和度有关,相对过饱和度越大,聚集速度也越大。定向速度主要与物质的性质有关,极性较强的盐类一般具有较大的定向速度。在不同的沉淀条件下,同种物质可以形成无定形沉淀,也可以形成晶形沉淀。

3.影响沉淀纯度的主要因素

(1)共沉淀现象

当一种沉淀从溶液中析出时,溶液中的某些组分在该条件下本来是可溶的,但它们却被沉淀一同带来而混杂于沉淀之中,这种现象称为共沉淀现象。

共沉淀现象主要有三种:表面吸附、生成混晶及吸留和包夹引起的共沉淀。

(2)继沉淀现象

继沉淀又称后沉淀,是指溶液中某些组分析出沉淀之后,另一种本来难以析出沉淀的组分在该沉淀表面上继续析出沉淀的现象。

(3)减少沉淀玷污的方法

为了提高沉淀的纯度,尽量减少共沉淀与继沉淀现象,可采用下列方法:选择适当的分析步骤;选择合适的沉淀剂;合理改变杂质的存在形式;改善沉淀条件;必要时进行再沉淀操作。

1.7.3.4 沉淀条件的选择

1.晶形沉淀的沉淀条件

为避免沉淀剂的浓度局部过大,降低相对过饱和度,得到大颗粒的晶形沉淀,沉淀作用应当在适当稀的、热的溶液中进行;应在不断搅拌下缓慢滴加沉淀剂;沉淀完成后,沉淀和母液一起放置陈化一段时间。

2.无定形沉淀的沉淀条件

对于无定形沉淀:应在较浓的和热的溶液中进行;沉淀时加入大量电解液或某些能引起沉淀微粒凝聚的胶体;同时应不断地搅拌,沉淀不必陈化。

3.均匀沉淀法

为了得到颗粒大、结构紧密、纯净的沉淀,也可采用均匀沉淀法。

1.7.3.5 重量分析结果的计算

当被测组分的沉淀形式与称量形式相同时,有

$$w = \frac{m}{m_s} \times 100\% \qquad (1-75)$$

式中:w 是被测组分的百分含量(%);m_s 为样品的质量(g)。

当被测组分的沉淀形式与称量形式不同时,有

$$w = \frac{mF}{m_s} \times 100\% \qquad (1-76)$$

式中:$F = \dfrac{a \times 被测组分的摩尔质量}{b \times 称量形式的摩尔质量}$,$a,b$ 是为了使表示式中分子和分母所含主体元素的原子个数相等而需乘的适当系数。

18 世纪工业革命以后,环境问题开始成为一个严重的社会问题。全球的酸雨、温室效应加剧与臭氧层被破坏,不断恶化的水污染造成世界范围的淡水危机,以及自然资源和生态环境继续遭到破坏,威胁着人类的生产和生活条件。本书将紧紧围绕大气、水、土壤等环境,用化学原理研究污染物在环境中的组成、转化及其控制等遵循的科学规律,以期达到深入理解环境问题的机理,有针对性地制定和完善解决环境问题的化学方法的目的。环境监测中用到的分析方法涉及酸碱滴定、氧化还原滴定、配位滴定及沉淀滴定等经典容量分析方法和重量分析法,液体推进剂和固体推进剂原材料质量控制及成品质量控制中也用到很多经典的化学分析方法,足见无机及分析化学在环境科学及特种能源专业中的基础性、支撑性和重要性。这正是笔者编写此书的立意所在。

第 2 章　化学与大气环境

大气环境是一个复杂的体系,包含大量的气态物质和固体颗粒物,其组成受到温度、压力、地面高度、气象条件等多重因素的影响,很多化学反应在大气中的发生都需要光照和自由基的参与才能完成。大气化学反应既有气相中的均相化学反应,也有固体颗粒物与气相的非均相反应。本章主要介绍大气的基本组成、大气中的主要污染物及其迁移、光化学反应、重要的大气污染化学问题及其形成机制。

2.1　大气的组成

1.大气的主要成分

大气主要由 N_2(78.08%),O_2(20.95%),Ar(0.934%),CO_2(0.0314%),以及稀有气体 He(5.24×10^{-4}),Ne(1.81×10^{-3}),Kr(1.14×10^{-4}),Xe(8.7×10^{-6})等组成,上述气体占空气总量的 99.9% 以上。此外,空气中还有一些痕量组分,如 H_2(5×10^{-5}),CH_4(2×10^{-4}),CO(1×10^{-5}),SO_2(2×10^{-7}),NH_3(6×10^{-7}),N_2O(2.5×10^{-5}),NO_2(2×10^{-6}),O_3(4×10^{-6})等。

2.大气温度层结构

根据大气在垂直方向上温度随海拔高度的分布,可将大气层分为:① 对流层(troposphere):位于 0~17km 范围内,空气具有强烈的对流(垂直)现象,温度随海拔高度的增加而降低,平均每升高 100m,温度降低 0.6℃。对流层集中了大气中 90.9% 的天气现象,污染物排放后直接进入对流层。②平流层(stratosphere):位于 17~55km 范围内,气体状态稳定,垂直对流很小,以平流运动为主,气温趋于稳定,大气透明度高,有厚度约 20km 的臭氧层。③中间层(mesosphere):位于 55~85km 范围内,气温降低达−92℃,垂直运动剧烈,发生光化学反应。④ 热层(thermsphere):位于 85~800km 范围内,空气密度很小,温度升高到 1 000℃,属于电离层。⑤逸散层:位于 800~3 000km 范围内,气体分子受地球引力极小,因而大气质点会不断向星际空间逃逸。

2.2　大气中的主要污染物

按形成过程,大气中的主要污染物可分为一次污染物和二次污染物。一次污染物是指直接从污染源排放的污染物质,二次污染物是指由一次污染物经化学反应形成的污染物质。此外,还可按化学组成的不同分为含硫化合物、含氮化合物、含碳化合物和含卤素化合物,按物理状态的不同分为气态污染物和颗粒物两大类。

2.2.1　气体污染物

2.2.1.1　含硫化合物

大气中的含硫化合物主要包括氧硫化碳(COS)、二硫化碳(CS_2)、二甲基硫$[(CH_3)_2S]$、硫化氢(H_2S)、二氧化硫(SO_2)、三氧化硫(SO_3)、硫酸(H_2SO_4)、亚硫酸盐(MSO_3)和硫酸盐(MSO_4)等。

1.SO_2

SO_2 是最常见的大气主要污染物之一,为无色、有强烈刺激性气味的气体,是造成酸雨的主要成分。SO_2 的本底值具有明显的地区变化[一般体积分数为$(0.2\sim10)\times10^{-9}$,下同]和高度变化,在大气中的停留时间为 $3\sim6.5d$。SO_2 浓度也随着时间、温度、气象条件等遵循不同的变化规律。我国《环境空气质量标准》(GB 3095—2012)规定 SO_2 浓度一类区为 $50\mu g/(m^3 \cdot d)$,二类区为 $150\mu g/(m^3 \cdot d)$。

大气中 SO_2 来源于天然排放和人为排放。就全球而言,这两种途径排放量相当。天然排放的 SO_2 主要来源于陆地和海洋生物残体的腐解和火山喷发;人为排放主要包括:以化石(煤)、石油、天然气为燃料的火力发电厂、工业锅炉、生活取暖等行业的排放;有色金属冶炼厂、橡胶轮胎企业、垃圾焚烧和硫酸厂等工业生产过程中产生的 SO_2;各类燃油发动机及机动车尾气排放等。

2.H_2S

H_2S 是无色、有臭鸡蛋味、易燃的酸性气体。大气中 H_2S 的本底值一般为 $(0.2\sim20)\times10^{-9}$,停留时间为 $1\sim4d$。

许多天然来源都可以向环境排放含硫化合物,如火山喷发、海水浪花和生物活动等。生物活动产生的含硫化合物主要以 H_2S,$(CH_3)_2S$ 的形式存在,少量以二甲基二硫$[(CH_3)_2S_2]$及 CH_3HS 形式存在。天然排放的硫主要以低价态存在,主要包括 H_2S,COS,CS_2,$(CH_3)_2S$,而以$[(CH_3)_2S_2]$和 CH_3HS 次之。

大气中 H_2S 的人为排放量并不大(3×10^6 t/a),主要来源是天然排放(100×10^6 t/a,不包括火山活动排放的 H_2S),因此 H_2S 主要来源于动植物基体的腐烂,以及硫酸盐经微生物的厌氧活动还原产生。此外,H_2S 还可以由 COS、CS_2 与 $HO \cdot$ 的反应产生:

$$HO\cdot + COS \longrightarrow \cdot SH + CO_2$$
$$HO\cdot + CS_2 \longrightarrow COS + \cdot SH$$
$$\cdot SH + HO_2\cdot \longrightarrow H_2S + O_2$$
$$\cdot SH + CH_2O \longrightarrow H_2S + HCO\cdot$$
$$\cdot SH + H_2O_2 \longrightarrow H_2S + HO_2\cdot$$
$$\cdot SH + \cdot SH \longrightarrow H_2S + S$$

而大气中 H_2S 主要去除反应为 $H_2S + \cdot SH \longrightarrow H_2O + \cdot SH$。

2.2.1.2　含氮化合物

大气中存在的主要含氮氧化物包括氧化亚氮(N_2O)、一氧化氮(NO)和二氧化氮(NO_2)。其中 N_2O 是底层大气中含量最高的含氮化合物,主要来自于天然的土壤脱氮作用:

$$NO_3^- + 2H_2 + H^+ \longrightarrow \frac{1}{2}N_2O + \frac{5}{2}H_2O$$

一般认为,N_2O 没有明显的污染效应,主要大气污染危害物质为 NO 和 NO_2,用通式 NO_x 表示。NO_x 的环境本底值随地理位置不同有明显差异,全球总平均值 NO 为 1.0×10^{-9},NO_2 为 2.0×10^{-9}。不同城市 NO_x 的浓度也有很强的季节变化,冬季浓度最高,夏季最低。《空气质量氮氧化物的测定》(GB/T 13906—1992)、《大气污染物综合排放标准》(GB 16297—1996)规定 NO_x 浓度为 250 mg/(m^3 · d),时均值为 350 mg/(m^3 · h)。

大气中 NO_x 的主要来源有两种。①自然来源:微生物将有机氮转化为 NO_x(NO,NO_2)。②人为来源:燃料燃烧过程中形成 NO_x。人为来源有两种途径,第一种是燃料中有机含氮化合物燃烧氧化后生成 NO_x:

$$含氮化合物 + O_2 \rightarrow NO_x$$

第二种途径是空气中的氮气高温氧化生成 NO_x:

$$O_2 \rightarrow O \cdot + O \cdot （极快）$$
$$O \cdot + N_2 \rightarrow NO + N \cdot （极快）$$
$$N \cdot + O_2 \rightarrow NO + O \cdot （极快）$$
$$N \cdot + \cdot OH \rightarrow NO + H \cdot （极快）$$
$$2NO + O_2 \rightarrow 2NO_2 （慢）$$

城市大气中的 NO_x,2/3 来自汽车等流动燃烧源排放,1/3 来自固定燃烧源排放。燃烧产生的 NO_x 中主要是 NO,占 90% 以上;NO_2 的数量很少,占 0.5%~10%。大气中 NO_x 最终转化为硝酸和硝酸盐微粒,经湿沉降(主要的消除方式)和干沉降后从大气中去除。

2.2.1.3 含碳化合物

大气中的含碳化合物主要包括一氧化碳(CO)、二氧化碳(CO_2)以及有机的碳氢化合物和含氧烃类,如醛、酮、酸等。

1.CO

CO 是一种毒性极强、无色、无味的气体,也是排放量最大的大气污染物之一。

CO 的天然排放主要包括甲烷的转化、海水中 CO 的挥发、植物的排放以及森林火灾和农业废弃物焚烧,其中以甲烷的转化最为重要。CH_4 经由 HO· 自由基氧化可形成 CO,其机理为

$$HO \cdot + CH_4 \rightarrow CH_3 \cdot + H_2O$$
$$CH_3 \cdot + O_2 \rightarrow HCHO + HO \cdot$$
$$HCHO + h\nu \rightarrow CO + H_2$$

CO 的人为排放主要是在燃料不完全燃烧时产生的,例如氧气不足时:

$$C + 0.5O_2 \rightarrow CO$$
$$C + CO_2 \rightarrow 2CO$$

据统计,全球范围内,CO 的排放来源为 $(600 \sim 1\,250) \times 10^6$ t/a,其中 80% 是由汽车排放出来的。家庭壁炉、工业燃煤锅炉、煤气加工等工业过程也排放大量的 CO。

CO 的环境本底值随纬度和高度有明显变化。日平均值随纬度不同有显著的变化,总的趋势是北半球高、南半球低。CO 的浓度随高度有明显变化,对流层日均浓度为 0.1×10^{-6},而平流层为 0.05×10^{-6}。CO 的城市浓度比非城市浓度要高得多,城市浓度与交通密度具有直接关系。CO 在大气中的停留时间为 0.1~0.4a。

CO 的主要危害在于能参与光化学烟雾的形成。CO 也可以通过消耗 HO· 自由基使甲烷累积,甲烷也是一种温室气体,从而间接导致温室效应的发生。

大气中的 CO 可由两种途径去除:一是土壤吸收,全球通过各种土壤吸收的 CO 约为 $450 \times 10^6 t/a$;二是通过与 HO· 自由基反应,这是 CO 去除的主要途径,可去除大气中约 50% 的 CO,反应式为

$$HO· + CO \rightarrow CO_2 + H·$$
$$H· + O_2 + M \rightarrow HO_2· + M$$
$$CO + HO_2· \rightarrow CO_2 + HO·$$

2. CO_2

CO_2 是一种无毒、无味的气体,对人体没有显著的危害。在大气污染中,由于 CO_2 是一种重要的温室气体,能引发温室效应,从而引起人们的关注。

CO_2 的天然来源主要包括海洋脱气、甲烷转化、动植物呼吸以及腐败作用和燃烧作用,人为来源主要来自于矿物燃料的燃烧过程。19 世纪 60 年代,CO_2 的排放量平均约为 $5.4 \times 10^6 t/a$,20 世纪初为 $41 \times 10^6 t/a$,到 1999 年达到 $242 \times 10^6 t/a$。CO_2 浓度的年增加率由 20 世纪 60 年代的 0.8×10^{-6} 增加到了 20 世纪 80 年代的 1.6×10^{-6}。

大气中 CO_2 浓度的增加是全球温暖化的主要原因。早在 20 世纪 50 年代就有科学家提出,如果大气中 CO_2 浓度增加 2 倍,全球气温将升高 3.6℃。

3. 碳氢化合物

大气中以气态形式存在的碳氢化合物主要是碳原子数为 1～10 的烃类,它们是形成光化学烟雾的主要参与者。大气中检出的烷烃有 100 多种,也有一定数量的烯烃和芳香烃(单环和多环芳烃)。

(1) CH_4

CH_4 是一种无色气体,性质稳定。它在大气中的浓度仅次于 CO_2,大气中的碳氢化合物 $80\%～85\%$ 是甲烷。

大气中的甲烷可由天然来源产生,例如湿地、海洋等;也可人为产生,例如化石燃料、水田、生物质燃烧、下水道等。产生甲烷的机制是厌氧细菌的发酵过程:

$$2CH_2O \xrightarrow{\text{厌氧细菌}} CO_2 + CH_4$$

大气中 CH_4 的消除是通过与 HO· 自由基反应:

$$HO· + CH_4 \rightarrow CH_3· + H_2O$$

CH_4 在大气中的停留时间约为 11a。

少量的 CH_4($<15\%$)会扩散进入平流层,与氯原子发生反应:

$$Cl· + CH_4 \rightarrow CH_3· + HCl$$

(2) 非甲烷烃

非甲烷烃的主要来源包括煤、石油和植物等。天然来源中以植被最重要,其他天然来源包括微生物分解、森林火灾、动物排泄物分解和火山喷发。乙烯是植物散发的最简单的有机化合物之一,是大气化学过程的积极参与者。植物散发的大多数烃类属于萜烯类化合物,约占非甲烷烃总量的 65%。人为来源主要包括汽油燃烧、焚烧、溶剂蒸发、石油蒸发、废弃物提炼等,其排放数量约占碳氢化合物人为来源的 94%。

大气中的非甲烷烃可通过化学反应或转化生成有机气溶胶而去除,非甲烷烃在大气中最主要的化学反应是与 HO·自由基反应。

2.2.1.4　含卤素化合物

卤素化合物主要是指有机的卤代烃(包括卤代脂肪烃和卤代芳香烃)和无机的氯化物、氟化物。

1.简单的卤代烃

常见的卤代烃为甲烷的衍生物,包括甲基氯(CH_3Cl)、甲基溴(CH_3Br)和甲基碘(CH_3I)等。它们主要由天然过程产生,主要来自海洋。另外,还有三氯甲烷($CHCl_3$)、三氯乙烷(CH_3CCl_3)、四氯化碳(CCl_4)和氯乙烯(C_2H_3Cl)等,可通过人为的生产和使用过程挥发进入大气。

2.氟氯烃类

氟氯烃类是指含有氯和氟的烃类化合物,其中比较重要的是一氟三氯甲烷(CFC-11 或 F-11)和二氟二氯甲烷(CFC-12 或 F-12),主要来源于生产和使用过程。这些物质很稳定,在对流层中不光解,不溶于水,且很难被 HO·氧化,因此在对流层中停留时间较长。这些化合物都能释放 Cl·,会导致臭氧层破坏,因此也是温室气体。

2.2.2　颗粒污染物

2.2.2.1　大气颗粒物的作用、来源及分类

大气是由各种固体或液体微粒均匀地分散在空气中形成的一个庞大的分散体系,即气溶胶,其中分散的各种粒子即大气颗粒物。大气颗粒物可以是无机物,也可以是有机物,还可以由两者共同组成;可以是无生命的,也可以是有生命的;可以是固态的,也可以是液态的。

1.大气颗粒物的作用

1)大气颗粒物参与了大气降水过程,饱和水蒸气以大气颗粒物为核心而形成云、雾、雨、雪等。

2)大气中的有毒物质绝大部分都存在于颗粒物中,会通过人的呼吸过程进入体内而危害人体健康。

3)大气颗粒物是大气中一些污染物的载体或反应床,因而对大气中污染物的迁移转化过程有明显的影响。

2.大气颗粒物的来源

大气颗粒物有天然来源和人为来源两种,其中直接由污染源排放出来的为一次颗粒物;由大气中某些污染组分之间或这些组分与大气成分之间发生反应而产生的颗粒物即为二次颗粒物。

3.大气颗粒物分类

依据大气颗粒物大小,可将其分为:

1)总悬浮颗粒物(Total Suspended Particulate,TSP)。用标准大容量颗粒采样器在滤膜上所收集到的颗粒物的总质量,通常称为总悬浮颗粒物。

2)飘尘。能在大气中长期飘浮的悬浮物质为飘尘,其粒径小于 $10\mu m$。

3)降尘。降尘是指用降尘罐采集到的大气颗粒物,粒径大于 $10\mu m$。

4)可吸入颗粒物(Inhalab Particle,IP)。美国环保局 1978 年引用密勒等人所定的可进入呼吸道的粒径范围,把粒径 D_p 小于或等于 $15\mu m$ 的粒子称为可吸入粒子。ISO(国际标准化组织)将可吸入颗粒物的粒径定为 D_p 小于或等于 $10\mu m$,此标准已为我国所采用。

5)细颗粒物。细颗粒物即我们通常所说的 PM2.5,是指大气中空气动力学当量直径小于或等于 $2.5\mu m$ 的颗粒物。

依据颗粒的化学组成,可将大气颗粒物分为无机颗粒物(只含有无机成分的颗粒物)和有机颗粒物(只含有有机成分的颗粒物,可由有机物质凝聚而形成,也可由有机物质吸附在其他颗粒物上形成)。

2.2.2.2 大气颗粒物的化学组成

1.无机颗粒物

无机颗粒物的成分由颗粒物的形成过程决定。一般而言,粗颗粒主要由硅、铁、铝、钠、钙、镁、钛等 30 余种元素组成,多为一次污染物。细颗粒主要由硫酸盐、硝酸盐、铵盐、痕量金属和炭黑等组成,多为二次污染物。平均粒径大于 $3\mu m$(空气动力学当量直径)的金属颗粒物不影响呼吸,也不参与大气间相互作用;平均粒径小于 $2.5\mu m$ 的细颗粒物的主要化学组分为 SO_4^{2-},NH_4^+,NO_3^-,Pb 和凝聚的有机物碳。

2.有机颗粒物

有机颗粒污染物由于燃烧所产生的有 109 种,因废物焚烧所产生的有 235 种,因煤/油燃烧所产生的有 69 种。有机颗粒物多数是由气态一次污染物凝聚转化为二次污染物,按类别分为多环芳香族化合物和芳香族化合物,含氮、氧、硫、磷类化合物,烃基化合物,脂肪族化合物,羰基化合物和卤代化合物。

2.3 大气中污染物的化学反应

大气中的污染物经过光解、氧化还原、酸碱中和以及聚合等化学反应,可转化为无毒化合物,也可转化为毒性更大的二次污染物,加重大气污染。本节介绍大气中的常见自由基和光化学反应。

2.3.1 自由基简介

自由基又称游离基,是指在其电子层的最外层有一个不成对的电子,因而有很高的活性,具有强氧化作用。凡是有自由基生成或由其诱发的反应均称为自由基反应。在大气中,有机物的光解是自由基产生的最重要的方法。大气中常见的自由基,如 HO・,HO$_2$・,RO・,RO$_2$・,RC(O)O$_2$・ 等,都是非常活泼的,存在时间仅几分之一秒。

自由基产生的方法有热裂解法、光解法、氧化还原法、电解法和诱导分解法等。在大气中,有机化合物的光解是自由基产生的最主要方法。在可见光或紫外线照射下,有机化合物发生弱键的均裂,产生自由基。

自由基反应分为单分子自由基反应、自由基-分子相互作用以及自由基-自由基相互作用三种类型。大气中比较重要的自由基反应是自由基-分子相互作用。这种相互作用有两种方式:一种是自由基加成反应,另一种是自由基取代反应。

自由基通常为链反应,包括三步:链引发(自由基生成)、链增长(新自由基的不断生成和反应循环)、链终止(自由基偶联、聚合)。

2.3.2 光化学反应

2.3.2.1 光化学反应概述

分子、原子、自由基或离子吸收光子而发生的化学反应,称为光化学反应。化学物质吸收光子后可产生光化学反应的初级过程和次级过程。

初级过程是指化学物质 A 吸收光量子 $h\nu$ 形成激发态 A^*:

$$A+h\nu \rightarrow A^*$$

随后激发态 A^* 发生如下反应:

$$A^* \rightarrow A+h\nu(辐射跃迁)$$

$$A^* +M \rightarrow A+M(无辐射跃迁或碰撞失活)$$

$$A^* \rightarrow B_1+B_2+\cdots(光解,光化学过程)$$

$$A^* +C \rightarrow D_1+D_2+\cdots(光化学过程)$$

次级过程是指初级过程中的反应物、产物之间或产物与其他物质发生反应。例如大气中 HCl 的光化学反应:

初级过程为 $\qquad\qquad\qquad HCl+h\nu \rightarrow H \cdot +Cl \cdot$

次级过程为 $\qquad\qquad\qquad H \cdot +HCl \rightarrow H_2+Cl \cdot$

$$Cl \cdot +Cl \cdot \xrightarrow{\quad M \quad} Cl_2$$

光化学定律指出:

1)光子能被分子吸收,且能量大于化学键能时,才能引起光离解反应。

2)分子吸收光的过程一般是单光子过程。

化学键的键能一般大于 167kJ/mol,波长大于 700nm 的光不能引起光化学解离。

2.3.2.2 大气中重要吸光物质的光离解

1.O_2 的光解

氧气分子的键能为 493.8kJ/mol,波长在 240nm 以下的紫外光(UV)可引起氧气的光解。波长在 147nm 时,氧达到最大吸收峰值:

$$O_2+h\nu \rightarrow O \cdot +O \cdot$$

2.N_2 的光解

氮气分子的键能为 939.4kJ/mol,只对波长小于 120nm 的光才有明显吸收。

氮气的光解反应仅限于臭氧层以上:

$$N_2+h\nu \rightarrow N \cdot +N \cdot$$

3.O_3 的光解

O_3 的键能为 101.2kJ/mol,对应波长为 1 180nm。O_3 吸收紫外线后发生如下光解离反应:

$$O_3+h\nu \rightarrow O_2+O \cdot$$

4.NO_2 的光解

NO_2 的键能为 300.5kJ/mol,对应波长为 398nm,在 290~410nm 内有连续的吸收光谱,吸收波长小于 420nm 的光可发生光解:

$$NO_2 + h\nu \rightarrow NO + O\cdot$$
$$O\cdot + O_2 + M \rightarrow O_3 + M$$

NO_2 是城市大气中的重要吸光物质,在低层大气中可吸收紫外光和部分可见光,也是大气中唯一的 O_3 人为来源。

5.亚硝酸和硝酸的光解

在 HNO_2 分子中,$HO-NO$ 的键能为 201.1kJ/mol,$H-ONO$ 的键能为 324.0kJ/mol,吸收波长为 200～400nm 的光后发生离解:

初级过程为

$$HNO_2 + h\nu \rightarrow HO\cdot + NO$$
$$HNO_2 + h\nu \rightarrow H\cdot + NO_2$$

次级过程为

$$HO\cdot + NO \rightarrow HNO_2$$
$$HO\cdot + HNO_2 \rightarrow H_2O + NO_2$$
$$HO\cdot + NO_2 \rightarrow HNO_3$$

在 HNO_2 的光离解是大气中 $HO\cdot$ 自由基的重要来源。

在 HNO_3 分子中,$HO-NO_2$ 的键能为 199.4kJ/mol,对波长为 120～335nm 的光有吸收,其光解机理为

$$HNO_3 + h\nu \rightarrow HO\cdot + NO_2$$

若有 CO 存在,则

$$HO\cdot + CO \rightarrow CO_2 + H\cdot$$
$$H\cdot + O_2 + M \rightarrow HO_2\cdot + M$$
$$2HO_2\cdot \rightarrow H_2O_2 + O_2$$

6.SO_2 的光解

SO_2 的键能为 545.kJ/mol。SO_2 分子稳定,不易光解离,但吸收波长为 240～400nm 的光可形成激发态 SO_2^*:

$$SO_2 + h\nu \rightarrow SO_2^*$$

SO_2^* 在污染大气中可参与许多光化学反应。

7.甲醛的光解

$H-CHO$ 的键能为 356.5kJ/mol,对波长为 240～360nm 的光有吸收。

初级过程为

$$H_2CO + h\nu \rightarrow H\cdot + HCO\cdot$$
$$H_2CO + h\nu \rightarrow H_2 + CO$$

次级过程为

$$H\cdot + HCO\cdot \rightarrow H_2 + CO$$
$$2H\cdot + M \rightarrow H_2 + M$$
$$2HCO\cdot \rightarrow 2CO + H_2$$

O_2 存在时可发生如下反应:

$$H\cdot + O_2 \rightarrow HO_2\cdot$$
$$HCO\cdot + O_2 \rightarrow HO_2\cdot + CO$$

甲醛是大气中 $HO_2 \cdot$ 自由基的重要来源之一。

8.卤代烃的光解

卤代甲烷的光解对大气污染化学作用最大,在紫外线照射下可发生如下反应:

$$CH_3X + h\nu \rightarrow CH_3 \cdot + X \cdot$$

其中,X 为 Cl,Br,I,F。

含有一种以上卤素时,键强顺序为 $CH_3-F > CH_3-H > CH_3-Cl > CH_3-Br > CH_3-I$,弱键先断,例如:

$$CCl_3Br + h\nu \rightarrow \cdot CCl_3 + Br \cdot$$

高能量短波长紫外光照射时,可发生两个键断裂,应弱键先断:

$$CF_2Cl_2 + h\nu \rightarrow :CF_2 + 2Cl \cdot$$

三键断裂不常见。

2.3.2.3 大气中重要自由基的来源

大气中重要的自由基有 $HO \cdot$,$HO_2 \cdot$,$R \cdot$(烷基),$RO \cdot$,$RO_2 \cdot$ 等,其中 $HO \cdot$ 和 $HO_2 \cdot$ 最重要。这些自由基具有高活性和强氧化性。

1.$HO \cdot$ 和 $HO_2 \cdot$ 的来源

$HO \cdot$ 的来源有 O_3,HNO_2 和 H_2O_2。

1)O_3 的光离解产生 $HO \cdot$。对于清洁大气,O_3 的光离解是大气中 $HO \cdot$ 的重要来源,即

$$O_3 + h\nu(\lambda < 320nm) \rightarrow O \cdot + O_2$$

$$O \cdot + H_2O \rightarrow 2HO \cdot$$

2)大气被 HNO_2 和 H_2O_2 污染时,它们的光解也会产生 $HO \cdot$:

$$HONO + h\nu(\lambda < 400nm) \rightarrow HO \cdot + NO$$

$$H_2O_2 + h\nu(\lambda \leqslant 360nm) \rightarrow 2HO \cdot$$

其中,HNO_2 的光解是大气中 $HO \cdot$ 的重要来源。$HO \cdot$ 自由基全球平均值约为 7×10^5 个/cm^3,随纬度和高度均发生变化。$HO \cdot$ 自由基最高含量出现在热带,夏季高于冬季,白天高于夜间。

$HO_2 \cdot$ 来源于醛的光解,但也有亚硝酸酯和 H_2O_2 的贡献。

1)醛的光解是大气中 $HO_2 \cdot$ 的主要来源,特别是 $HCHO$ 的光解:

$$H_2CO + h\nu \rightarrow H \cdot + HCO \cdot$$

$$H \cdot + O_2 + M \rightarrow HO_2 \cdot + M$$

$$HCO \cdot + O_2 \rightarrow HO_2 \cdot + CO$$

2)亚硝酸酯光解:

$$CH_3ONO + h\nu \rightarrow CH_3O \cdot + NO$$

$$CH_3O \cdot + O_2 \rightarrow HO_2 \cdot + H_2CO$$

3)过氧化氢光解:

$$H_2O_2 + h\nu \rightarrow 2HO \cdot$$

$$HO \cdot + H_2O_2 \rightarrow HO_2 \cdot + H_2O$$

大气中有 CO 存在时,则有

$$HO \cdot + CO \rightarrow CO_2 + H \cdot$$

$$H \cdot + O_2 \rightarrow HO_2 \cdot$$

值得注意的是：①HO・和 HO$_2$・自由基各种来源的相对重要性取决于空气中存在的物质、时间和地点等。②在清洁地区，HO・主要来自 O$_3$ 的光分解；在污染地区，则 H—ONO 和 H$_2$O$_2$ 的贡献相对较大。③在时间上，一般早上 H—ONO 的贡献最大，H—CHO 在上午贡献较大，而 O$_3$ 则在中午贡献最大（中午 O$_3$ 浓度高）。

2.R・，RO・和 RO$_2$・自由基的来源

大气中含量最多的烷基是甲基，它主要来自于乙醛、丙酮的光解：

$$CH_3CHO+h\nu \rightarrow CH_3・+HCO・$$
$$CH_3COCH_3+h\nu \rightarrow CH_3・+CH_3CO・$$

烷基自由基来源于 O・和 HO・与烃反应后发生的 H・摘除：

$$RH+O・\rightarrow R・+HO・$$
$$RH+HO・\rightarrow R・+H_2O$$

烷氧基自由基来源于甲基亚硝酸酯和甲基硝酸酯的光解：

$$CH_3ONO+h\nu \rightarrow CH_3O・+NO$$
$$CH_3ONO_2+h\nu \rightarrow CH_3O・+NO_2$$

过氧烷基来自于烷基与 O$_2$ 的结合：

$$R・+O_2 \rightarrow RO_2・$$

2.3.2.4　大气中氮氧化物的转化

大气中的氮氧化物包括 N$_2$O，NO，NO$_2$，NH$_3$，HNO$_2$，HNO$_3$，以及亚硝酸酯、硝酸脂、亚硝酸盐、硝酸盐、铵盐等。大气污染化学主要指 NO 和 NO$_2$，用 NO$_x$ 表示。

1.氮氧化物的气相转化

（1）NO 的氧化

NO 与 O$_3$ 反应：

$$NO+O_3 \rightarrow NO_2+O_2$$

NO 与 RO$_2$・反应：

$$NO+RO_2・\rightarrow NO_2+RO・$$
$$NO+HO_2・\rightarrow HO・+NO_2$$

RO・可进一步与 O$_2$ 反应：

$$RO・+O_2 \rightarrow R'CHO+HO_2・$$
$$HO_2・+NO \rightarrow HO・+NO_2$$

式中，R′比 R 少一个碳原子。

NO 与 HO・反应：

$$HO・+NO \rightarrow HNO_2$$

NO 与 NO—RO・反应：

$$RO・+NO \rightarrow RO—NO$$

以上反应在光化学烟雾的形成过程中具有重要意义。由于・OH 基自由基引发一系列烷烃的链反应，得到 RO$_2$・，HO$_2$・等，使 NO 迅速氧化成 NO$_2$，同时 O$_3$ 得到积累，以致成为光化学烟雾的重要产物。

（2）NO_2 的转化

NO_2 是大气主要污染物之一，也是大气中 O_3 的人为来源，反应式为

$$NO_2 + h\nu \rightarrow NO + O\cdot$$
$$O\cdot + O_2 \rightarrow O_3$$

NO_2 能与一系列自由基反应，其中较为重要的是 NO_2 在阳光下与 $OH\cdot$，O_3，NO_3 等反应。

NO_2 与 $HO\cdot$ 反应：

$$NO_2 + HO\cdot \rightarrow HNO_3$$

NO_2 与 O_3 反应：

$$NO_2 + O_3 \rightarrow NO_3 + O_2$$
$$NO_2 + NO_3 \rightleftharpoons N_2O_5$$

这是大气中气态 HNO_3 的主要来源，同时也对酸雨和酸雾的形成起重要作用。气态 HNO_3 在大气中难以光解，湿沉降是其在大气中去除的主要过程。

（3）过氧乙酰基硝酸酯（PAN）

PAN 是由乙醛光解产生的，首先由乙醛光解生成乙酰基：

$$CH_3CHO + h\nu \rightarrow H\cdot + CH_3CO\cdot$$

生成的乙酰基（$CH_3CO\cdot$）与空气中的氧结合形成过氧乙酰基：

$$CH_3CO\cdot + O_2 \rightarrow CH_3C(O)OO\cdot$$

过氧乙酰基再与 NO_2 化合生成过氧乙酰基硝酸（PAN）：

$$CH_3C(O)OO\cdot + NO_2 \rightarrow CH_3C(O)OONO_2$$

2.氮氧化物的液相转化

NO_x 可以溶于水中，构成气液相平衡体系。NO_x 的气液相平衡反应式为

$$NO(g) \rightleftharpoons NO(aq) \quad (K_1 = 1.90 \times 10^{-8}\ mol\cdot L^{-1}\cdot Pa^{-1})$$
$$NO_2(g) \rightleftharpoons NO_2(aq) \quad (K_2 = 9.90 \times 10^{-8}\ mol\cdot L^{-1}\cdot Pa^{-1})$$

液相中 NO 和 NO_2 发生如下反应：

$$2NO_2(aq) + H_2O \rightleftharpoons 2H^+ + NO_2^- + NO_3^-$$
$$NO(aq) + NO_2(aq) + H_2O \rightleftharpoons 2H^+ + 2NO_2^-$$

在气液两相中存在以下平衡：

$$2NO_2(g) + H_2O \rightleftharpoons 2H^+ + NO_2^- + NO_3^- \quad (K_3 = 2.4 \times 10^{-8}\ mol^4\cdot L^{-4}\cdot Pa^{-2})$$
$$NO_2(g) + NO(g) + H_2O \rightleftharpoons 2H^+ + 2NO_2^- \quad (K_4 = 3.20 \times 10^{-11}\ mol^4\cdot L^{-4}\cdot Pa^{-2})$$

温度为 298K 时，$K_3/K_4 = 0.74 \times 10^7$。当 $p_{NO_2}/p_{NO} > 10^{-5}$ 时，$[NO_3^-] \gg [NO_2^-]$，所以 NO_3^- 是主要存在形态。

2.3.2.5　碳氢化合物的转化

大气中的碳氢化合物主要有烷烃、芳烃及其衍生物等，其中一次大气污染物中有芳烃类、萘类、苯并（a）芘、蒽类、氯化芳烃、烷烃、烯烃、羧酸类等，二次大气有机污染物一般都含有 $-COOH$、$-CH_2OH$、$-CHO$、$-H_2ONO$、$-CH_2ONO_2$、$-COONO$、$-COONO_2$、$-COOSO_2$、$-COSO_2$ 等基团。在大气气溶胶中甚至有含约 20 个碳原子的羧酸类以及含约 15 个碳原子的带硝基的羧酸。

1.烷烃的转化

烷烃与 HO·,O· 发生氢原子摘除反应生成 R·,R· 与空气中的 O_2 反应生成 RO_2·。RO_2· 具有强氧化性,可把 NO 氧化成 NO_2,同时 R· 生成稳定产物醛或酮。例如,甲烷的转化反应,首先发生氢原子 H· 的摘除反应:

$$CH_4 + HO· \rightarrow CH_3· + H_2O$$
$$CH_4 + O· \rightarrow CH_3· + HO·$$

大气中的 O· 主要来自 O_3 的光解,通过上述反应,CH_4 不断消耗 O·,可导致臭氧层的损耗。上述反应中生成的 CH_3· 与空气中的 O_2 结合:

$$CH_3· + O_2 \rightarrow CH_3O_2·$$

CH_3O_2· 可将 NO 氧化:

$$NO + CH_3O_2· \rightarrow NO_2 + CH_3O·$$
$$NO_2 + CH_3O· \rightarrow CH_3ONO_2$$
$$CH_3O· + O_2 \rightarrow HO_2· + H_2CO$$

2.烯烃的转化

烯烃与 HO· 发生加成和氢原子 H· 摘除反应,也可与 O_3 反应。与 HO· 反应时以加成反应为主,转化时首先形成带有羟基的自由基。该自由基又与 O_2 结合产生过氧化物自由基,过氧化物将 NO 氧化为 NO_2。如乙烯的加成转化反应为

$$CH_2\!=\!CH_2 + HO· \rightarrow ·CH_2CH_2OH$$
$$·CH_2CH_2OH + O_2 \rightarrow ·OOCH_2CH_2OH$$
$$·OOCH_2CH_2OH + NO \rightarrow ·OCH_2CH_2OH + NO_2$$
$$CH_2(O)CH_2OH \rightarrow H_2CO + ·CH_2OH$$
$$·CH_2OH + O_2 \rightarrow H_2CO + HO_2·$$

烯烃与 O_3 反应:

$$O_3 + (CH_2)\!=\!CH_2 \rightarrow \left[\begin{array}{c} O\!-\!O \\ O \\ H_2C\!-\!CH_2 \end{array} \right] \rightarrow H_2CO + \underset{\text{甲醛二元自由基}}{H_2COO}$$

二元自由基可进一步分解:

$$H_2\overset{·}{C}OO· \rightarrow CO + H_2O$$
$$H_2\overset{·}{C}OO· \rightarrow CO_2 + H_2$$
$$H_2\overset{·}{C}OO· \rightarrow CO_2 + 2H·$$
$$H_2\overset{·}{C}OO· \xrightarrow[2O_2]{M} CO_2 + 2HO_2·$$
$$H_2\overset{·}{C}OO· \rightarrow HCOOH$$

3.其他烃类的转化

环烃多数以气态形式存在于大气中,与 HO· 发生氢原子 H· 摘除反应;生成的自由基与 O_2 反应生成过氧化物,过氧化物与 NO 反应形成 NO_2,与甲烷的转化过程类似。

单环芳烃能与芳烃反应的主要是 HO·,其反应机制主要是加成反应和氢原子 H· 摘除反应。

大气中已检出的多环芳烃有 200 多种,其中一小部分以气体形式存在,大部分则在气溶胶

中。HO·可与多环芳烃发生氢原子 H·摘除反应,HO·和 NO$_2$ 都可以加成到多环芳烃的双键上,形成包括羟基、羰基的化合物以及硝酸酯等。

大气中还有十几到几十种的醚、醇、醛、酮等,它们主要与 HO·发生 H·摘除反应。

不同碳氢化合物的氧化会产生各种各样的自由基,除·OH,HO$_2$·外,还有 R·,RCO·,RO·,ROO·,RC(O)OO·,RC(O)O·等。这些活泼自由基能促进 NO 向 NO$_2$ 的转化,并传递各种反应形成光化学烟雾中的重要二次污染物,如臭氧、醛类、PAN(过氧乙酰硝酸酯)等。

2.3.2.6　硫氧化物的转化

1.二氧化硫的气相氧化

大气中二氧化硫 SO$_2$ 的转化首先是 SO$_2$ 转化为 SO$_3$,SO$_3$ 被水吸收生成 H$_2$SO$_4$,从而形成酸雨或硫酸烟雾。H$_2$SO$_4$ 与大气中的 NH$_4^+$ 结合生成硫酸盐气溶胶。

(1)SO$_2$ 的直接光氧化

在低层大气中 SO$_2$ 光化学反应的过程是形成激发态 SO$_2$ 分子,而不是直接离解。

$$SO_2(基态)+h\nu(290\sim340nm) \rightarrow {}^1SO_2(单重态)$$
$$SO_2(基态)+h\nu(340\sim400nm) \rightarrow {}^3SO_2(三重态)$$

能量较高的单重态分子可按以下过程跃迁到三重态或基态:

$$^1SO_2+M \rightarrow {}^3SO_2+M$$
$$^1SO_2+M \rightarrow SO_2(基态)+M$$

激发态的 SO$_2$ 主要以三重态的形式存在。单重态不稳定,很快按上述方式转变为三重态。

大气中 SO$_2$ 直接氧化成 SO$_3$ 的机理为

$$^3SO_2+O_2 \rightarrow SO_4 \rightarrow SO_3+O\cdot$$

或者

$$SO_4+SO_2 \rightarrow 2SO_3$$

(2)SO$_2$ 被各种自由基氧化

SO$_2$ 可被 HO·,HO$_2$·,RO$_2$· 和 RC(O)O$_2$· 等氧化。

1)SO$_2$ 与 HO·的反应。该反应是大气中 SO$_2$ 重要的反应,首先 HO·与 SO$_2$ 结合形成一个活性自由基:

$$HO\cdot +SO_2 \xrightarrow{M} HOSO_2\cdot$$

自由基 HOSO$_2$·进一步与空气中的 O$_2$ 反应:

$$HOSO_2\cdot +O_2 \xrightarrow{M} HO_2\cdot +SO_3$$
$$SO_3+H_2O \rightarrow H_2SO_4$$

生成的 HO$_2$·通过反应生成 HO·:

$$HO_2\cdot +NO \rightarrow HO\cdot +NO_2$$

使得上述氧化过程循环进行。

2)SO$_2$ 与其他自由基的反应。SO$_2$ 另一个重要的氧化反应是与二元活性自由基反应。例如 O$_3$ 和烯烃反应生成的二元自由基 CH$_3$CHOO·,HO$_2$·,CH$_3$O$_2$· 以及 CH$_3$C(O)O$_2$·(过氧乙酰基)等,均可与 SO$_2$ 反应:

$$CH_3 \overset{\cdot}{C}HOO \cdot + SO_2 \rightarrow CH_3CHO + SO_3$$
$$HO_2 \cdot + SO_2 \rightarrow HO \cdot + SO_3$$
$$CH_3O_2 \cdot + SO_2 \rightarrow CH_3O \cdot + SO_3$$
$$CH_3C(O)O_2 \cdot + SO_2 \rightarrow CH_3C(O)O \cdot + SO_3$$

2.二氧化硫的液相氧化

大气中存在少量的水和颗粒物质。SO_2 可溶于大气中的水,也可被大气中的颗粒物所吸附,并溶解在颗粒物表面所吸附的水中。因此 SO_2 可发生液相反应。

(1)液相平衡

SO_2 被水吸收

$$SO_2 + H_2O \overset{K_H}{\rlap{\rightleftharpoons}} SO_2 \cdot H_2O$$
$$SO_2 \cdot H_2O \overset{K_{s1}}{\rlap{\rightleftharpoons}} H^+ + HSO_3^-$$
$$HSO_3^- \overset{K_{s2}}{\rlap{\rightleftharpoons}} H^+ + SO_3^{2-}$$

(2)O_3 对 SO_2 的氧化

O_3 可溶于大气的水中,将 SO_2 氧化:

$$O_3 + SO_2 \cdot H_2O \rightarrow 2H^+ + SO_4^{2-} + O_2$$
$$O_3 + HSO_3^- \rightarrow HSO_4^- + O_2$$
$$O_3 + SO_3^{2-} \rightarrow SO_4^{2-} + O_2$$

(3)H_2O_2 对 SO_2 的氧化

在 pH=0～8 范围内,SO_2 均可发生氧化反应:

$$HSO_3^- + H_2O_2 \rightleftharpoons SO_2OOH^- + H_2O$$
$$SO_2OOH^- + H^+ \rightarrow H_2SO_4$$

(4)金属离子对 SO_2 液相氧化的催化作用

某种过渡金属离子存在时,SO_2 的液相氧化反应速率可能会增大。例如 Mn^{2+} 的催化氧化反应机理如下:

$$Mn^{2+} + SO_2 \rightleftharpoons MnSO_2^{2+}$$
$$2MnSO_2^{2+} + O_2 \rightleftharpoons 2MnSO_3^{2+}$$
$$MnSO_3^{2+} + H_2O \rightleftharpoons Mn^{2+} + H_2SO_4$$

总反应为

$$2SO_2 + 2H_2O + O_2 \overset{Mn^{2+}}{\rlap{\rightleftharpoons}} 2H_2SO_4$$

3.硫酸烟雾型污染

硫酸烟雾也称为伦敦烟雾,最早发生在英国伦敦,主要是由于燃煤而排放出来的 SO_2、颗粒物以及由 SO_2 氧化所形成的硫酸盐颗粒物所造成的大气污染现象。这种污染多发生在冬季,气温较低、湿度较高和日光较弱的气象条件下。

在硫酸型烟雾的形成过程中,SO_2 转变为 SO_3 的氧化反应主要靠雾滴中锰、铁及氨的催化作用而加速完成。硫酸烟雾型污染物从化学上看是属于还原性混合物,故称此烟雾为还原烟雾,而 2.4.1 中的光化学烟雾为氧化性烟雾。

2.4 大气中的污染事件

2.4.1 光化学烟雾

2.4.1.1 光化学烟雾简介

含有氮氧化物和碳氢化物等一次污染物的大气,在阳光照射下会发生光化学反应而产生二次污染物,这种由一次污染物和二次污染物的混合物所形成的烟雾污染现象称为光化学烟雾,其中二次污染物主要有 O_3、醛、PAN、H_2O_2 等。

1.光化学烟雾的特征

光化学烟雾呈蓝色,具有强氧化性,能使橡胶开裂,刺激人的眼睛,伤害植物的叶子,并使大气能见度降低。

2.光化学烟雾的形成条件

1)大气中有氮氧化物和碳氢化物存在;

2)有强的日光照射。

3.光化学烟雾的日变化规律

光化学烟雾在白天生成,傍晚消失;污染高峰出现在中午或稍后。

2.4.1.2 光化学烟雾的形成机理

光化学烟雾的形成反应是一个自由基的链反应,包括自由基的链引发、自由基的链传递和自由基的链终止。光化学烟雾是高浓度氧化剂的混合物,也称为氧化型烟雾。

1.自由基的链引发反应

自由基链反应的引发主要由 NO_2 和醛的光解引起:

$$NO_2 + h\nu(\lambda < 430nm) \rightarrow NO + O\cdot$$
$$O\cdot + O_2 + M \rightarrow O_3 + M$$
$$NO + O_3 \rightarrow NO_2 + O_2$$
$$RCHO + h\nu \rightarrow RCO\cdot + H\cdot$$

2.自由基的链传递反应

碳氢化合物的存在是自由基转化和增殖的根本原因:

$$RH + HO\cdot \xrightarrow{O_2} RO_2\cdot + H_2O$$
$$RH + O\cdot \rightarrow R\cdot + HO\cdot$$
$$H\cdot + O_2 \rightarrow HO_2\cdot$$
$$RCO\cdot + O_2 \rightarrow RC(O)OO\cdot$$

上述反应生成的 $HO\cdot$,$HO_2\cdot$,$RO_2\cdot$ 和 $RC(O)O_2\cdot$ 均可将 NO 氧化成 NO_2:

$$HO_2\cdot + NO \rightarrow HO\cdot + NO_2$$
$$RO_2\cdot + NO \rightarrow RO\cdot + NO_2$$
$$RC(O)O_2\cdot + NO \xrightarrow{O_2} RO_2\cdot + NO_2 + CO_2$$

醛的光解和氧化过程为

$$RCHO + HO \cdot \xrightarrow{O_2} RC(O)O_2 \cdot + H_2O$$

$$RCHO + h\nu \xrightarrow{2O_2} RO_2 \cdot + HO_2 \cdot + CO$$

3.自由基的链终止反应

所有的自由基进行偶联、聚合后,自由基消失,自由基的链反应终止:

$$HO \cdot + NO_2 \rightarrow HNO_3$$

$$RC(O)O_2 \cdot + NO_2 \rightarrow RC(O)O_2NO_2$$

2.4.2　酸雨

2.4.2.1　酸性降水

酸性降水是指通过降水,将大气中的酸性物质迁移到地面的过程。降水过程分为两种:湿沉降(酸雨)和干沉降(指大气中的酸性物质在气流的作用下直接迁移到地面的过程)。

1.降水的 pH

在未被污染的大气中,可溶于水且含量比较大的酸性气体是 CO_2。根据 CO_2 的全球大气浓度($330mL/m^3$)与纯水的平衡,可求出 $pH=5.67$,因此把 pH 为 5.6 作为判断酸雨的界限。$pH<5.6$ 的降雨称为酸雨。

2.降水 pH 的背景值

表 2-1 是世界降水的 pH,可以看出把 5.0 作为酸雨 pH 的界限更符合实际情况。

表 2-1　世界某些降水背景点的 pH

地点	样本数	pH 平均数
中国丽江	280	5.00
印度洋	26	4.92
阿拉斯加	16	4.94
澳大利亚	40	4.78
委内瑞拉	14	4.81
太平洋百慕大群岛	67	4.79

2.4.2.2　降水的化学组成

降水通常包括大气中的固定气体成分、无机物、有机物、光化学反应产物、不溶物。

1.大气中的固定气体成分

大气中的固定气体包括 O_2,N_2,CO_2,H_2 及隋性气体。

2.无机物

无机物主要包括以下三种:①土壤衍生矿物离子(Al^{3+},Ca^{2+},Mg^{2+},Fe^{3+},Mn^{2+} 和硅酸盐等);②海洋盐类离子(Na^+,Cl^-,Br^-,SO_4^{2-},HCO_3^- 及少数 K^+,Mg^{2+},Ca^{2+},I^- 和 PO_4^{3-});③气体转化物(SO_4^{2-},NO_3^-,NH_4^+,Cl^- 和 H^+)。

降水中最重要的离子是 SO_4^{2-},NO_3^-,NH_4^+,Cl^-,Ca^{2+} 和 H^+。

As,Cd,Co,Cu,Pb,Mn,Ni,V,Zn,Ag,Sn 和 Hg 等的化合物主要来源为人为排放。此

外,大气湿沉降中的金属元素 Sb,As,Cd,Cr,Co,Cu,Pb,Mn,Hg,Mo,Ni,Ag,V,Zn 等也值得关注。

3.有机物

有机物主要包括有机酸、醛类、烷烃、烯烃和芳烃。有机弱酸(甲酸和乙酸等)也对降水酸度有贡献。

4.光化学反应产物

光化学反应产物主要包括 H_2O_2,O_3 和 PAN 等。

5.不溶物

雨水中的不溶物来自土壤粒子和燃料燃烧排放尘粒中的不能溶于雨水的部分。

2.4.2.3 酸雨的化学组成

酸雨是大气化学过程和大气物理过程的综合效应。酸雨中含有多种无机酸和有机酸,其中绝大部分是硫酸和硝酸,多数情况下以硫酸为主,其形成过程为

$$SO_2 + [O] \rightarrow SO_3$$
$$SO_3 + H_2O \rightarrow H_2SO_4$$
$$SO_2 + H_2O \rightarrow H_2SO_3$$
$$HSO_3^- + [O] \rightarrow H_2SO_4$$
$$NO + [O] \rightarrow NO_2$$
$$2NO_2 + H_2O \rightarrow HNO_3 + HNO_2$$

其中,[O]是指各种氧化剂。

大气中的 SO_2 和 NO_x 经氧化后溶于水形成硫酸、硝酸和亚硝酸,这是造成降水 pH 降低的主要原因。值得关注的是,当大气中酸性物质的量大于碱性物质的量时,就会形成酸雨。飞灰中的氧化钙、土壤中的碳酸钙、天然和人为来源的 NH_3 以及其他碱性物质都可使降水中的酸中和,对酸性降水起"缓冲作用",其中降水中的 Ca^{2+} 提供了相对大的中和能力,NH_4^+ 的分布与土壤的性质有关。

研究酸雨必须进行雨水样品的化学分析,通常分析测定的化学组分有阳离子(H^+,Ca^{2+},NH_4^+,Na^+,K^+,Mg^{2+})和阴离子(SO_4^{2-},NO_3^-,Cl^-,HCO_3^-)。我国酸雨中的关键性离子组分是 SO_4^{2-},Ca^{2+} 和 NH_4^+。

2.4.2.4 影响酸雨形成的因素

1.酸性污染物的排放及其转化条件

降水酸度的时空分布与大气中 SO_2 和降水中的 SO_4^{2-} 存在相关性。SO_2 污染严重,降水中 SO_4^{2-} 浓度就高,降水的 pH 就低。

2.大气中的氨

氨可以中和酸性气体,是降低雨水酸度的重要物质。降水 pH 取决于硫酸、硝酸与 NH_3 和碱性尘粒的相互关系。在大气中,NH_3 与硫酸气溶胶可形成中性的硫酸铵或硫酸氢铵。

大气中的 NH_3 主要来自于有机物分解和农田施用的含氮肥料的挥发。土壤中 NH_3 的挥发量随着土壤 pH 的上升而增大。

3.颗粒物酸度及其缓冲能力

大气中颗粒物的组成很复杂,主要来源于土地飞起的扬尘。扬尘的化学组成与土壤组成

基本相同,颗粒物的酸碱性取决于土壤的性质。

颗粒物对酸雨的形成有两种作用:一是所含的金属可催化 SO_2 氧化成硫酸;二是碱性颗粒物对酸起中和作用。无酸雨地区颗粒物的 pH 和缓冲能力均高于酸雨区。

4.天气和地形的影响

如果气象条件和地形有利于污染物的扩散,则大气中污染物浓度降低,酸雨就减弱;反之则加重。

2.4.3 温室效应

1.温室气体

大气中的某些气体(CO_2)吸收了地面辐射出来的红外光,把能量截留于大气之中,从而使大气温度升高,这种现象称为温室效应。

2.温室气体

能够引起温室效应的气体称为温室气体。表 2-2 列出了大气中有温室效应的常见气体的浓度和年平均增长率。由表中可以看出,CO_2 是温室效应的主要贡献者。

表 2-2 大气中具有温室效应的气体

气体	大气中浓度/($\mu g \cdot m^{-3}$)	年平均增长率/(%)
二氧化碳	344 000	0.4
甲烷	1650	1.0
一氧化碳	304	0.25
二氯乙烷	0.13	7.0
臭氧	不定	—
CFC 11	0.23	5.0
CFC 22	0.4	5.0
四氯化碳	0.125	1.0

如果大气中温室气体增多,会使地表面和大气的平衡温度升高,对整个地球的生态平衡会有巨大的影响。预计到 2030 年左右,大气中温室气体的浓度相当于 CO_2 浓度增加 1 倍。

2.4.4 臭氧层的形成与耗损

臭氧层存在于对流层上面的平流层中,距地面 $10\sim50km$。臭氧层吸收了 99% 以上来自太阳的紫外辐射,从而保护地球生物不受其伤害,维持地球的生态平衡。

2.4.4.1 臭氧层形成与耗损的化学反应

1.O_3 的来源

平流层中的臭氧来源于 O_2 的光解:

$$O_2 + h\nu(\lambda \leqslant 243nm) \rightarrow O \cdot + O \cdot$$

$$O \cdot + O_2 + M \rightarrow O_3 + M$$

臭氧在热力学上是不稳定的,具有强氧化性,能氧化许多其他物质。平流层臭氧占大气总臭氧的 91%,在高度为 15～35km 处浓度较大,但最大处也只有大气的十万分之一左右。

2.O_3 的消耗

除了 O_3 的生成反应,同时还存在 O_3 的消耗反应。平流层中 O_3 的消耗有两种途径:一是 O_3 的光解($O_3 + h\nu \rightarrow O_2 + O\cdot$);二是 O_3 与 $O\cdot$ 的反应($O_3 + O \rightarrow 2O_2$)。因此平流层中的 O_3 含量长期保持稳定。

2.4.4.2 臭氧层的耗损机理

由于水蒸气、氮氧化物、氟氯烃等污染物进入平流层,形成 $HO\cdot$,$NO_x\cdot$ 与 $ClO_x\cdot$ 自由基,因此加速了臭氧的耗损过程,影响了平流层臭氧浓度和分布。臭氧层的破坏机理是按链式反应进行的。

假设 Y 为起催化作用的物质:

$$Y + O_3 \rightarrow YO + O_2$$
$$YO + O\cdot \rightarrow Y + O_2$$

其总反应式为

$$O_3 + O\cdot \rightarrow 2O_2$$

其中 $O\cdot$ 也是 O_3 光解产物。

1.水蒸气的影响

平流层中存在的水蒸气可与激发态氧原子形成含氢物质($H\cdot$,$\cdot OH$ 与 $HO_2\cdot$)。这些物质可造成 O_3 损耗约 10%,反应如下:

$$H_2O + O\cdot \rightarrow 2HO\cdot$$
$$\cdot OH + O_3 \rightarrow HO_2\cdot + O_2$$
$$HO_2\cdot + O\cdot \rightarrow \cdot OH + O_2$$

最终总反应为

$$O\cdot + O_3 \rightarrow 2O_2$$

2.NO_x 的催化作用

平流层中的 N_2O 可被紫外线辐射分解为 N_2 和 $O\cdot$。其中约有 1% 的 N_2O 又与激发态的氧原子结合,经氧化后产生的 NO 和 NO_2 是造成 O_3 损耗的重要因素,估计约占 O_3 总损耗量的 70%,其反应式为

$$NO + O_3 \rightarrow NO_2 + O_2$$
$$NO_2 + O\cdot \rightarrow NO + O_2$$

总反应仍然为

$$O\cdot + O_3 \rightarrow 2O_2$$

3.氟氯烃破坏 O_3 的机理

平流层中 $ClO_x\cdot$ 的天然源是海洋生物产生的 CH_3Cl:

$$CH_3Cl + h\nu \rightarrow CH_3\cdot + Cl\cdot$$

$ClO_x\cdot$ 的人为源是制冷剂:

$$CFCl_3 + h\nu \rightarrow \cdot CFCl_2 + Cl\cdot$$
$$CF_2Cl_2 + h\nu \rightarrow \cdot CF_2Cl + Cl\cdot$$

氯氟烃最终可以把 $Cl\cdot$ 转化为 $ClO\cdot$。$ClO\cdot$ 破坏 O_3 的机理为

$$O_3 + Cl \cdot \rightarrow ClO \cdot + O_2$$
$$ClO \cdot + O \cdot \rightarrow Cl \cdot + O_2$$

总反应仍然为

$$O_3 + O \rightarrow 2O_2$$

平流层中 $ClO \cdot$ 和 $Cl \cdot$ 主要来自氯氟烃。研究还发现平流层中真正破坏臭氧的是 $Cl \cdot$，与 F 无关。因此臭氧层遭破坏的主要因素之一是大量使用制冷剂、工业溶剂、清洗剂和气溶胶氟利昂等氟氯烃。由于氯氟烃化学性质不活泼，在对流层中可一直上升到平流层才发生紫外光解，破坏臭氧层。

第3章 化学与水环境

水是世界上分布最广的资源之一，也是人类与生物体赖以生存和发展必不可少的物质。本章主要阐述天然水的基本特性、水中污染物的存在形态、污染物在水中的化学转化规律、水体的富营养化及典型的水污染事件中涉及的化学机理。

3.1 天然水的基本特征

3.1.1 天然水的组成

1.天然水中的主要物质

天然水中一般含有悬浮物质、胶体物质和溶解物质(见表3-1)。溶解物质的成分十分复杂，主要是在岩石的风化过程中，经水溶解迁移的地壳矿物质。

表3-1 天然水中的主要物质

分类	主要物质
悬浮物质	细菌、病毒、藻类及原生动物；泥砂、黏土等颗粒物
胶体物质	硅、铝、铁的水合氧化物胶体物质；黏土矿物胶体物质；腐殖质等有机高分子化合物
溶解物质	氧气、二氧化碳、硫化氢、氮气等溶解气体；钙、镁、钠、铁、锰等离子的卤化物、碳酸盐、硫酸盐等盐类；可溶性有机物

2.天然水中的重要离子

K^+，Na^+，Ca^{2+}，Mg^{2+}，HCO_3^-，NO_3^-，Cl^-，SO_4^{2-} 为天然水中常见的八大离子，占天然水离子总量的 95%～99%。水中这些主要离子的分类常用来作为表征水体主要化学特征性指标，见表3-2。

表3-2 水中的主要离子组成表

阳离子	硬度	酸	碱金属
	Ca^{2+}，Mg^{2+}	H^+	K^+，Na^+
阴离子	HCO_3^-，CO_3^{2-}，OH^-		NO_3^-，Cl^-，SO_4^{2-}
	碱度		酸根

天然水中常见的主要离子总量可以粗略地作为水的总含盐量(Total Dissolved Solids,

TDS）：

$$TDS=[K^+]+[Na^+]+[Ca^{2+}]+[Mg^{2+}]+[HCO_3^-]+[Cl^-]+[SO_4^{2-}]+[NO_3^-]$$

3.水中的金属离子

水溶液中金属离子的表达式通常可以写成 M^{n+}，表示简单的水合金属离子 $M(H_2O)_x^{n+}$。金属离子可通过酸碱、沉淀、配合及氧化还原等化学反应过程达到最稳定的状态。水中可溶性金属离子可以多种形态存在，例如铁可以 $Fe(OH)^{2+}$，$Fe(OH)_2^+$，$Fe_2(OH)_2^{4+}$ 和 Fe^{3+} 等形态存在。水中各种形态的金属离子的浓度可以通过平衡常数计算获得。

4.气体在水中的溶解性

气体溶解在水中，对于生物的生存是非常重要的。大气中的气体分子与溶液中同种气体分子间的平衡为

$$X(g) \Longleftrightarrow X(aq)$$

该平衡服从亨利定律，即一种气体在液体中的溶解度正比于液体所接触的该种气体的分压。亨利定律计算公式为

$$[X(aq)]=k_H \cdot p_g$$

式中：k_H 为气体在一定温度下的亨利常数；p_g 为某种气体分压。在水中可溶解的主要气体有 CO_2，O_2，H_2S，CH_4 等污染性气体。

值得注意的是：①计算气体溶解度时，需要对水蒸气的分压加以校正；②亨利定律与反应无关，若气体发生化学反应，则应计入其化学反应部分的溶解度；③气体的溶解度随温度升高而降低。

5.水生生物

水生生物是生态系统、食物链中的一个重要环节。

水生生物根据其利用的能源不同，可分为自养生物和异养生物。藻类是水体中典型的自养生物，CO_2，NO_3^-，PO_4^{3-} 多为自养生物的 C，N，P 源。

水中营养物通常决定水的生产率（水体产生生物体的能力）。

3.1.2　天然水的性质

天然水的性质包括碳酸平衡、酸碱度及缓冲能力等。

3.1.2.1　碳酸平衡

CO_2 在水中形成碳酸，可同岩石中的碱性物质发生反应，并可通过沉淀反应变为沉积物而从水中除去。在水和生物之间的生物化学交换中，CO_2 占有独特地位。

在水体中存在着 CO_2，H_2CO_3，HCO_3^-，CO_3^{2-} 等 4 种物质，常把 CO_2 和 H_2CO_3 合并为 $H_2CO_3^*$。实际上 H_2CO_3 的含量极低，主要是溶解性的气体 CO_2。

1.碳酸盐系统中的平衡关系

水中 $H_2CO_3^* - HCO_3^- - CO_3^{2-}$ 体系，是水中碳酸盐化合物与岩石圈、大气圈进行均相、气液固三相酸碱反应和交换反应的基础，可用下面的反应和平衡常数表示：

$$CO_2 + H_2O \Longleftrightarrow H_2CO_3^* \quad (pK_0^\ominus = 1.46)$$

$$H_2CO_3^* \Longleftrightarrow HCO_3^- + H^+ \quad (pK_{a1}^\ominus = 6.35)$$

$$HCO_3^- \Longleftrightarrow CO_3^{2-} + H^+ \quad (pK_{a2}^\ominus = 10.33)$$

$$K_{a1}^{\ominus} = \frac{[\text{HCO}_3^-][\text{H}^+]}{[\text{H}_2\text{CO}_3{}^*]}$$

$$K_{a2}^{\ominus} = \frac{[\text{CO}_3^{2-}][\text{H}^+]}{[\text{HCO}_3^-]}$$

$$[\text{HCO}_3^-] = \frac{K_{a1}^{\ominus}[\text{H}_2\text{CO}_3{}^*]}{[\text{H}^+]}$$

$$[\text{CO}_3^{2-}] = \frac{K_{a1}^{\ominus}K_{a2}^{\ominus}[\text{H}_2\text{CO}_3{}^*]}{[\text{H}^+]^2}$$

其中各种形态在总量中所占比例即分布分数为

$$\delta_0 = [\text{H}_2\text{CO}_3{}^*]/\{[\text{H}_2\text{CO}_3{}^*]+[\text{HCO}_3{}^-]+[\text{CO}_3{}^{2-}]\} = [\text{H}_2\text{CO}_3{}^*]/c_T \quad (3-1)$$

$$\delta_1 = [\text{HCO}_3{}^-]/\{[\text{H}_2\text{CO}_3{}^*]+[\text{HCO}_3{}^-]+[\text{CO}_3{}^{2-}]\} = [\text{HCO}_3{}^-]/c_T \quad (3-2)$$

$$\delta_2 = [\text{CO}_3{}^{2-}]/\{[\text{H}_2\text{CO}_3{}^*]+[\text{HCO}_3{}^-]+[\text{CO}_3{}^{2-}]\} = [\text{CO}_3{}^{2-}]/c_T \quad (3-3)$$

式中,$c_T = [\text{H}_2\text{CO}_3{}^*]+[\text{HCO}_3{}^-]+[\text{CO}_3{}^{2-}]$。

水中碳酸的形态分布如图 3-1 所示。

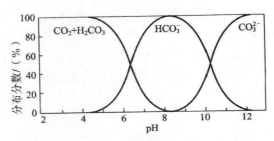

图 3-1　碳酸形态分布

2.封闭体系

若不考虑溶解性 CO_2 与大气的交换,c_T 不变时,将 $K_{a1}^{\ominus}$ 和 $K_{a2}^{\ominus}$ 代入式(3-1)~式(3-3),就可得到作为酸离解常数和氢离子浓度的函数的形态分布分数:

$$\delta_0 = \left(1 + \frac{K_{a1}^{\ominus}}{[\text{H}^+]} + \frac{K_{a1}^{\ominus}K_{a2}^{\ominus}}{[\text{H}^+]^2}\right)^{-1} \quad (3-4)$$

$$\delta_1 = \left(1 + \frac{[\text{H}^+]}{K_{a1}^{\ominus}} + \frac{K_{a2}^{\ominus}}{[\text{H}^+]}\right)^{-1} \quad (3-5)$$

$$\delta_2 = \left(1 + \frac{[\text{H}^+]^2}{K_{a1}^{\ominus}K_{a2}^{\ominus}} + \frac{[\text{H}^+]}{K_{a2}^{\ominus}}\right)^{-1} \quad (3-6)$$

可见溶液中$[\text{H}_2\text{CO}_3{}^*]$$[\text{HCO}_3{}^-]$和$[\text{CO}_3{}^{2-}]$的浓度大小由溶液的 pH 决定。由图 3-1 可以看出:

1)pH< $pK_{a1}^{\ominus}$ =6.3 时,溶液中的主要组分是 $\text{H}_2\text{CO}_3{}^*$。

2) $pK_{a1}^{\ominus}$ <pH< $pK_{a2}^{\ominus}$ 时,即 pH 在 6.3~10.7 之间时,溶液中的主要组分是 $\text{HCO}_3{}^-$。

3)pH> $pK_{a2}^{\ominus}$ =10.7 时,溶液中的主要组分是 $\text{CO}_3{}^{2-}$。

3.开放体系

若考虑到 CO_2 在气液相之间的平衡,则为开放体系,$[\text{H}_2\text{CO}_3{}^*]$保持不变。根据亨利定

律,有

$$[CO_2(aq)] = K_H \cdot p_{CO_2} \qquad (3-7)$$

溶液中碳酸化合态的相应为

$$
\left.
\begin{aligned}
c_T &= [CO_2(aq)]/\delta_0 = \frac{1}{\delta_0} K_H \cdot p_{CO_2} \\
[HCO_3^-] &= c_T \cdot \delta_1 = \frac{\delta_1}{\delta_0} K_H \cdot p_{CO_2} = \frac{K_{a1}^\ominus}{[H^+]} K_H \cdot p_{CO_2} \\
[CO_3^{2-}] &= c_T \cdot \delta_2 = \frac{\delta_2}{\delta_0} K_H \cdot p_{CO_2} = \frac{K_{a1}^\ominus K_{a2}^\ominus}{[H^+]^2} K_H \cdot p_{CO_2}
\end{aligned}
\right\} \qquad (3-8)
$$

将式(3-8)中的浓度转化为相应的对数,然后作 lgc-pH 图,如图 3-2 所示。由图 3-2 可以看出:①在开放体系中,$[HCO_3^-]$ $[CO_3^{2-}]$ 和 c_T 均随 pH 的变化而变化,但 $[H_2CO_3^*]$ 总是保持不变。②当 pH<6 时,溶液中的主要组分为 $H_2CO_3^*$;当 6<pH<10 时,溶液中的主要组分为 HCO_3^-;当 pH>10.3 时,溶液中的主要组分为 CO_3^{2-}。开放体系和封闭体系中碳酸平衡的对照列于表 3-3 中。

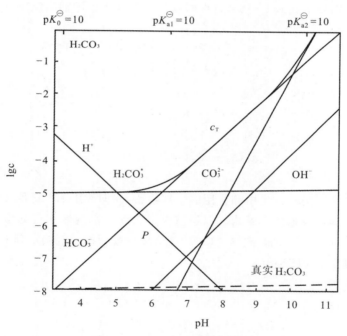

图 3-2　开放体系的碳酸平衡

表 3-3　开放体系和封闭体系中碳酸平衡的对照表

	开放体系	封闭体系
与大气之间碳的交换	有	无
系统中无机碳的总量	变化:①随 pH 升高而升高;②随大气中 CO_2 分压的升高而升高	不变

续表

		开放体系	封闭体系
无机碳各形态 与 pH 的关系	$[H_2CO_3{}^*]$	不变	变化,有最大值
	$[HCO_3{}^-]$	变化,随 pH 升高而线性升高	变化,有最大值
	$[CO_3{}^{2-}]$	变化,随 pH 升高而线性升高	变化,有最大值
无机碳各形态 主要存在区间	$[H_2CO_3{}^*]$	pH<6.3	pH<6.3
	$[HCO_3{}^-]$	pH=6<10	pH=6<10
	$[CO_3{}^{2-}]$	pH>10.3	pH>10.3

3.1.2.2 酸碱度

1.碱度

碱度是指水中能与强酸发生中和作用的全部物质,包括强碱、弱碱及强碱弱酸盐。以强酸标准滴定含碳酸水溶液测定其碱度时,其总碱度为以甲基橙为指示剂滴定到 pH=4.3,酚酞碱度为以酚酞为指示剂滴定到 pH=8.3,苛性碱度为以酚酞为指示剂滴定到 pH=10.8。

碱度的表示式为

$$总碱度 = [HCO_3{}^-]+2[CO_3{}^{2-}]+[OH^-]-[H^+]$$
$$= c_T(\delta_1+2\delta_2)+K_w^{\ominus}/[H^+]-[H^+] \tag{3-9}$$

$$酚酞碱度 = [CO_3{}^{2-}]+[OH^-]-[H_2CO_3{}^*]-[H^+]$$
$$= c_T(\delta_2-\delta_0)+K_w^{\ominus}/[H^+]-[H^+] \tag{3-10}$$

$$苛性碱度 = [OH^-]-[HCO_3{}^-]-2[H_2CO_3{}^*]-[H^+]$$
$$= -c_T(\delta_1+2\delta_0)+K_w^{\ominus}/[H^+]-[H^+] \tag{3-11}$$

2.酸度

酸度是指水中能与强碱发生中和作用的全部物质,亦即放出 H^+ 或经水解能产生 H^+ 的物质总量,包括强酸、弱酸及强酸弱碱盐。以强碱滴定含碳酸水溶液测定其酸度时,其无机酸度为以甲基橙为指示剂滴定到 pH=4.3,CO_2 酸度为以酚酞为指示剂滴定到 pH=8.3,总酸度为以酚酞为指示剂滴定到 pH=10.8。

酸度的表达式为

$$总酸度 = [H^+]+[HCO_3{}^-]+2[H_2CO_3]-[OH^-]$$
$$= c_T(\delta_1+2\delta_0)+[H^+]-K_w^{\ominus}/[H^+] \tag{3-12}$$

$$CO_2 酸度 = [H^+]+[H_2CO_3{}^*]-[CO_3{}^{2-}]-[OH^-]$$
$$= c_T(\delta_0-\delta_2)+[H^+]-K_w^{\ominus}/[H^+] \tag{3-13}$$

$$无机酸度 = [H^+]-[HCO_3{}^-]-2[CO_3{}^{2-}]-[OH^-]$$
$$= -c_T(\delta_1+2\delta_2)+[H^+]-K_w^{\ominus}/[H^+] \tag{3-14}$$

碳酸盐系统中的酸碱度及其滴定终点为

$$酸度\begin{cases} 无机酸度 & c_T=[H_2CO_3{}^*] & pH=4.5 \\ CO_2 酸度 & c_T=[HCO_3{}^-] & pH=8.3 \\ 总酸度 & c_T=[CO_3{}^{2-}] & pH=10.8 \end{cases}$$

$$
碱度
\begin{cases}
苛性碱度 & c_{\mathrm{T}} = [\mathrm{CO_3^{2-}}] & pH = 4.5 \\
碳酸盐碱度 & c_{\mathrm{T}} = [\mathrm{HCO_3^-}] & pH = 8.3 \\
总碱度 & c_{\mathrm{T}} = [\mathrm{H_2CO_3^*}] & pH = 10.8
\end{cases}
$$

3.1.2.3　天然水体的缓冲能力

天然水体的 pH 一般在 6～9 之间,而且对于某一水体,其 pH 几乎不变,这表明天然水体有一定的缓冲能力,是一个缓冲体系。一般认为,各种碳酸化合物是控制水体 pH 的主要因素,并使水体具有缓冲作用。

对于碳酸水体系,当 pH<8.3 时,可以只考虑一级碳酸平衡,故其 pH 可由下式确定:

$$
pH = pK_{a1}^{\ominus} - \lg \frac{[\mathrm{H_2CO_3^*}]}{[\mathrm{HCO_3^-}]} \tag{3-15}
$$

如果向水体中投入 ΔB 量的碱性废水,相应有 ΔB 量的 $\mathrm{H_2CO_3^*}$ 转化为 $\mathrm{HCO_3^-}$,水体 pH 升高为 pH′,则有

$$
pH' = pK_{a1}^{\ominus} - \lg \frac{[\mathrm{H_2CO_3^*} - \Delta B]}{[\mathrm{HCO_3^-} + \Delta B]} \tag{3-16}
$$

水体 pH 变化为 $\Delta pH = pH' - pH$,即

$$
\Delta pH = -\lg \frac{[\mathrm{H_2CO_3^*} - \Delta B]}{[\mathrm{HCO_3^-} + \Delta B]} + \lg \frac{[\mathrm{H_2CO_3^*}]}{[\mathrm{HCO_3^-}]}
$$

若把 $[\mathrm{HCO_3^-}]$ 作为水的碱度,$[\mathrm{H_2CO_3^*}]$ 作为水中的游离碳酸 $[\mathrm{CO_2}]$,有

$$
\Delta B = 碱度 \times [10^{\Delta pH} - 1]/(1 + K_{a1}^{\ominus} \times 10^{pH + \Delta pH}) \tag{3-17}
$$

ΔpH 即为相应改变的 pH。在投入酸量 ΔA 时,只要把 ΔpH 作为负值,也可以进行类似推算,即

$$
\Delta A = 碱度 \times [10^{\Delta pH} - 1]/(10^{\Delta pH} + K_{a1}^{\ominus} \times 10^{pH}) \tag{3-18}
$$

3.1.3　天然水的循环

水循环是指地球上的水在太阳辐射和重力作用下,以蒸发、降水和径流等方式进行的周而复始的运动过程,亦称为水分循环、水文循环。水循环是地理环境中最重要、最活跃的物质循环之一。

3.1.3.1　水循环的过程

水的固态、液态和气态之间转化特性是产生水循环的内因,太阳辐射和地心引力作用是这一过程的外因或动力。水循环过程通常由 4 个环节组成。

1.蒸发

蒸发是指太阳辐射使水分从海洋和陆地表面蒸发或从植物表面散发变成水汽,成为大气组成的一部分。

2.水汽输送

水汽输送是指水汽随着气流从一个地区被输送到另一地区,或由低空被输送到高空。

3.凝结降水

凝结降水是指进入大气中的水汽在适当条件下凝结,并在重力作用下以雨、雪和雹等形态降落。

4.径流

径流是指降水在下落过程中,除一部分蒸发返回大气外,另一部分经植物截留、下渗、填洼及地面滞留水,在动作用下沿地表或地下流动。

3.1.3.2　水循环的类型

水循环包括水分大循环和水分小循环两类。

1.水分大循环

水分大循环即海陆间循环,是指水在大气圈、水圈、岩石圈之间的循环过程。海洋蒸发的水汽被气流带到大陆上空,凝结后以降水形式降落到地表,其中一部分渗入地下转化为地下水,一部分又被蒸发进入天空,余下的水分则沿地表流动形成江河而注入海洋。

2.水分小循环

水分小循环是指海洋或大陆上的降水与蒸发之间的垂向交换过程,包括海洋小循环(海上内循环)和陆地小循环(内陆循环)两个局部水循环过程。

3.2　水体中污染物的存在形态

20 世纪 60 年代,美国学者把水体中的污染物大体分为 8 类:①耗氧污染物(可较快被降解为 CO_2,H_2O 的有机物);②致病污染物(病原微生物与细菌);③合成有机物;④植物营养物;⑤无机物与矿物质;⑥由土壤、岩石等冲刷下来的沉积物;⑦放射性物质;⑧热污染。这些污染物进入水体后以可溶态或悬浮态存在,在水体中的迁移转化及生物可利用性均直接与其存在形态相关。本节主要阐述难降解的有机物和金属污染物在水中的分布及存在形态。

3.2.1　有机污染物

有机污染物往往含量低,毒性大,异构体多,毒性差异悬殊。对于全球性污染物环芳烃、有机氯等,各国学者都非常重视,特别是一些有毒、难降解的有机物,通过迁移、转化、富集或食物链循环会危及水生生物及人体健康。

1.农药

水中常见的农药主要是有机氯和有机磷农药,另外还有氨基甲酸酯农药。它们通过喷施农药、地表径流和农药工厂的废水排放等途径进入水体。

1)有机氯农药具有难以化学、生物降解,水溶性低,辛醇水分配系数高,易沉积到有机质和生物脂肪之中等特点,如可通过食物链积累。有机氯农药在水体中含量很低,但世界各地区土壤、沉积物和水生生物中都已发现高含量有机氯农药。

2)有机磷农药和氨基甲酸酯农药较易被生物降解,在环境中的滞留时间较短,溶解度较大,其沉积物吸附和生物累积过程是次要的,目前地表水中能检出的不多,污染范围较小。

3)除草剂具有较高的水溶解度和较低的蒸气压,一般不发生生物富集、沉积物吸附和从溶液中挥发等反应。除草剂通常存在于地表水中,中间产物是污染地下水、土壤及周边环境的主要污染物。

2.多氯联苯

多氯联苯化学稳定,热稳定性好,多用于电器的冷却剂、绝缘材料、耐腐蚀涂料,极难溶于水,不易分解,易溶于有机质和脂肪中。

3.卤代脂肪烃

卤代脂肪烃易挥发,并可进行光解;在地表水中易进行生物或化学降解,但与挥发速度相比,其降解速度是很慢的;水溶性好,辛醇水分配系数低,在沉积物有机质或生物脂肪中的分配趋势较弱。

4.醚类

水分子中的两个氢原子均被烃基取代的化合物称为醚类化合物,具有挥发性,为易燃物质,具有爆炸危险,有较强的致癌水作用。醚类化合物有 7 种属于美国环境保护署(Enuronmental Protection Agency,EPA)优先污染物,它们在水中的性质及存在形式各不相同。

5.单环芳香族化合物

多数单环芳香族化合物在地表水中挥发后可光解。在沉积物有机质或生物脂肪层中的分配较弱,在地表水中不是持久性污染物,生物降解和化学降解速率均比挥发速率低。因此,对这类化合物的吸附和富集均不是重要的迁移转化过程。

6.苯酚类和甲酚类

苯酚类和甲醛类化合物具有高水溶性、低辛醇水分配系数,因此,大多数酚并不能在沉积物和生物脂肪中发生富集,而是残留在水中,主要迁移转化过程是生物降解和光解。酚在自然沉积物中的吸附及生物富集很小,其挥发、水解和非光解氯化作用也不很重要。

7.酞酸酯类

酞酸酯类有 6 种列入优先污染物,绝大多数在水中溶解度小,辛醇水分配系数高,因此主要富集在沉积物有机质和生物脂肪体中。

8.多环芳烃类

多环芳烃类在水中溶解度很小,辛醇水分配系数高,是地表水中的滞留性污染物,主要累积在沉积物、生物体内和溶解的有机质中,挥发与水解均不是重要的迁移转化过程。

9.亚硝胺和其他化合物

2 -甲基亚硝胺和 2 -正丙基亚硝胺可能是水中难降解的有机污染物,二苯基亚硝胺、3,3 -二氯联苯胺、1,2 -二苯基肼、联苯胺和丙烯腈 5 种化合物主要残留在沉积物中,有的也可在生物体中累积。

3.2.2　金属污染物

进入水体的金属绝大部分可迅速转入沉积物或悬浮物中。由于水中金属形态的转化过程及其生态效应复杂,而且有些金属污染物的毒性大,可引起许多地方病。

3.2.2.1　镉

1.镉的来源

水体中镉的来源有两种:一是工业含镉废水的排放;二是大气镉尘的沉降和雨水对地面的冲刷。

2.镉的存在形态

1)水体中镉主要以 Cd^{2+} 状态存在,除 CdS 不溶于水以外,其余镉的化合物均可溶于水。Cd^{2+} 还可与无机和有机配体生成多种可溶性配合物。实际天然水中镉的溶解度受 CO_3^{2-} 或 OH^- 浓度的制约。

2)水体中悬浮物和沉积物对镉有较强的吸附能力,其吸附量占水体总镉量的90%以上。

3)水生生物对镉有很强的富集能力,是水体中镉转化的一种形式,并通过食物链对人类造成威胁。

3.2.2.2 汞

1.汞的来源

汞主要来源于生产汞的厂矿、有色金属冶炼以及使用汞的生产部门排放的工业废水。

2.汞的存在形态

1)水体中汞以正二价形态存在,例如 Hg^{2+},$Hg(OH)_2$,CH_3Hg^+,$CH_3Hg(OH)$,CH_3HgCl,$C_6H_5Hg^+$。汞与其他元素形成配合物是汞能随水流迁移的主要因素之一。水体中含氧量减少时,水体的氧化还原电位降低至 $50mV$,使 Hg^{2+} 还原为气态 $Hg(g)$,散逸到大气中。

2)水体中的悬浮物和底质对汞有强烈的吸附作用。

3)沉积物中的无机汞可以通过微生物转化为剧毒的甲基汞,然后被水生生物吸附,并通过食物链对人类造成严重威胁。

3.2.2.3 铅

1.铅的来源

矿山开采、金属冶炼、汽车废气、燃煤、油漆、涂料等都是环境中铅的主要来源。

2.铅的存在形态

1)天然水中的铅主要以 Pb^{2+} 形态存在,还可以与 OH^- 和 Cl^- 形成相应的配合物,其含量和形态明显受水体中 CO_3^{2-},SO_4^{2-},OH^- 和 Cl^- 等含量的影响。在中性和弱碱性水中,Pb^{2+} 含量受 $Pb(OH)_2$ 的溶度积限制;而在偏酸性的水中,Pb^{2+} 含量受 PbS 的溶度积限制。

2)水体中的悬浮物颗粒物和沉积物对铅有强烈的吸附作用。因此,铅化合物的溶解度和水中固体物质对铅的吸附作用是导致天然水中铅含量低、迁移能力小的重要因素。

3.2.2.4 砷

1.砷的来源

岩石风化、土壤侵蚀、火山作用以及人类活动都能使砷进入天然水体。

2.砷的存在形态

1)砷在水体中主要以正三价和正五价形态存在,例如 H_3AsO_3,$H_2AsO_3^-$,H_3AsO_4,$H_2AsO_4^-$,$HAsO_4^{2-}$,AsO_4^{3-} 等。

2)砷可以被颗粒物吸附,共沉淀到底部沉积物中。

3)水生生物能很好富集水体中的无机和有机砷化合物。

4)无机砷可被环境中的厌氧细菌还原为低毒性的甲基砷。

3.2.2.5 铬

1.铬的来源

铬是广泛存在于环境中的元素,可通过冶炼、电镀、制革、印染等工业含铬废水的排放进入水体。

2.铬的存在形态

1)铬在水体中主要以正三价、正六价形态存在,如 Cr^{3+},CrO_2^-,CrO_4^{2-} 和 $Cr_2O_7^{2-}$ 等。

2）铬的存在形态决定着其在水体中的迁移能力：三价铬大多数被底泥吸附转入固相,迁移能力弱；六价铬在碱性水体中较为稳定并以溶解状态存在,迁移能力强。

3）六价铬的毒性大于三价铬。

3.2.2.6　铜

1.铜的来源

冶炼、金属加工、机械制造、有机合成及其他工业排放的含铜废水是引起水体铜污染的主要因素。

2.铜的存在形态

1）Cu 主要以 Cu^{2+} 形态存在,其含量和形态与水体中 CO_3^{2-},OH^- 和 Cl^- 等的含量有关,同时受水体 pH 的影响。

2）水体中大量无机和有机颗粒物能强烈地吸附或螯合铜离子,使铜最终进入底部沉积物中,因此河流对铜有明显的自净能力。

3.2.2.7　锌

1.锌的来源

各种工业废水排放是引起水体锌污染的主要原因。

2.锌的存在形态

1）Zn 主要以 Zn^{2+} 形态存在,可以与 OH^-,Cl^-、有机酸和氨基酸等形成可溶性配合物。

2）Zn 可被水体中的悬浮物颗粒吸附,或生成化学沉积物向底部沉积物迁移,沉积物中 Zn 的含量为水中的 10^4 倍。

3）水生生物对 Zn 有很强的吸附能力,可在生物体内富集,富集倍数为 $10^3 \sim 10^5$ 倍。

3.2.2.8　铊

1.铊的来源

铊主要来自于采矿废水排放。

2.铊的存在形态

1）Tl 主要以正三价和正一价形态存在,环境中一价铊化合物更加稳定。

2）Tl 被黏土矿物吸附后可迁移到底部沉积物中。

3）Tl 对人体和动植物都有毒害作用。

3.2.2.9　铍

1.铍的来源

目前铍只是局部污染,主要来自生产铍的矿山、冶炼及加工厂排放的废水和粉尘。

2.铍的存在形态

1）Be 主要以正二价形态存在,可以与 OH^- 形成羟基配位物,也可以以难溶态的 BeO,$Be(OH)_2$ 存在。

2）Be 的存在形态受水体 pH 的影响较大,在中性、酸性的天然水体中,主要以 Be^{2+} 的形态存在；在 $pH > 7.8$ 的水体中,主要以不溶的 $Be(OH)_2$ 存在,并聚集在悬浮物的表面和沉降至底部沉积物中。

3.3　水中无机污染物的化学转化规律

无机污染物进入水体主要是通过沉淀-溶解、氧化-还原、配合作用、胶体形成、吸附-解吸等一系列物理化学作用进行迁移转化,最终以一种或多种形态长期存留在环境中,造成永久性的潜在危害。

3.3.1　沉淀溶解平衡

溶解和沉淀是污染物在水环境中迁移的重要途径。一般金属化合物在水中的迁移能力,可以直观地用溶解度来衡量,溶解度小的,迁移能力小;溶解度大的,迁移能力大。在固液平衡体系中,一般用溶度积来表征溶解能力。天然水中的沉淀溶解平衡遵循溶度积规则。

3.3.1.1　氧化物和氢氧化物

氧化物可以看成是氢氧化物脱水后到得的。氧化物和氢氧化物在水体中的平衡涉及水解和羟基配合物平衡。例如金属氢氧化物的沉淀溶解平衡为

$$Me(OH)_n(s) \rightleftharpoons Me^{n+} + nOH^-$$

其溶度积为

$$K_{sp}^{\ominus} = \frac{[Me^{n+}]}{c^{\ominus}} \times \frac{[OH^-]^n}{[c^{\ominus}]^n} = [Me^{n+}][OH^-]^n$$

则有

$$[Me^{n+}] = K_{sp}^{\ominus}/[OH^-]^n = K_{sp}^{\ominus}[H^+]^n/(K_w^{\ominus})^n$$

$$-\lg[Me^{n+}] = -\lg K_{sp}^{\ominus} - n\lg[H^+] + n\lg K_w^{\ominus}$$

$$pc = pK_{sp}^{\ominus} - npK_w^{\ominus} + npH \tag{3-19}$$

式中,c 为金属离子的饱和浓度。

沉淀溶解平衡的物理意义为:①pc 与溶液的 pH 呈线性关系,即在一定的 pH 范围内,pH 越高,金属离子的浓度越低。②金属离子价数 n 就是浓度的负对数随 pH 变化的斜率。③当 $pc = -\lg[Me^{n+}]$,即 $[Me^{n+}] = 1mol/dm^3$ 时,$pH = 14 - (1/npK_{sp}^{\ominus})$。

以 $\lg[Me^{n+}]$ 为纵坐标、pH 为横坐标作出不同金属离子在水溶液中的浓度和 pH 关系图,如图 3-3 所示。从图 3-3 可以看出:①价态相同的金属离子曲线斜率相同;②图中靠右边的金属氢氧化物的溶解度大于靠左边的溶解度;③可以大致查出各种金属离子在不同 pH 溶液中所能存在的最大饱和浓度。

了形成氢氧化物沉淀之外,金属离子的溶解度还应考虑到羟基的配合作用,此时溶解度应为两部分的加和:

$$c_T = [Me^{z+}] + \sum_1^n [Me(OH)_n^{z-n}] \tag{3-20}$$

3.3.1.2　硫化物

金属硫化物是比氢氧化物溶度积更小的一类难溶沉淀物,一般在中性条件下是难溶于水的。只要水中存在 S^{2-},几乎所有的重金属均可从水体中除去。饱和 H_2S 水溶液的浓度为 $0.1mol/dm^3$。H_2S 为二元弱酸,水体中存在如下弱酸解离平衡:

$$H_2S \Longrightarrow H^+ + HS^- \qquad K_{a1}^\ominus = 8.9 \times 10^{-8}$$
$$HS^- \Longrightarrow H^+ + S^{2-} \qquad K_{a2}^\ominus = 1.3 \times 10^{-15}$$

总反应为

$$H_2S \Longrightarrow 2H^+ + S^{2-}$$

总的解离常数为

$$K_{1,2}^\ominus = K_{a1}^\ominus \cdot K_{a2}^\ominus = 1.16 \times 10^{-22}$$

又因为

$$K_{1,2}^\ominus = \frac{([H^+]/c^\ominus)^2 \cdot ([S^{2-}]/c^\ominus)}{([H_2S]/c^\ominus)}$$

所以

$$[H^+]^2 \cdot [S^{2-}] = K_{1,2}^\ominus \cdot [H_2S] = 1.16 \times 10^{-22} \times 0.1 = 1.16 \times 10^{-23}$$

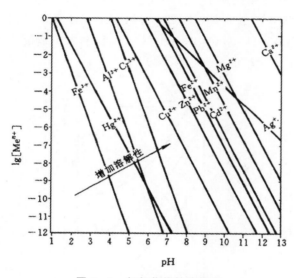

图 3-3　氢氧化物的溶解度

由于 H_2S 在纯水溶液中的二级电离甚微,故可以仅考虑一级解离,近似认为:

$$[H^+] = [HS^-]$$

因此

$$K_{a1}^\ominus = ([H^+]/c^\ominus) \cdot ([HS^-]/c^\ominus)/([H_2S]/c^\ominus) = ([H^+]/c^\ominus)^2/([H_2S]/c^\ominus)$$
$$[H^+]^2 = K_{a1}^\ominus \cdot [H_2S] = 8.9 \times 10^{-8} \times 0.1 = 8.9 \times 10^{-9}$$

由此可得水体中的 $[S^{2-}]$:

$$[S^{2-}] = 1.16 \times 10^{-23}/[H^+]^2 = 1.16 \times 10^{-23}/8.9 \times 10^{-9} = 1.3 \times 10^{-15}$$

若溶液中存在二价金属离子 Me^{2+},则有

$$[Me^{2+}][S^{2-}] = K_{sp}^\ominus$$

在硫化氢和硫化物达到饱和的溶液中,可以算出溶液中金属离子达到沉淀溶解平衡时的饱和浓度为

$$[Me^{2+}] = K_{sp}^\ominus/[S^{2-}] = K_{sp}^\ominus[H^+]^2/(0.1 \times K_{a1}^\ominus K_{a2}^\ominus) \tag{3-21}$$

可见,当水体达到平衡时,金属离子的最大浓度即饱和浓度。受到水体 pH 的影响,pH 减

小时, $[H^+]$ 增大, $[Me^{2+}]$ 增大; 反之 pH 减小时, $[H^+]$ 减小, $[Me^{2+}]$ 减小。

3.3.1.3 碳酸盐

1. 封闭体系

1) 只考虑液相和固相, 不考虑气相的封闭体系, c_T = 常数时, $CaCO_3$ 的溶解度为

$$CaCO_3 \rightleftharpoons Ca^{2+} + CO_3{}^{2-}$$

$$K_{sp}^{\ominus} = [Ca^{2+}][CO_3{}^{2-}] = 10^{-8.32}$$

$$[Ca^{2+}] = K_{sp}^{\ominus} / [CO_3{}^{2-}] = K_{sp}^{\ominus} / c_T \delta_2$$

已知 $\delta_2 = \left(1 + \dfrac{[H^+]^2}{K_{a1}^{\ominus} K_{a2}^{\ominus}} + \dfrac{[H^+]}{K_{a2}^{\ominus}}\right)^{-1}$, 则

$$\lg[Ca^{2+}] = \lg K_{sp}^{\ominus} - \lg c_T - \lg \delta_2 \tag{3-22}$$

用 $\lg[Me^{2+}]$ 对 pH 作图得到图 3-4。图 3-4 反映了当 $c_T = 3 \times 10^{-3} mol/dm^3$ 时, 一些金属离子的碳酸盐溶解度与 pH 的关系。从图中可以看出: pH > $pK_{a2}^{\ominus}$ 时, $\lg[CO_3{}^{2-}]$ 斜率为 0, $\lg[Ca^{2+}]$ 斜率为 0; $pK_{a1}^{\ominus}$ < pH < $pK_{a2}^{\ominus}$ 时, $\lg[CO_3{}^{2-}]$ 斜率为 +1, $\lg[Ca^{2+}]$ 斜率为 -1; pH < $pK_{a1}^{\ominus}$ 时, $\lg[CO_3{}^{2-}]$ 斜率为 +2, $\lg[Ca^{2+}]$ 斜率为 -2。

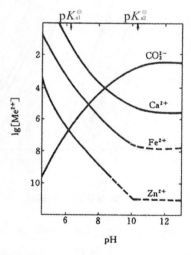

图 3-4 封闭体系中 $c_T = 3 \times 10^{-3} mol/dm^3$ 时 $MeCO_3(s)$ 的溶解度

(W Stumm, J J Morgan, 1981 年)

2) $CaCO_3(s)$ 在纯水中的溶解度。$CaCO_3$ 在纯水中溶解时, 溶质为 Ca^{2+}, $H_2CO_3{}^*$, $HCO_3{}^-$, $CO_3{}^{2-}$, H^+ 和 OH^-, 其溶解度为

$$[Ca^{2+}] = [HCO_3{}^-] + [H_2CO_3{}^*] + [CO_3{}^{2-}] = c_T \tag{3-23}$$

根据溶液中的电荷平衡即电中性原则, 有

$$[H^+] + 2[Ca^{2+}] = [HCO_3{}^-] + 2[CO_3{}^{2-}] + [OH^-] \tag{3-24}$$

达到平衡时, $CaCO_3(s)$ 的溶解度积为

$$[Ca^{2+}] = \frac{K_{sp}^{\ominus}}{[CO_3^{2-}]} = \frac{K_{sp}^{\ominus}}{c_T \delta_2} \tag{3-25}$$

将式(3-23)、式(3-25)联立得

$$[Ca^{2+}]=\sqrt{\frac{K_{sp}^{\ominus}}{\delta_2}}$$

即

$$\lg[Ca^{2+}]=0.5pK_{sp}^{\ominus}-0.5p\delta_2 \tag{3-26}$$

对其他金属碳酸盐,则可写为

$$\lg[Me^{2+}]=0.5pK_{sp}^{\ominus}-0.5p\delta_2 \tag{3-27}$$

把式(3-25)代入(3-24)可得

$$(K_{sp}^{\ominus}/\delta_2)^{1/2}(2-\delta_1-2\delta_2)+[H^+]-K_w^{\ominus}/[H^+]=0 \tag{3-28}$$

式(3-28)可用试算法求解:

当 pH$>$p$K_{a2}^{\ominus}$$>$10.33 时,$\delta_2\approx1$,有

$$\lg[Ca^{2+}]=0.5\lg K_{sp}^{\ominus}$$

当 p$K_{a1}^{\ominus}$$<pH<pK_{a2}^{\ominus}$ 时,有

$$\delta_2=\left(1+\frac{[H^+]^2}{K_{a1}^{\ominus}K_{a2}^{\ominus}}+\frac{[H^+]}{K_{a2}^{\ominus}}\right)^{-1}\approx\frac{K_{a2}^{\ominus}}{[H^+]}$$

则

$$\lg[Ca^{2+}]=0.5\lg K_{sp}^{\ominus}-0.5\lg K_{a2}^{\ominus}-0.5\lg pH$$

当 pH$<$p$K_{a1}^{\ominus}$ 时,有

$$\delta_2=\left(1+\frac{[H^+]^2}{K_{a1}^{\ominus}K_{a2}^{\ominus}}+\frac{[H^+]}{K_{a2}^{\ominus}}\right)^{-1}\approx\frac{K_{a1}^{\ominus}K_{a2}^{\ominus}}{[H^+]^2}$$

则

$$\lg[Ca^{2+}]=0.5\lg K_{sp}^{\ominus}-0.5\lg K_{a1}^{\ominus}K_{a2}^{\ominus}-\lg pH$$

某些金属碳酸盐溶解度见图 3-5。

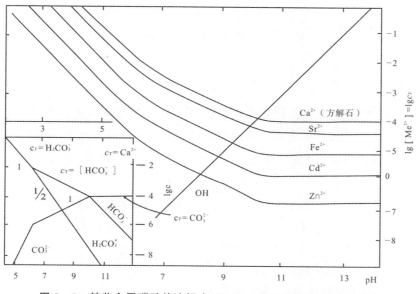

图 3-5　某些金属碳酸盐溶解度(W Stumm J,J Morgan,1981 年)

2.开放体系

$CaCO_3$ 暴露在含有 CO_2 的气相中时,大气中 p_{CO_2} 固定,溶液中 CO_2 浓度也相应固定,即

$$c_T = \frac{1}{\delta_0} K_H p_{CO_2}$$

$$[CO_3^{2-}] = \frac{\delta_2}{\delta_0} K_H p_{CO_2}$$

因为 $[Ca^{2+}] \times [CO_3^{2-}] = K_{sp}^{\ominus}$(溶度积规则),所以 $[Ca^{2+}] = \frac{\delta_0}{\delta_2} \frac{K_{sp}^{\ominus}}{K_H p_{CO_2}}$,见图 3-6。

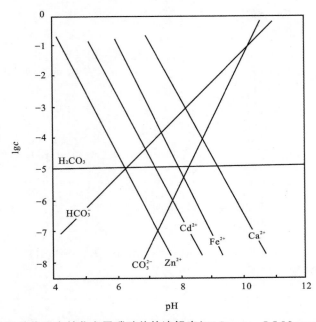

图 3-6 开放体系中某些金属碳酸盐的溶解度(W Stumm, J J Morgan, 1981 年)

3.3.2 氧化还原

水体中氧化还原的类型、反应速度和氧化还原的平衡在很大程度上决定了水中主要溶质的性质,因此氧化还原平衡对水体中污染物的转化具有十分重要和决定性的意义。

3.3.2.1 电子活度和氧化还原电位

1.电子活度的概念

在酸碱反应中,pH 定义为 $pH = -\lg(a_{H^+})$。与 pH 相仿,还原剂和氧化剂可以定义为电子给予体和电子接受体,同样可以定义 pE 为

$$pE = -\lg(a_e) \qquad\qquad (3-29)$$

式中,a_e 为水溶液中电子的活度。

电子活度的物理化学意义为:

1)pE 是平衡状态(假想)的电子活度,它衡量溶液接收或迁移电子的相对趋势,在还原性很强的溶液中,其趋势是给出电子。

2)pE 越小,电子的浓度越高,体系提供电子的倾向就越强。

3)pE 越大,电子的浓度越低,体系接受电子的倾向就越强。

热力学定义为:根据 H_2 的半电池反应 $2H^+(aq)+2e^-=H_2(g)$,当反应的全部组分活度为 1 单位时,该反应的自由能变化 ΔG 可定义为零。即当 $H^+(aq)$ 为 1 个单位活度与 H_2 为 $1.013\,0\times10^5\,Pa$(活度为 1)平衡的介质中,电子活度 a 为 1,则 $pE=0.0$。

2.氧化还原电位 E 和 pE 的关系

对于一个氧化还原半反应:

$$Ox+ne^- \rightleftharpoons Red$$

式中:O_x 代表氧化性物质;Red 代表还原性物质。

根据能斯特方程,有

$$E=E^\ominus-\frac{2.303RT}{nF}\cdot\lg\frac{[Red]/c^\ominus}{[Ox]/c^\ominus}$$

当反应平衡时,有

$$E^\ominus=\frac{2.303RT}{nF}\cdot\lg K^\ominus$$

$$E=\frac{2.303RT}{nF}\left(\lg K^\ominus-\lg\frac{[Red]/c^\ominus}{[Ox]/c^\ominus}\right)$$

又因为

$$K^\ominus=\frac{[Red]/c^\ominus}{([Ox]/c^\ominus)[e^-]^n}$$

$$[e^-]=\left(\frac{1}{K^\ominus}\cdot\frac{[Red]/c^\ominus}{[Ox]/c^\ominus}\right)^{\frac{1}{n}}$$

故

$$pE=-\lg[e^-]=\frac{1}{n}\left(\lg K^\ominus-\lg\frac{[Red]/c^\ominus}{[Ox]/c^\ominus}\right)=\frac{EF}{2.303RT}=\frac{1}{0.059\,1}E\ (25℃)\quad(3-30)$$

同理可得

$$pE^\ominus=\frac{E^\ominus F}{2.303RT}=\frac{1}{0.059\,1}E^\ominus\ (25℃)\quad\quad(3-31)$$

将式(3-30)和式(3-31)代入根据能斯特方程,化简可得

$$pE=pE^\ominus-\frac{1}{n}\lg\frac{[Red]/c^\ominus}{[Ox]/c^\ominus}$$

又因为 $E^\ominus=\frac{2.303RT}{nF}\cdot\lg K^\ominus$,$pE^\ominus=\frac{E^\ominus F}{2.303RT}$,则有

$$\lg K^\ominus=npE^\ominus\quad\quad(3-32)$$

3.ΔG 和 pE 的关系

对于一个有 n 个电子得失的氧化还原反应

由于 $\Delta G=-nFE$,有

$$\Delta G=-2.303nRT\cdot(pE)\quad\quad(3-33)$$

$$\Delta G^\ominus=-nFE^\ominus$$

$$\Delta G^\ominus=-2.303nRT\cdot(pE^\ominus)\quad\quad(3-34)$$

3.3.2.2 天然水体的氧化还原度

在氧化还原体系中,往往有 H^+ 或 OH^- 参与转移,因此,pE 除了与氧化态和还原态浓度有关外,还受到体系 pH 的影响,最终影响水体的氧化还原度。

1.水的氧化还原限度

在绘制 pE－pH 图时,必须考虑几个边界情况。

1)边界条件。氧化限度:氧分压为 $1.013\,0\times10^5\,Pa$。还原限度:氢分压为 $1.013\,0\times10^5\,Pa$。

2)水的氧化限度。水的氧化反应和标准电极电位为

$$\frac{1}{4}O_2 + H^+ + e^- = \frac{1}{2}H_2O \qquad E^{\ominus}=1.224V$$

温度为 25℃时,有

$$pE^{\ominus}=\frac{E^{\ominus}}{0.059}=\frac{1.224}{0.059}=20.75$$

$$pE = pE^{\ominus}+\lg(p_{O_2}^{1/4}[H^+]) = 20.75-pH \qquad (3-35)$$

3)水的还原限度。水体中氢离子的还原反应和标准电极电位为

$$H^+ + e^- = \frac{1}{2}H_2(g) \qquad E^{\ominus}=0.0V$$

温度为 25℃时,有

$$pE^{\ominus}=\frac{E^{\ominus}}{0.059}=0$$

$$pE = pE^{\ominus}+\lg\frac{[H^+]}{p_{H_2}^{1/2}}=-pH \qquad (3-36)$$

2.氧化还原体系的 pE－pH 图绘制

以 Fe 为例,假定溶解性铁的最大浓度为 $1.0\times10^{-7}\,mol/dm^3$,不考虑 $Fe(OH)_2^+$ 及 $FeCO_3$ 等形态的生成,Fe 的 pE－pH 图应落在水的氧化还原限度内,各种形态间相互转化的反应为

$$Fe(OH)_3(S)+3H^+=Fe^{3+}+3H_2O$$
$$Fe(OH)_2(S)+2H^+=Fe^{2+}+2H_2O$$
$$Fe^{3+}+H_2O=FeOH^{2+}+H^+$$
$$Fe^{2+}+H_2O=FeOH^++H^+$$
$$Fe^{3+}+e^-=Fe^{2+}$$

依据上面的讨论,Fe 的 pE－pH 图绘制如下:

(1)H_2O 氧化的边界条件

H_2O 氧化的边界条件为

$$pE=20.75-pH \qquad (3-37)$$

(2)H_2O 还原的边界条件

H_2O 还原的边界条件为

$$pE=-pH \qquad (3-38)$$

(3)$Fe(OH)_3(s)-Fe(OH)_2(s)$ 的边界

根据平衡方程

$$Fe(OH)_3(s)+H^++e^-=Fe(OH)_2(s)$$

$$\lg K^{\ominus}=4.62$$

$$K^{\ominus}=\frac{1}{([H^+]/c^{\ominus})[e^-]}$$

可知 $Fe(OH)_3(s)-Fe(OH)_2(s)$ 的边界条件为

$$pE=4.62-pH \tag{3-39}$$

(4) $Fe(OH)_2(s)-FeOH^+$ 的边界

根据平衡方程

$$Fe(OH)_2(s)+H^+=FeOH^++H_2O$$

$$\lg K^{\ominus}=4.6$$

$$K^{\ominus}=[Fe(OH)^+]/[H^+]pH=4.6-\lg[Fe(OH)^+] \tag{3-40}$$

将 $[Fe(OH)^+]=1.0\times10^{-7}mol/dm^3$ 代入式(3-40),得

$$pH=11.6 \tag{3-41}$$

(5) $Fe(OH)_3(s)-Fe^{2+}$ 的边界条件

根据平衡方程

$$Fe(OH)_3(s)+3H^++e^-=Fe^{2+}+3H_2O$$

$$\lg K^{\ominus}=17.9$$

$$pE=17.9-3pH-\lg[Fe^{2+}] \tag{3-42}$$

将 $[Fe^{2+}]=1.0\times10^{-7}mol/dm^3$ 代入式(3-42),得

$$pE=24.9-3pH \tag{3-43}$$

(6) $Fe(OH)_3(s)$ 和 $FeOH^+$ 的边界条件

根据平衡方程

$$Fe(OH)_3(s)+2H^++e^-=FeOH^++2H_2O$$

$$\lg K^{\ominus}=9.25$$

$$pE=9.25-2pH-\lg[FeOH^+] \tag{3-44}$$

将 $[FeOH^+]=1.0\times10^{-7}mol/dm^3$ 代入式(3-44),得

$$pE=16.25-2pH \tag{3-45}$$

(7) Fe^{3+} 和 Fe^{2+} 边界的边界条件

根据平衡方程

$$Fe^{3+}+e^-=Fe^{2+}$$

$$\lg K^{\ominus}=13.1$$

$$K^{\ominus}=\frac{[Fe^{2+}]/c^{\ominus}}{([Fe^{3+}]/c^{\ominus})[e^-]}$$

可知边界条件为 $[Fe^{3+}]=[Fe^{2+}]$,即

$$pE=13.1+\lg\frac{[Fe^{3+}]/c^{\ominus}}{[Fe^{2+}]/c^{\ominus}}=13.1 \tag{3-46}$$

(8) Fe^{3+} 和 $FeOH^{2+}$ 的边界条件

根据平衡方程

$$Fe^{3+}+H_2O=FeOH^{2+}+H^+$$

$$\lg K^{\ominus}=-2.4$$

$$K^{\ominus}=\frac{([Fe(OH)^{2+}]/c^{\ominus})([H^+]/c^{\ominus})}{[Fe^{3+}]/c^{\ominus}}$$

可知边界条件为$[Fe^{3+}]=[Fe(OH)^{2+}]$，即 pH=2.4。

(9)Fe^{2+}与$FeOH^+$的边界条件

根据平衡方程

$$Fe^{2+}+H_2O=FeOH^++H^+$$

$$\lg K^{\ominus}=-8.6$$

$$K^{\ominus}=\frac{([Fe(OH)^+]/c^{\ominus})([H^+]/c^{\ominus})}{[Fe^{2+}]/c^{\ominus}}$$

可知边界条件为$[Fe^{2+}]=[FeOH^+]$，即 pH=8.6。

(10)Fe^{2+}与$FeOH^{2+}$的边界条件

根据平衡方程

$$Fe^{2+}+H_2O=FeOH^{2+}+H^++e^-$$

$$\lg K^{\ominus}=-15.5$$

$$pE=15.5+\lg\frac{[FeOH^{2+}]/c^{\ominus}}{[Fe^{2+}]/c^{\ominus}}-pH$$

可知边界条件为$[Fe^{2+}]=[Fe(OH)^{2+}]$，即

$$pE=15.5-pH \tag{3-47}$$

(11)$FeOH^{2+}$与$Fe(OH)_3(S)$的的边界条件

根据平衡方程

$$Fe(OH)_3(s)+2H^+=FeOH^{2+}+2H_2O$$

$$\lg K^{\ominus}=2.4$$

$$K^{\ominus}=\frac{[FeOH^{2+}]/c^{\ominus}}{([H^+]/c^{\ominus})^2} \tag{3-48}$$

将$[FeOH^{2+}]=1.0\times10^{-7}$ mol/dm³ 代入式(3-48)，得

$$pH=4.7 \tag{3-49}$$

根据上述结果，可作出水中铁的 pE-pH 图，如图 3-7 所示。由图 3-7 可知：

1)在高$[H^+]$和高电子$[e^-]$活度区，水体是酸性还原介质，主要物质形态为Fe^{2+}。

2)在高$[H^+]$和低电子$[e^-]$活度区，水体是酸性氧化介质，主要物质形态为Fe^{3+}。

3)在低$[H^+]$和低电子$[e^-]$活度区，水体是低酸性氧化介质，主要物质形态为$Fe(OH)_3$。

4)在低$[H^+]$和高电子$[e^-]$活度区，水体是碱性还原介质，主要物质形态为$Fe(OH)_2$。

注意：在通常的水体 pH 范围内(pH=5~9)，$Fe(OH)_3$ 或 Fe^{2+} 是主要的稳定形态。

3.3.2.3 天然水的 pE 和决定电位

天然水中含有许多无机及有机氧化剂和还原剂。水中主要的氧化剂有溶解氧、Fe^{3+}，Mn^{4+}和S^{6+}，其作用后本身依次转变为H_2O，Fe^{2+}，Mn^{2+}和S^{2-}。水中的主要还原剂有种类繁多的有机化合物和Fe^{2+}，Mn^{2+}和S^{2-}。

1.决定电位

某个单体系的含量比其他体系高得多，该单体系的电位几乎等于混合体系的 pE，则该单体系电位被视作决定电位。

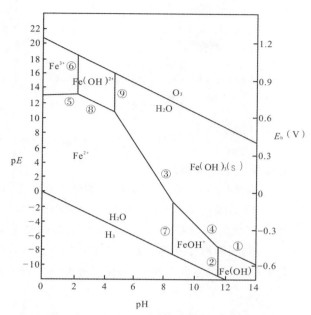

图 3 - 7　水中铁的 pE - pH 图(总可溶性铁的浓度为 1.0×10^{-7} mol/dm³)

一般天然水体溶解氧的电位是"决定电位",而有机污染物积累的厌氧体系中有机物的电位是"决定电位"。表 3 - 4 为环境水体中常见氧化还原电对的标准电极电位(又称电极电势)。

表 3 - 4　环境水体中常见电对的标准电极电位

强还原剂	弱氧化剂	$E^{\ominus}/V$	$pE^{\ominus}$
CH_3COO^-	CO_2	0.075	1.27
$H_2S(aq)$	SO_4^{2-}	0.303	5.12
Fe^{2+}	Fe^{3+}	0.771	13.03
NH_4^+	NO_3^-	0.882	14.91
H_2O	$O_2(g)$	1.229	20.77
Cl^-	$Cl_2(aq)$	1.391	23.51
弱氧化剂	强还原剂		

2.天然水中的 pE

若水中 $p_{O_2}=0.21 \times 10^5$ Pa,$[H^+]=1.0 \times 10^{-7}$ mol/dm³,则有

$$\frac{1}{4}O_2 + H^+ + e^- = \frac{1}{2}H_2O$$

$$pE^{\ominus}=20.75$$

$$pE = pE^{\ominus} + \lg(p_{O_2}^{1/4}[H^+]) = 20.75 + \lg\left[\left(\frac{p_{O_2}}{p^{\ominus}}\right)^{\frac{1}{4}} \times [H^+]\right]$$

$$= 20.75 + \lg\left[\left(\frac{0.21 \times 10^5}{1.013 \times 10^5}\right)^{\frac{1}{4}} \times 1.0 \times 10^{-7}\right] = 13.58 \tag{3-50}$$

说明这是一种好氧的水,有夺取电子的倾向。

若在一个有微生物作用产生 CH_4 及 CO_2 的厌氧水中,假定 $p_{CO_2}=p_{CH_4}$,pH=7.00,相关半反应为

$$\frac{1}{8}CO_2+H^++e^-=\frac{1}{8}CH_4+\frac{1}{4}H_2O$$

$$pE^{\ominus}=2.87$$

$$pE=pE^{\ominus}+\lg\left[\left(\frac{p_{CO_2}}{p_{CH_4}}\right)^{\frac{1}{8}}\times[H^+]\right]=2.87+\lg[H^+]=-4.13 \tag{3-51}$$

说明这是一种还原环境,有提供电子的倾向。

从上面的计算可以看到,天然水的 pE 随水中溶解氧的减少而降低,因而表层水呈氧化性环境,深层水及底泥呈还原性环境,同时天然水的 pE 随 pH 减小而增大。

图 3-8 反映了不同水质区域的氧化还原特性:氧化性最强的是上方同大气接触的富氧区,这一区域代表大多数河流、湖泊和海洋水的表层情况;还原性最强的是下方富含有机物的缺氧区,这一区域代表富含有机物的水体底泥和湖、海底层水情况。在这两个区域之间的是基本上不含氧、有机物比较丰富的沼泽水等。

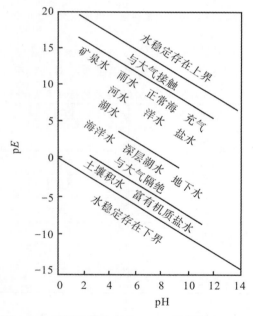

图 3-8　不同天然水在 pE-pH 图中的近似位置

3.3.2.4　无机氮化物的氧化还原转化

水中氮的形态主要是 NH_4^+,NO_2^-,NO_3^- 等。假设总氮浓度为 1.00×10^{-4} mol/dm³,水体 pH=7.00。

1.pE<5 时

pE<5 时,NH_4^+ 是主要形态,此时 $\lg[NH_4^+]=-4.00$。

对于 $\lg[NO_2^-]-pE$ 的关系,可依据下列氧化还原反应求得

$$\frac{1}{6}NO_2^- + \frac{4}{3}H^+ + e^- = \frac{1}{6}NH_4^+ + \frac{1}{3}H_2O$$

$$pE^\ominus = 15.14$$

$$pE = pE^\ominus + \lg\frac{([NO_2^-]/c^\ominus)^{1/6} \times ([H^+]/c^\ominus)^{3/4}}{([NH_4^+]/c^\ominus)^{1/6}} = 5.82 + \lg\frac{[NO_2^-]^{1/6}}{[NH_4^+]^{1/6}} \qquad (3-52)$$

$$\lg[NO_2^-] = -38.92 + 6pE \qquad (3-53)$$

同理,对于 $\lg[NO_3^-]$ 与 pE 的关系,可由下面的氧化还原反应求得

$$\frac{1}{8}NO_3^- + \frac{5}{4}H^+ + e^- = \frac{1}{8}NH_4^+ + \frac{3}{8}H_2O$$

$$pE^\ominus = 14.90$$

$$pE = 6.15 + \lg\frac{([NO_3^-]/c^\ominus)^{1/8}}{([NH_4^+]/c^\ominus)^{1/8}} \qquad (3-54)$$

$$\lg[NO_3^-] = -53.20 + 8pE \qquad (3-55)$$

式中, $[NH_4^+] = 1.00 \times 10^{-4} mol/dm^3$。

2. $pE = 6.5$ 左右

$pE = 6.5$ 左右时, NO_2^- 是主要形态,浓度为 $1.00 \times 10^{-4}\,mol/dm^3$, $\lg[NO_2^-] = -4.00$。将 $[NO_2^-] = 1.00 \times 10^{-4}\,mol/dm^3$ 代入式(3-52),得

$$pE = 5.82 + \lg\frac{(1.00 \times 10^{-4}/1.00)^{1/6}}{([NH_4^+]/1.00)^{1/6}}$$

$$\lg[NH_4^+] = 30.92 - 6pE \qquad (3-56)$$

对于 $[NO_2^-]$ 占优势的体系, $\lg[NO_3^-]$ 可由下面的氧化还原反应求得

$$\frac{1}{2}NO_3^- + H^+ + e^- = \frac{1}{2}NO_2^- + \frac{1}{2}H_2O$$

$$pE^\ominus = 14.15$$

$$pE = 7.15 + \lg\frac{[NO_3^-]^{1/2}}{[NO_2^-]^{1/2}} \qquad (3-57)$$

$$\lg[NO_3^-] = -18.30 + 2pE \qquad (3-58)$$

3. $pE > 7$

$pE > 7$ 时, NO_3^- 是主要形态,此时 $\lg[NO_3^-] = -4.00$。将 $[NO_3^-] = 1.00 \times 10^{-4}\,mol/dm^3$ 代入式(3-57),得

$$pE = 7.15 + \lg\frac{(1.00 \times 10^{-4})^{1/2}}{[NO_2^-]^{1/2}}$$

$$\lg[NO_2^-] = 10.30 - 2pE \qquad (3-59)$$

类似地,代入式(3-54)得

$$pE = 6.15 + \lg\frac{(1.00 \times 10^{-4})^{1/8}}{[NH_4^+]^{1/8}}$$

$$\lg[NH_4^+] = 45.20 - 8pE \qquad (3-60)$$

以 pE 对 $\lg c$ 作图,即可得到水体在 $pH = 7.0$ 时, $[NH_4^+]$ $[NO_2^-]$ $[NO_3^-]$ 的对数与 pE 的关系图,见图 3-9。

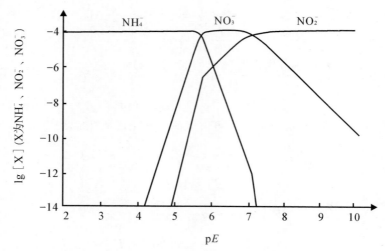

图 3 - 9　水中 $NH_4^+ - NO_2^- - NO_3^-$ 体系的浓度对数图

（pH＝7.00，总氮浓度为 1.00×10^{-4} mol/dm³）

3.3.2.5　天然水中无机铁的转化

天然水中的铁主要以 $Fe(OH)_3(s)$ 和 Fe^{2+} 形态存在。设总溶解铁的浓度为 1.00×10^{-3} mol/dm³，则有

$$Fe^{3+} + e^- = Fe^{2+}$$

$$pE^{\ominus} = 13.05$$

$$pE = 13.05 + \lg \frac{[Fe^{3+}]}{[Fe^{2+}]} \tag{3-61}$$

当 $pE \ll pE^{\ominus}$ 时，$[Fe^{3+}] \ll [Fe^{2+}]$，此时 $[Fe^{2+}] = 1.00 \times 10^{-3}$ mol/dm³，即 $\lg[Fe^{2+}] = -3.0$，则有

$$\lg[Fe^{3+}] = pE - 16.05 \tag{3-62}$$

当 $pE \gg pE^{\ominus}$ 时，$[Fe^{3+}] \gg [Fe^{2+}]$，此时 $[Fe^{3+}] = 1.00 \times 10^{-3}$ mol/dm³，即 $\lg[Fe^{3+}] = -3.0$，则有

$$\lg[Fe^{2+}] = 10.05 - pE \tag{3-63}$$

当 $pE = pE^{\ominus}$ 时，$[Fe^{3+}] = [Fe^{2+}] = 0.5 \times 10^{-3}$ mol/dm⁻³，即 $\lg[Fe^{2+}] = \lg[Fe^{3+}] = 3.3$。

以 pE 对 $\lg c$ 作图，即得图 3 - 10。由图 3 - 10 可看出，当 $pE < 12$ 时，$[Fe^{2+}]$ 占优势；当 $pE > 14$ 时，$[Fe^{3+}]$ 占优势。

3.3.2.6　水中有机物的氧化

水中的有机物通过微生物的作用，可逐步降解转化成无机物，化学反应式为

$$\{CH_2O\} + O_2 \rightarrow CO_2 + H_2O$$

如果进入水体的有机物不多，其耗氧量没有超过水体中氧的补充量，则溶解氧可始终保持在一定的水平上。这表明水体有自净能力，经过一段时间的有机物分解后，水体可恢复至原有状态，产物为 H_2O，CO_2，NO_3^-，SO_4^{2-} 等，不会造成水质恶化。

如果进入水体的有机物很多，溶解氧将迅速下降，可能发生缺氧降解，主要产物为 NH_3，

H_2S,CH_4 等,将会使水质进一步恶化。

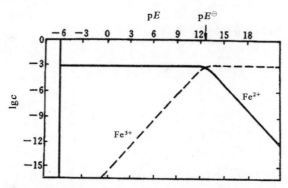

图 3 - 10　Fe^{3+},Fe^{2+} 氧化还原平衡的 lgc - pE 图(W Stumm,J J Morgan,1981 年)

　　向天然水体中加入有机物后,将会使水体中溶解氧发生变化,根据水体中的溶解含量与时间或距离的关系,可绘制出氧下垂曲线,并将河流分成清洁区(未被污染)、分解区(溶解氧下降)、腐败区(溶解氧耗尽)、恢复区(有机物耗尽,溶解氧上升)和清洁区(水体恢复原状)几个区段,如图 3 - 11 所示。

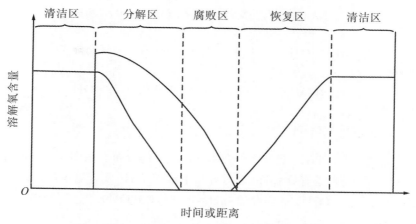

图 3 - 11　河流的氧下垂曲线(S E Manahan,1984 年)

3.3.3　配位反应

　　水中多数金属污染物以配合物形态存在,其迁移转化规律与配合物的形成及配位平衡有密切关系。配位体包括无机配位体和有机配位体,其中水体中重要的无机配位体有 Cl^-,OH^-、HCO_3^-、SO_4^{2-} 等,在某些特定水体中还存在 NH_3,PO_4^{3-}、F^-、S^{2-} 等。天然水体中的有机配位体有腐植质、泥炭、植物残体、微生物代谢物等;人为有机配位体有各种洗涤剂、NTA(氮三乙酸)、EDTA(乙二胺四乙酸及其盐)、农药和大分子环状化合物等。

　　天然水体中配合作用的特点有如下三方面:

　　1)多数配位化合物能稳定地存在于水中。

2)羟基、卤素配位体存在竞争性配位作用,会影响金属沉淀物的溶解度。

3)与不同配体的配位作用会改变重金属离子的化学形态和毒性(如 Hg)。

3.3.3.1 羟基对重金属离子的配合作用

许多重金属离子通过水解生成羟基配合物。以 M^{2+} 为例,其累积稳定常数为

$$M^{2+} + OH^- \rightleftharpoons M(OH)^+ \quad \beta_1$$
$$M^{2+} + 2OH^- \rightleftharpoons M(OH)_2^0 \quad \beta_2$$
$$M^{2+} + 3OH^- \rightleftharpoons M(OH)_3^- \quad \beta_3$$
$$M^{2+} + 4OH^- \rightleftharpoons M(OH)_4^{2-} \quad \beta_4$$

金属离子的总浓度为

$$c_T = [M]_T = [M^{2+}] + [M(OH)^+] + [M(OH)_2^0] + [M(OH)_3^-] + [M(OH)_4^{2-}]$$

$$(3-64)$$

将逐级稳定常数和累积稳定常数代入式(3-64)得

$$c_T = [M]_T = [M^{2+}](1 + \beta_1[OH^-] + \beta_2[OH^-]^2 + \beta_3[OH^-]^3 + \beta_4[OH^-]^4)$$

$$(3-65)$$

设 $\alpha = 1 + \beta_1[OH^-] + \beta_2[OH^-]^2 + \beta_3[OH^-]^3 + \beta_4[OH^-]^4$,则各种形态的分布分数为

$$\delta_0 = [M^{2+}]/[M] = 1/\alpha$$

$$\delta_1 = [M(OH)^+]/[M]_T = \delta_0\beta_1[OH^-] = \frac{\beta_1}{\alpha}[OH^-]$$

$$\delta_2 = [M(OH)_2]/[M]_T = \delta_0\beta_2[OH^-]^2 = \frac{\beta_2}{\alpha}[OH^-]^2$$

$$\delta_3 = [M(OH)_3^-]/[M]_T = \delta_0\beta_3[OH^-]^3 = \frac{\beta_3}{\alpha}[OH^-]^3$$

$$\delta_4 = [M(OH)_4^{2-}]/[M]_T = \delta_0\beta_4[OH^-]^4 = \frac{\beta_4}{\alpha}[OH^-]^4$$

图 3-12 表示了 $Cd^{2+}-OH^-$ 配合离子在不同 pH 下的分布。由图 3-12 可看出:当 pH<8 时,镉基本上以 Cd^{2+} 的形态存在;pH=8 时开始形成 $CdOH^+$ 配合离子;pH≈10 时,$CdOH^+$ 达到峰值;pH=11 时,$Cd(OH)_2$ 达到峰值;pH=12 时,$Cd(OH)_3^-$ 达到峰值;当 pH>13 时,$Cd(OH)_4^{2-}$ 占优势。

3.3.3.2 Cl^- 的配合作用

大多数金属离子与 Cl^- 的反应类似于与 OH^- 的配合,能形成 MCl^+,MCl_2,MCl_3^-,MCl_4^{2-} 配合物。例如 M^{2+} 离子的累积稳定常数为

$$M^{2+} + Cl^- \rightleftharpoons MCl^+ \quad \beta_1$$
$$M^{2+} + 2Cl^- \rightleftharpoons MCl_2^0 \quad \beta_2$$
$$M^{2+} + 3Cl^- \rightleftharpoons MCl_3^- \quad \beta_3$$
$$M^{2+} + 4Cl^- \rightleftharpoons MCl_4^{2-} \quad \beta_4$$

金属离子的总浓度为

$$c_T = [M]_T = [M^{2+}](1 + \beta_1[Cl^-] + \beta_2[Cl^-]^2 + \beta_3[Cl^-]^3 + \beta_4[Cl^-]^4)$$

设 $\alpha = 1 + \beta_1[Cl^-] + \beta_2[Cl^-]^2 + \beta_3[Cl^-]^3 + \beta_4[Cl^-]^4$,则各种形态的分布分数为

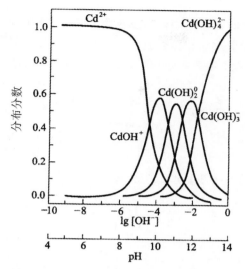

图 3 - 12　Cd²⁺ - OH⁻ 配合离子在不同 pH 下的分布 (陈静生,1987 年)

$$\delta_0 = [M^{2+}]/[M] = 1/\alpha$$

$$\delta_1 = [M(Cl)^+]/[M]_T = \delta_0 \beta_1 [Cl^-] = \frac{\beta_1}{\alpha}[Cl^-]$$

$$\delta_2 = [M(Cl)_2]/[M]_T = \delta_0 \beta_2 [Cl^-]^2 = \frac{\beta_2}{\alpha}[Cl^-]^2$$

$$\delta_3 = [M(Cl)_3^-]/[M]_T = \delta_0 \beta_3 [Cl^-]^3 = \frac{\beta_3}{\alpha}[Cl^-]^3$$

$$\delta_4 = [M(Cl)_4^{2-}]/[M]_T = \delta_0 \beta_4 [Cl^-]^4 = \frac{\beta_4}{\alpha}[Cl^-]^4$$

可见金属离子的存在形态与[Cl⁻]、累积稳定常数的大小有关。

常见金属离子与 Cl⁻ 形成配合物的能力的大小顺序为 $Hg^{2+} > Cd^{2+} > Zn^{2+} > Pb^{2+}$。

3.3.3.3　腐殖质的配合作用

1.腐殖质概述

腐殖质是一种带负电的高分子弱电解质。腐殖质是生物体物质在土壤、水和沉积物中转化而成的,摩尔质量约为 300～30 000g/mol。

根据腐殖质在酸和碱中的溶解度,可将其分为三类:①腐殖酸,溶于稀碱但不溶于酸的部分。②富里酸,可溶于酸也可溶于碱的部分。③腐黑物,不被酸和碱提取的部分。

腐殖质分子中除含大量苯环外,还含大量羧基、醇羟基和酚基。随亲水性基团含量的不同,腐殖质的水溶性不同,并且具有高分子电解质的特性,表现为酸性。富里酸单位质量含有的含氧官能团数量较多,因而亲水性也较强。腐殖酸和腐黑物碳含量为 50%～60%,氧含量为 30%～35%,氢含量为 4%～6%,氮含量为 2%～4%;而富里酸中碳和氮含量较少,分别为 44%～50% 和 1%～3%,氧含量为 44%～50%。不同地区和不同来源的腐殖质,其相对分子质量和元素组成都有区别。

2.腐殖质的配合作用

腐殖质与环境有机物之间的作用主要涉及吸附效应、溶解效应、对水解反应的催化作用、对微生物过程的影响以及光敏效应和猝灭效应等,但腐殖质与金属离子生成配合物是它们最重要的环境性质之一,金属离子能在腐殖质中的羧羟基间螯合成键,反应式为

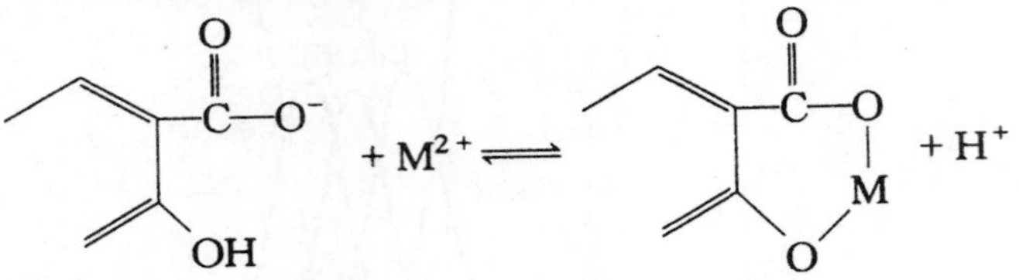

金属离子与腐殖质中的一个羧基形成配合物,可表示为

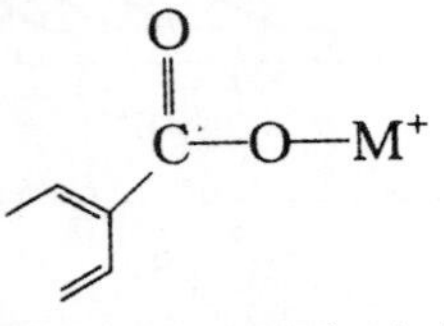

金属离子在腐殖质中两个羧基间螯合成键,可表示为

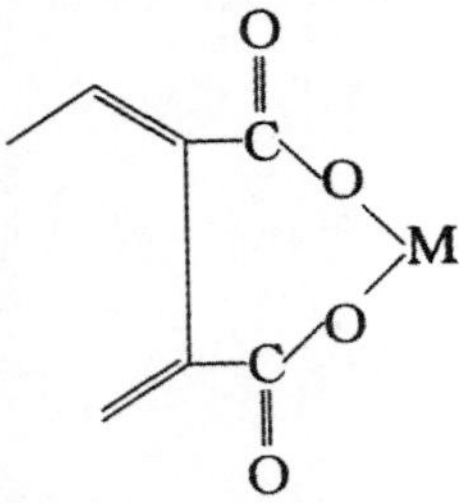

重金属在天然水体中主要以腐殖酸形式存在。由腐殖质形成的螯合物对金属螯合能力的强弱一般为以下次序:$Mg < Ca < Cd < Mn < Co < Zn \approx Ni < Cu < Hg$。

天然水体中重金属与腐殖酸形成配合物的特征如下:

1)腐殖酸本身吸附性很强,易形成 M－HA 配合物,使重金属脱离水中的沉积物;或 M－HA 配合物又被沉积物吸附,影响重金属在水中的迁移转化。

2)腐殖酸与金属的配合作用可改变水生生物的毒性,如减弱汞对浮游生物的抑制,却增强汞在鱼体中的富集。

3)腐殖酸与水中许多阴离子及与有机污染物的配位作用,影响无机阴离子和有机物在水体中的行为。

3.3.4 水中颗粒物的迁移

3.3.4.1 水中颗粒物的类别

1.矿物微粒和黏土矿物

天然水中常见的矿物微粒为石英、长石、云母及黏土矿物等硅酸盐矿物。石英、长石不易碎裂,颗粒较粗,缺乏黏结性;云母、蒙脱石、高岭石等黏土矿物为层状结构,易碎裂,颗粒较细,具有黏结性,且有显著的胶体化学特性。

2.金属水合氧化物

铝、铁、锰、硅等金属的水合氧化物在天然水体中以无机高分子及溶胶等形态存在,在水环

境中发挥重要的胶体化学作用。所有的金属水合氧化物都能结合水中的微量物质,同时其本身又趋向于结合在矿物微粒和有机物的界面上。

3.腐殖质

腐殖质多含有—COOH,—OH 等官能团,其形态构型与官能团的离解程度有关。腐殖质在 pH 较高的碱性溶液或离子强度低的条件下,趋于溶解;在 pH 较低的酸性溶液或有较高浓度的金属阳离子存在时,趋于沉积或凝聚成胶体沉淀物。

4.水体悬浮沉积物

天然水体中各种胶体物质往往同时存在,它们通过相互作用结合成某种聚集体,成为水中的悬浮沉积物。它们既可以沉降进入水体底部,也可以重新再悬浮进入水体。悬浮沉积物的结构组成并不固定,随着水质和水体组成物质及水动力条件而变化。

5.其他颗粒物

水体中的藻类,污水中的细菌、病毒,废水中排出的表面活性剂、油滴等,都有类似的胶体化学作用。

3.3.4.2　水环境中颗粒物的吸附作用

1.吸附作用

吸附是指溶质在界面层浓度升高的现象。水体中颗粒物对溶质的吸附是一个动态平衡过程。水环境中胶体颗粒的吸附作用大体可分为表面吸附、离子交换吸附和专属吸附等。

1)表面吸附。由于胶体具有巨大的比表面和表面能,固液界面存在表面吸附。表面吸附属于物理吸附。

2)离子交换吸附。大部分胶体带负电荷,容易吸附阳离子,并放出等量的其他阳离子。离子交换吸附属于物理化学吸附。

3)专属吸附。专属吸附是指吸附过程中,除了化学键的作用外,还有加强的憎水键和范德华力或氢键在起作用。专属吸附作用不但可使表面电荷改变符号,而且可使离子化合物吸附在同号电荷的表面上。专属吸附的另一特点是它在中性表面甚至在与吸附离子带相同电荷符号的表面也能发生。

2.水环境中颗粒物的吸附等温线与模型

(1)吸附等温线

在一定温度条件下,当吸附达到平衡时,颗粒物表面上的吸附量 G 与溶液中溶质平衡浓度 c 之间的关系曲线称为吸附等温线,相应的数学方程式称为吸附等温式。

(2)吸附模型

水体中常见的吸附等温线有三类,即 Henry 型、Freundlich 型和 Langmuir 型,简称"H型""F 型"和"L 型"。

1)H 型等温线为直线型,其等温式为

$$G = kc \qquad (3-66)$$

式中,k 为分配系数。该式表明溶质在吸附剂和溶液中按固定比例分配。

2)F 型等温式为

$$G = kc^{1/n} \qquad (3-67)$$

若两边取对数,则有

$$\lg G = \lg k + (1/n)\lg c$$

式中,k 值为 $c=1$ 时的吸附量,它大致表示吸附能力的强弱。该等温线下能给出饱和的吸附量。

3)L 型等温式为

$$G=G^0c/(A+c) \qquad (3-68)$$

式中:G^0 为单位表面上达到饱和时的最大吸附量;A 为常数。

G 对 c 作图可得到一条双曲线,其渐进线为 $G=G^0$,即当 c 趋近于 $+\infty$ 时,G 趋近于 G^0,A 为吸附量达到 $G^0/2$ 时溶液的平衡浓度。则式(3-69)可转化为

$$1/G=1/G^0+(A/G^0)(1/c) \qquad (3-69)$$

将 $1/G$ 对 $1/c$ 作图,可得一直线。

3.影响吸附作用的因素

1)溶液 pH。一般情况下,颗粒物对金属的吸附量随 pH 升高而增大,但当 pH 超过某元素的临界 pH 时,则该元素在溶液中的水解、沉淀起主要作用。吸附量 G 与 pH、平衡浓度 c 之间的关系为

$$G=A \cdot c \cdot 10^{B \cdot \text{pH}} \qquad (3-70)$$

式中,A,B 为常数。

2)颗粒物的粒度和浓度对重金属吸附量的影响。颗粒物对金属的吸附量随粒度的增大而减少,且当溶质浓度范围固定时,颗粒物浓度越高,吸附量越低。

3)温度。温度变化、几种离子共存时的竞争作用均会对吸附产生影响。

3.3.4.3　沉积物中重金属的释放

重金属从悬浮物或沉积物中重新释放属于二次污染问题,不仅对水生生态系统,而且对于饮用水的供给都会产生重大危害。诱发重金属释放的主要因素如下。

1.盐浓度升高

盐浓度升高时会发生离子交换吸附,导致半径小的离子代替半径大的离子。此为重金属从沉积物中释放的主要途径之一。

2.氧化还原条件变化

耗氧物质使氧化还原电位下降,导致铁、锰氧化物可部分或全部溶解,故被其吸附或与之共沉淀的重金属离子也同时释放出来。

3.pH 降低

pH 降低时,H^+ 的吸附竞争作用使金属离子解吸,在低 pH 时,金属难溶盐类以及配合物会发生溶解。因此,在受纳酸性废水排放的水体中,金属浓度很高。

4.水中配合剂的含量升高

配合剂使用量增加时,能和重金属离子形成可溶性配合物,从而使重金属从固体颗粒上解吸下来。

除上述因素外,一些生物化学迁移过程也能引起金属的重新释放,使重金属从沉积物中迁移到动植物体内,并可能沿着食物链进一步富集,或者直接进入水体,或者通过动植物残体的分解产物进入水体。

3.3.5　水中颗粒物的聚集

胶体颗粒物的聚集也可称为凝聚或絮聚。由电介质促成的聚集称为凝聚,而由聚合物促

成的聚集称为絮聚。

3.3.5.1　胶体颗粒凝聚的基本原理和方式

1.DLVO 理论

典型胶体的相互作用以 DLVO 物理理论为定量基础,其要点为:

1)胶粒之间存在着促使胶粒相互聚结的粒子间的吸引力和阻碍其聚结的双电层的排斥力,胶体溶液的稳定性就取决于胶粒之间这两种力的相对大小。

2)排斥作用大,体系保持分散稳定状态。

3)吸引力占主要优势时,两颗粒可以结合在一起,但颗粒间仍然隔有水化膜。

2.异体凝聚理论

异体凝聚理论的主要论点如下:

1)两个电荷符号相异的胶体微粒接近时,吸引力总是占优势。

2)如果两颗粒电荷符号相同但电性强弱不等,则位能曲线上的能峰高度总是取决于荷电较弱而电位较低的一方。

3)在异体凝聚时,只要其中有一种胶体的稳定性很低而电位达到临界状态,就可以发生快速凝聚,而不论另一种胶体的电位高低如何。

异体凝聚理论适用于物质本性不同、粒径不同、电荷符号不同、电位高低不等的分散体系。

3.颗粒聚集方式

天然水环境和水处理过程中所遇到的颗粒聚集方式,大体可概括如下:①压缩双电层凝聚;②专属吸附凝聚;③胶体相互凝聚;④"边对面"絮凝;⑤第二极小值絮凝;⑥聚合物黏结架桥絮凝;⑦无机高分子的絮凝;⑧絮团卷扫絮凝;⑨颗粒物吸附絮凝;⑩生物絮凝。

3.3.5.2　胶体颗粒絮凝动力学

胶体颗粒通过扩散层压缩,表面电位降低,排斥力减小,或者产生具有远距离吸引力以及存在黏结架桥物质等条件,均是发生凝聚和絮凝的前提,属于热力学因素。另外,要实现凝聚和絮凝,颗粒之间必须发生碰撞,同时存在动力学和动态学方面的条件。

水环境中促成颗粒相互碰撞产生絮凝有三种不同机理,即异向絮凝、同向絮凝和差速沉降絮凝。

1.异向絮凝

异向絮凝由颗粒的热运动引起,即颗粒在布朗运动的推动下发生碰撞而引起的絮凝,其絮凝速率方程为

$$-\frac{dN}{dt}=k_p N^2 \tag{3-71}$$

其中

$$k_p=\alpha_p\frac{4kT}{3\eta} \tag{3-72}$$

式中:k_p 为絮凝速率常数;N 为颗粒数目,单位为个/cm^3;t 为时间,单位为 s;α_p 为有效碰撞系数;k 为玻尔兹曼常数,其值为 1.38×10^{-23}J/K;T 为热力学温度,单位为 K;η 为绝对黏度,单位为 g/(cm・s)。

由此可见,絮凝速率与颗粒数目的平方成正比。

2. 同向絮凝

同向絮凝是在水流速度梯度 u 的剪切作用下，颗粒产生不同的速度而发生的碰撞和絮凝，其絮凝速率方程为

$$-\frac{dN}{dt} = \frac{2}{3}\alpha_0 u d^3 N^2 = \frac{4}{\pi}\alpha_0 \varphi u N \tag{3-73}$$

其中

$$\varphi = \frac{\pi}{6}d^3 N \tag{3-74}$$

式中：φ 为体积分数；d 为颗粒粒径，单位为 μm。

当水中同时存在上述两种絮凝过程时，絮凝速率为二者之和，即

$$-\frac{dN}{dt} = \alpha_p \frac{4kTN^2}{3\eta} + \frac{4}{\pi}\alpha_0 \varphi u N \tag{3-75}$$

当颗粒直径大于 $1\mu m$ 时，异向絮凝可忽略不计；当粒径小于 $1\mu m$ 时，异向絮凝占有重要地位；当粒径为 $1\mu m$，u 为 $10\ s^{-1}$ 时，异向絮凝速率等于同向絮凝速率。

3. 差速沉降絮凝

差速沉降絮凝是指在重力作用下，由于颗粒物的密度、粒径、形状等不同，使颗粒物的沉降速度不同而引起碰撞，因而发生絮凝，其絮凝速率方程为

$$-\frac{dN}{dt} = \frac{\alpha_s \pi g(\rho-1)}{72\gamma}(d_1+d_2)^3(d_1-d_2)N_1 N_2 \tag{3-76}$$

式中：N_1，N_2 为粒径为 d_1，d_2 的颗粒数目；g 为重力加速度，单位为 cm/s^2；ρ 为颗粒密度，单位为 g/cm^3；γ 为动力黏度，单位为 cm^2/s。

上述三种絮凝机理以哪种为主取决于颗粒的粒径分布。凝聚和絮凝过程决定悬浮沉积物的粒径分布及其迁移沉降行为，也决定着污染物的迁移过程。

3.4 水中有机物的化学转化规律

有机污染物在水环境中的迁移转化主要取决于污染物本身的性质以及水体的环境条件。有机污染物一般通过吸附作用、挥发作用、水解作用、光解作用、生物富集和生物降解等过程进行迁移转化。

3.4.1 分配作用

3.4.1.1 分配理论

1. 分配理论

分配理论认为，在土壤-水体系中，土壤对非离子性有机化合物的吸着主要是溶质的分配过程（溶解），即非离子性有机化合物可通过溶解作用分配到土壤有机质中，并经过一定时间达到分配（溶解）平衡。此时有机化合物在土壤有机质和水中含量的比值称为分配系数。

2. 吸着机理

实际上，有机化合物在土壤（沉积物）中的吸着存在着两种主要机理：

（1）分配作用机理

在水溶液中,土壤有机质(包括水生生物脂肪以及植物有机质等)对有机化合物有溶解作用,而且在溶质的整个溶解范围内,吸附等温线都是线性的,与表面吸附位无关,只与有机化合物的溶解度相关,因而放出的吸附热小。

(2)吸附作用机理

在非极性有机溶剂中,土壤矿物质对有机化合物有表面吸附作用。通过范德华力发生物理吸附,通过化学键力(如氢键、离子偶极键、配位键及 π 键)发生化学吸附。其吸附等温线是非线性的,并存在竞争吸附,同时在吸附过程中往往要放出大量热,来弥补反应中熵的损失。

表 3-5 比较了分配作用和吸附作用之间的异同点。

表 3-5　分配作用和吸附作用比较

	分配作用	吸附作用
作用力	分子力(溶解作用)	范德华力和化学键力
吸附热	低吸附热	高吸附热
吸附等温线	线性	非线性
竞争作用	非竞争吸附(与溶解度相关)	竞争吸附

3.土壤有机质对吸附的影响

1)在水体中,土壤有机质吸附非离子性有机化合物的作用特征:高分配(有机质),弱吸附(矿物表面)。

2)非离子性有机物吸附于干土壤的作用特征:高分配(有机质),强吸附(矿物表面)。

3)非离子性有机物吸附非极性有机溶剂与土壤颗粒的作用特征:极弱的分配(有机质),强烈的吸附(矿物表面)。

4)非离子性有机物吸附极性有机溶剂与土壤颗粒的作用特征:极弱的分配(有机质),极弱的吸附(矿物表面)。

3.4.1.2　分配系数与标化分配系数

1.分配系数

有机化合物在沉积物(或土壤)和水中含量的比值称为分配系数,用 k_p 表示,即

$$k_p = \frac{\rho_a}{\rho_w} \tag{3-77}$$

式中,ρ_a 和 ρ_w 分别为有机化合物在沉积物和水中的平衡质量浓度,单位为 $\mu g/kg$。

为了引入悬浮颗粒物的浓度,有机物在水、颗粒物之间平衡时的总浓度可表示为

$$\rho_T = \rho_p \cdot w_a + \rho_w \tag{3-78}$$

式中:ρ_T 为单位溶液体积内颗粒物上和水中有机化合物质量总和($\mu g/dm^3$);w_a 为有机化合物在颗粒物上的质量分数($\mu g/kg$);ρ_p 为单位溶液体积上颗粒物的质量(kg/dm^3);ρ_w 为有机化合物在水中的平衡质量浓度($\mu g/dm^3$)。

将 $k_p = \frac{\rho_a}{\rho_w}$ 代入式(3-78)得到 $\rho_T = k_p \rho_w \rho_p + \rho_w$,故

$$\rho_w = \frac{\rho_T}{k_p \rho_p + 1} \tag{3-79}$$

2.标化分配系数

有机化合物在颗粒物-水中的分配系数与颗粒物中的有机碳成正相关。为了消除各类沉积物中有机质含量对有机化合物溶解的影响,更准确地反应固相有机物对有机化合物的分配特征,特引进了标化分配系数 k_{oc},它是以有机碳为基础的分配系数,亦称有机碳分配系数,表达式为

$$k_{oc} = \frac{k_p}{w_{oc}} \tag{3-80}$$

式中: k_{oc} 是以固相有机碳为基础的分配系数,即标化分配系数; w_{oc} 是沉积物中有机碳的质量分数。

考虑颗粒物大小产生的影响时,有

$$k_p = k_{oc}[0.2(1-w_f)w_{oc}^s + w_f w_{oc}^f] \tag{3-81}$$

式中: w^f 为细颗粒的质量分数($d < 50\mu m$); w_{oc}^s 为粗沉积物组分的有机碳含量; w_{oc}^f 为细沉积物组分的有机碳含量。

式(3-81)的物理意义:①细颗粒沉积物与粗颗粒沉积物相比,其对有机污染物的分配作用更大;②粗颗粒对有机污染物的分配能力只有细颗粒的 20%。

3.辛醇-水分配系数

辛醇-水分配系数指的是有机化合物在辛醇中浓度和在水中浓度的比例,用公式可表示为

$$k_{ow} = \frac{\rho_o}{\rho_w} \tag{3-82}$$

式中: ρ_o 为有机化合物在辛醇中的平衡质量浓度($\mu g/dm^3$); ρ_w 为有机化合物在水中的平衡质量浓度($\mu g/dm^3$)。

辛醇-水分配系数反映了化合物在水相和有机相之间的迁移能力,是描述有机化合物在环境中行为的重要参数,它与化合物的水溶性、土壤吸附常数和生物浓缩因子密切相关。通过对某一化合物辛醇-水分配系数的测定,可提供该化合物在环境行为方面的许多信息,特别是对于评价有机物在环境中的危险性起着重要作用。

k_{oc} 与憎水有机物的辛醇-水分配系数的关系为

$$k_{oc} = 0.63 k_{ow} \tag{3-83}$$

辛醇-水分配系数与溶解度的关系为

$$\lg k_{ow} = 5.00 - 0.670 \lg(S_w \times 10^3 / M) \tag{3-84}$$

式中: S_w 为有机物在水中的溶解度(mg/dm^3); M 为有机物的摩尔质量(g/mol)。

常见有机物在水中的溶解度及其与辛醇-水分配系数的关系如图 3-13 所示。

3.4.1.3 生物浓缩因子

有机化合物在生物群-水之间的分配称为生物浓缩或生物积累,其在生物体内浓度与水中浓度之比定义为生物浓缩因子,用符号 BCF 或 K_B 表示:

$$BCF = \frac{\rho_b}{\rho_e} \tag{3-85}$$

式中: ρ_b 为有机化合物在生物体内的浓度; ρ_e 为有机化合物在生物体周围环境中的浓度。

表面上看这也是一种分配机制,然而生物浓缩有机物的过程是复杂的,一般采用平衡法和动力学法测量 BCF。

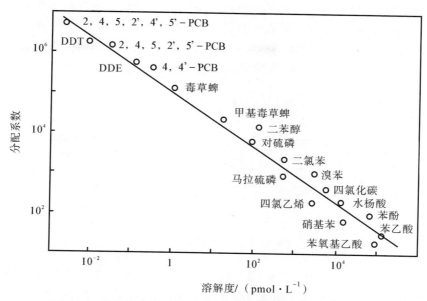

图 3 - 13　有机物在水中的溶解度及其与辛醇-水分配系数的关系

3.4.2　挥发作用

挥发作用是指有机物质从溶解态转向气态的过程,挥发速率与有机物的性质和水体特征有关。在多数情况下,有机污染物的挥发速率 $\partial c / \partial t$ 及挥发速率常数 $K_v{}'$ 的关系为

$$\partial c / \partial t = -K_v{}' c \tag{3-86}$$

式中:$K_v{}'$ 为单位时间混合水体的挥发速率常数;c 为溶解相中有机物的浓度。

3.4.2.1　亨利定律

亨利定律即当某物质在气液两相达到平衡时,溶于水相的浓度与气相浓度或气相分压有关,即

$$p = k_H c_w \tag{3-87}$$

式中:p 为污染物在水面大气中的平衡分压,单位为 Pa;c_w 为污染物在水中的平衡浓度,单位为 mol/m³;k_H 为亨利系数,单位为 Pa·m³/mol。

3.4.2.2　挥发速率

如果有机物具有高挥发性,则挥发作用显著影响其迁移转化。即使其挥发性较小,由于有机物毒性归趋是多种过程的综合体现,此时挥发作用也不能忽略。对于有毒物挥发速度的预测,可采用下列方程描述:

$$R_v = k_v (c - c_0)/Z = k_v (c - p/k_H)/Z \tag{3-88}$$

式中:R_v 为挥发速率;k_v 为挥发速率常数;c 为水中有机化合物的浓度,单位为 mol/m³;c_0 为大气中有机化合物的浓度,单位为 mol/m³;Z 为水体的混合高度,单位为 m。

3.4.2.3　挥发作用的双膜理论

双膜理论是基于化学物质从水中挥发时必须克服来自近水表层和空气层的阻力而提出

的。气体溶解双膜理论认为:在气液界面两侧,分别存在相对稳定的气膜和液膜;即使气相、液相呈湍流状态,这两层膜内仍保持层流状态;化学物质在挥发过程中要分别通过一个薄的液膜和一个薄的气膜。双膜理论示意图如图 3-14 所示,其中 p_2 表示气体的分压,c_2 表示气体在水中的浓度,p_1,c_1 分别为界面处气体的分压和气体在水中的浓度。

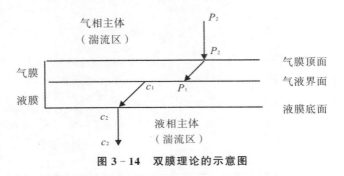

图 3-14 双膜理论的示意图

气体主体内的分子溶入液体主体中的过程有 4 步:①分子靠湍流从气体主体内部到达气膜;②分子靠扩散穿过气膜到达气-液界面,并溶于液膜;③靠扩散穿过液膜;④靠湍流离开液膜进入液相内部。

如果整个挥发过程为一稳态过程,则溶质分子通过两个薄层的扩散通量 F 应相等。该通量分别与气膜和液膜中的浓度梯度成正比,即

$$F = k_g(p_2 - p_1) = k_1(c_1 - c_2) \qquad (3-89)$$

$$\frac{1}{k_v} = \frac{1}{k_1} + \frac{1}{k'_H k_g} \qquad (3-90)$$

式中:k_v 为有机物质的气相总传质系数;k_1 为有机物质的液膜传质系数;k_g 为有机物质的气膜传质系数;k'_H 为亨利系数的转化形式($k'_H = k_H/RT$),R 为气体常数,T 为水的热力学温度。

当 $k_H \geqslant 100 \ \text{Pa} \cdot \text{m}^3/\text{mol}$ 时,挥发速率主要受液膜控制,这时 $k_v \approx k_1$;当 $k_H \leqslant 1 \ \text{Pa} \cdot \text{m}^3/\text{mol}$ 时,挥发速率主要受气膜控制,这时 $k_v \approx k'_H \cdot k_g$;当 $k_H = 1 \sim 100 \ \text{Pa} \cdot \text{m}^3/\text{mol}$ 时,式(3-90)不能简化。

3.4.3 水解作用

水解作用是有机化合物与水的反应,是 X^- 基团与 OH^- 基团交换的过程:

$$RX + H_2O \Longrightarrow ROH + HX$$

在水体自然环境条件下,可能发生水解的官能团类有烷基卤、酰胺、胺、氨基甲酸酯、羧酸酯、环氧化物、腈、膦酸酯、磷酸酯、磺酸酯、硫酸酯等。

水解反应的结果改变了原有化合物的化学结构,水解产物的毒性、挥发性和生物或化学降解性均可能发生变化。

3.4.3.1 水解速率

水环境中有机物的水解通常为一级反应,RX 的消失速率正比于[RX],即

$$-d[RX]/dt = K_h[RX] \qquad (3-91)$$

式中，K_h 表示水解速率常数。

水解速率与水体 pH 有关。

Mabey 等学者将水解速率归结为酸性催化、碱性催化和中性过程三个部分，因而水解速率可表示为在某一 pH 条件下的准一级反应。

3.4.3.2　水解速率常数

水解速率可表示为

$$R_H = K_h[c] = (K_A[H^+] + K_N + K_B[OH^-])[c] \qquad (3-92)$$

式中：K_A，K_B，K_N 分别为酸性催化、碱性催化、中性过程的二级反应水解速率常数，可以从实验求得；K_h 为某一 pH 下准一级反应水解速率常数，即

$$K_h = K_A[H^+] + K_N + K_B K_w/[H^+] \qquad (3-93)$$

式中，K_w 为水的离子积常数。

改变 pH 可得一系列 K_h。作 $\lg K_h$ - pH 图（见图 3-15）可得三个相应的方程：

$$\lg K_h = \lg K_A - pH（略去 K_B，K_N 项）\quad 酸性 \qquad (3-94)$$

$$\lg K_h = \lg K_N（略去 K_A，K_B 项）\quad 中性 \qquad (3-95)$$

$$\lg K_h = \lg K_B K_w + pH（略去 K_A，K_N 项）\quad 碱性 \qquad (3-96)$$

三线相交处，得到三个 $pH I_{AN}$，I_{NB}，I_{AB}。从图 3-15 可看出：水解速率常数在低 pH 范围内，$K_A[H^+]$ 占优势；在高 pH 范围内，$K_B[OH^-]$ 占优势；在中性条件下，K_N 占优势。

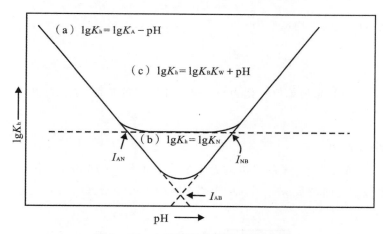

图 3-15　水解速率常数与 pH 的关系

由三个 $pH(I_{AN}，I_{NB}，I_{AB})$ 和以下三式可计算 K_A，K_B，K_N：

$$I_{AB} = -\frac{1}{2}\lg \frac{K_B K_w}{K_A} \qquad (3-97)$$

$$I_{NB} = -\lg \frac{K_B K_w}{K_N} \qquad (3-98)$$

$$I_{AN} = -\lg \frac{K_N}{K_A} \qquad (3-99)$$

3.4.4 光解作用

光解作用是真正意义上的有机物分解过程，它不可逆地改变了有机物的分子结构，强烈地影响水环境中某些污染物的归趋。光的吸收性质和化合物的反应、天然水的光迁移特征以及阳光辐射强度均是影响环境光解作用的重要因素。光解过程可分为三类：第一类称为直接光解，指化合物直接吸收太阳能进行分解反应；第二类称为敏化光解（间接光解），指水体中的天然有机物质（腐殖酸、微生物等）被太阳光激发，又将其激发态的能量转给化合物导致的分解反应；第三类是氧化反应，指天然物质被辐照而产生自由基或纯态氧（又称单一氧）等中间体，这些中间体又与化合物作用而生成的转化产物。

3.4.4.1 水体对光的吸收率

在充分混合的水体中，根据朗伯定律，单位时间吸收的光量（光吸收速率）为

$$I_\lambda = I_{0\lambda}(1 - 10^{-\alpha_\lambda L}) \tag{3-100}$$

式中：$I_{0\lambda}$ 为波长为 λ 的入射光强；α_λ 为吸光系数；L 为光程。

水体中加入污染物后，吸收系数（吸光系数）α_λ 变为 $(\alpha_\lambda + E_\lambda c)$，其中 E 为污染物的摩尔吸光系数，c 为污染物浓度。

被污染物吸收的部分的吸光系数为 $\dfrac{E_\lambda c}{\alpha_\lambda + E_\lambda c}$。污染物在水中浓度较低，$E_\lambda c \ll \alpha_\lambda$，故

$$\alpha_\lambda + E_\lambda c \approx \alpha_\lambda$$

因此污染物吸收光的平均速率为

$$I'_{\alpha_\lambda} = I_{\alpha_\lambda} \cdot \frac{E_\lambda c}{j\alpha_\lambda} = K_{\alpha_\lambda} \cdot c \tag{3-101}$$

式中：$K_{\alpha_\lambda} = \dfrac{I_{\alpha_\lambda} E_\lambda}{j\alpha_\lambda}$；$j$ 为光强单位转化为与 c 单位相适应的常数；I_{α_λ} 为单位体积光的平均吸收率。

3.4.4.2 光量子产率

被激发（吸收了光量子）分子的可能的光化学途径如图 3-16 所示。图中，A_0 为基态时的反应分子，A^* 为激发态时的反应分子，Q_0 为基态时的猝灭分子，Q^* 为激发态时的猝灭分子。

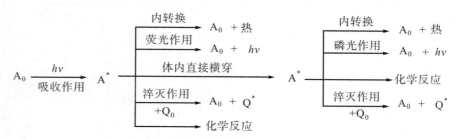

图 3-16 光子的光化学途径

分子被活化后，可能进行化学反应，也可能通过光辐射的形式进行"去活化"再回到基态（A_0）。进行光化学反应的光子占吸收光子数的比值称作光量子产率 ϕ，即

$$\phi = \frac{\text{生成或破坏的给定物种的物质的量}}{\text{体系吸收光子的物质的量}} \tag{3-102}$$

直接光解的光量子产率 ϕ_d 为

$$\phi_d = -\frac{dc/dt}{I_{ad}} \quad (3-103)$$

式中: I_{ad} 为化合物吸收光的速率; c 为化合物的浓度。

对于一种化合物, ϕ_d 是恒定的,与所吸收光子的波长无关,而且 ϕ 常常小于或等于 1。

3.4.4.3 光解速率

综合光被污染物吸收的平均速率 $I'_{a\lambda}$ 和光量子产率 ϕ 两个因素,则光解速率可表示为

$$R_P = \sum K_{a\lambda} \cdot \phi \cdot c \quad (I'_{a\lambda} = K_{a\lambda}c) \quad (3-104)$$

若 $K_a = \sum K_{a\lambda}$, $K_P = K_a \cdot \phi$,则

$$R_P = K_P c \quad (3-105)$$

式中, K_P 表示光降解速率常数。 R_P 受下列因素影响:

1)猝灭剂。分子氧增加时,光量子产率 ϕ 降低。

2)悬浮沉积物。悬浮沉积物增加时,光猝衰减增加。

3)化学吸附、水体 pH 等。

3.4.5 生物降解作用

生物降解是引起有机物分解的最重要的环境过程之一。水环境中化合物的生物降解依赖于微生物通过酶催化反应分解有机物。有机物生物降解有两种代谢模式:生长代谢和共代谢。

3.4.5.1 生长代谢

生长代谢是指将有毒有机物作为微生物培养的唯一碳源,使有毒有机物进行彻底的降解或矿化。可用 Monod 方程式来描述当化合物为唯一碳源时,化合物的降解速率:

$$-\frac{dc}{dt} = \frac{1}{Y}\frac{dB}{dt} = \frac{\mu_{max}}{Y}\frac{Bc}{K_S+c} \quad (3-106)$$

式中: c 为污染物浓度; Y 为消耗一个单位碳所产生的生物量; B 为细菌含量; μ_{max} 为最大的比生长速率; K_S 为半饱和常数,即在 $1/2\mu_{max}$ 时的基质浓度。

在污染物浓度很低,即 $K_S \gg c$ 时,式(3-106)可简化为

$$-dc/dt = K_{b2} \cdot B \cdot c \quad (3-107)$$

式中, K_{b2} 为二级生物降解速率常数。

当微生物种群及含量确定后,通常可以用简单的一级动力学方程来表示降解速率:

$$-dc/dt = K_b c \quad (3-108)$$

式中, K_b 为一级生物降解速率常数。

3.4.5.2 共代谢

某些有机物不能作为微生物培养的唯一碳源,必须有另外的化合物为微生物提供碳源或能源,该有机物才能降解。这类降解称为共代谢作用。

共代谢作用与微生物种群的多少成正比。Paris 等描述了微生物催化水解反应的二级速率定律:

$$-\frac{dc}{dt} = K_{b2} \cdot B \cdot c \quad (3-109)$$

式中，K_{b2} 为二级生物降解速率常数。

共代谢与生长代谢的区别为：共代谢的动力学明显不同于生长代谢的动力学，它没有滞后期，降解速率一般比完全驯化的生长代谢慢，并且不能为微生物提供任何能量，不影响种群多少。

3.4.5.3 影响生物降解的因素

影响生物降解的主要因素是有机化合物本身的化学结构和微生物的种类。此外，一些环境因素如温度、pH、反应体系的溶解氧等也能影响生物降解有机物的速率。

1.物质结构

不同的化合物，结构不同，生物降解方式也不同。例如：烃类的微生物降解以有氧氧化条件占绝对优势，通过烷烃的末端氧化、次末端氧化或双端氧化逐步生成醇、醛及脂肪酸，而后经 β-氧化进入三羧酸循环，最终降解成二氧化碳和水；烯烃的微生物降解途径主要是烯烃的饱和末端氧化；农药的生物降解包括脱卤、脱烷基、水解、氧化、裂解、硝化还原等过程，使农药活性丧失。

2.微生物种类

根据所需碳的化学形式，微生物可分为自养型和异养型微生物；依据所需的能源，微生物又可分为光营养型和化能营养型。微生物不同，所需的营养物质和产能方式也不同，例如：降解甲烷的是甲烷菌，包括甲基包囊菌、甲基单胞菌、甲基球菌等；降解除草剂苯氧乙酸类农药的有球形节杆菌、聚生胞噬纤维菌、黑曲霉等；兼性厌氧假单胞菌属、色杆菌属等能将硝酸盐还原成氮气。

3.温度

温度对微生物具有广泛的影响。反应温度不同，微生物的生长规律也不同。微生物的全部生长过程都取决于化学反应，在 0～80℃ 温度范围内，均有适宜的微生物生长。在最低生长温度和最适温度范围内，反应速度快，微生物生长速度就快。当超过生长温度时，微生物的蛋白质变性，酶体系遭到破坏而失活，最终导致微生物死亡。低温往往不会使微生物死亡，但会使微生物代谢受阻，生长繁殖处于停滞状态。

4.pH

微生物的生化降解反应是在酶的催化作用下进行的。酶的基本成分是蛋白质，是具有离解基团的两性电解质，而 pH 对蛋白质的降解作用主要是影响其电离存在的物质型式，电离型式不同，催化性质不同，催化活性也不同。不同微生物最适宜的 pH 范围不同，例如细菌为 6.5～7.5，酵母菌和霉菌为 3～6。

5.溶解氧

根据微生物对氧的要求，可将微生物分为好氧微生物、厌氧微生物和兼性微生物。好氧微生物在生物降解过程中以分子氧作为受氢体，如果分子氧不足，降解过程较难进行，而厌氧微生物对氧气很敏感，当有氧存在时，微生物无法生长。这是因为，厌氧微生物在生物降解过程中由脱氢酶催化形成氢，会与氧结合形成 H_2O_2，厌氧微生物无法降解 H_2O_2，最终导致 H_2O_2 累积，对微生物产生毒害。

3.5　水中的营养元素及水体的富营养化

3.5.1　水中的营养元素

水中的 N，P，C，O 和 Fe，Mn，Zn 等微量元素是湖泊等水体中生物的必需元素。营养元素丰富的水体通过光合作用，可产生大量的植物生命体和少量的动物生命体。

通常使用 N/P 值的大小来判断湖泊的富营养化状况。①当 N/P 值大于 100 时，属贫营养湖泊状况。②当 N/P 值小于 10 时，属富营养状况。③如果假定 N/P 值超过 15，生物生长率不受氮限制的话，那么在 70% 的湖泊中，磷是主要限制性营养元素。

3.5.2　水体富营养化

富营养化是湖泊分类和演化的一个概念，是湖泊水体老化的自然现象。湖泊由贫营养湖演变成富营养湖，进而发展成沼泽地和旱地，在自然条件下，这一历程需几万年至几十万年，但受氮、磷等植物营养性物质污染后，可以使富营养化进程大大地加速。这种演变同样可发生在近海、水库甚至水流速度较缓慢的江河。

1.水体富营养化的涵义

水体富营养化是指在人类活动的影响下，生物所需的氮、磷等营养物质大量进入湖泊、河口、海湾等缓流水体，引起藻类及其他浮游生物迅速繁殖，水体溶解氧量下降，水质恶化，鱼类及其他生物大量死亡的现象。水体富营养化分为天然富营养化和人为富营养化。

水体呈富营养状态时，水面藻类增殖，成片成团地覆盖在水体表面。这种现象发生在湖面上时称为水华或湖靛，发生在海湾或河口区域时则称为赤潮。

2.水体富营养化的形成机理

1)流域污染物排入湖泊，破坏了湖泊生源物质的平衡，是湖泊富营养化发生最关键的因素之一。

2)湖泊富营养化，水体 pH、溶解氧和碳平衡改变，导致湖泊的化学平衡发生移动。

3)湖泊生态由于低溶解氧、低透明度及基质还原性等的改变，使原有的生态系统初级生产能力降低，水体平衡遭到严重破坏，生物群落发生明显变化。

4)湖泊沉积物中营养物质(磷)的再释放也是导致湖泊富营养化的重要原因之一。

3.湖水营养化程度的判定标准

总磷是指正磷酸盐、聚合磷酸盐、可水解磷酸盐以及有机磷的总浓度。总氮是指水体中氨氮、亚硝酸盐氮、硝酸盐氮和有机氮的总浓度。叶绿素含量是指水体中绿色物质的含量。

一般总磷超过 $0.02mg/dm^3$，无机态氮超过 $0.3mg/dm^3$，即处于危险状态。

3.6 水体污染事件

3.6.1 日本水俣病

1.水俣病事件简介

水俣病是 1953 年首先在日本九州熊本县水俣镇发现的。1950 年,在水俣湾附近的渔村中,一些猫步态不稳,抽筋麻痹,最后跳入水中溺死,当地人谓之"自杀猫"。1953 年,水俣镇发现一个生怪病的人,开始只是口齿不清,步态不稳,面部痴呆;进而耳聋眼瞎,全身麻木;最后神经失常,一会儿酣睡,一会儿兴奋异常,身体弯弓,高叫而死。1956 年,在这个地区又发现五十多人患有同样症状的病。经过对该病的调查和研究,到 1962 年,才确定水俣病的发生是由于汞的环境污染,是长期食用被污染的鱼和贝类引起的甲基汞慢性中毒。

原来在 1932 年,日本氮肥厂在水俣工厂生产氯乙烯和醋酸乙烯,制造时需用含汞的催化剂。这些含汞废水任意排入水俣湾。汞污染水体后,在微生物作用下转化为甲基汞,并在鱼类、贝类等体内富集。人和猫食用含有甲基汞的鱼类、贝类后,甲基汞侵入脑神经细胞,就会患上汞中毒疾病。该病是世界上最典型的公害病之一。

2.汞的甲基化作用机理

无机汞在微生物的作用下可转化为毒性更强的甲基汞,并通过食物链在生物体内逐级富集,最后进入人体。

水体中存在甲基钴胺素(维生素 B_{12} 的甲基衍生物)是汞生物甲基化的必要条件。甲基钴胺素有红色和黄色两种,可以相互转化,在辅酶作用下发生如图 3-17 所示的反应。

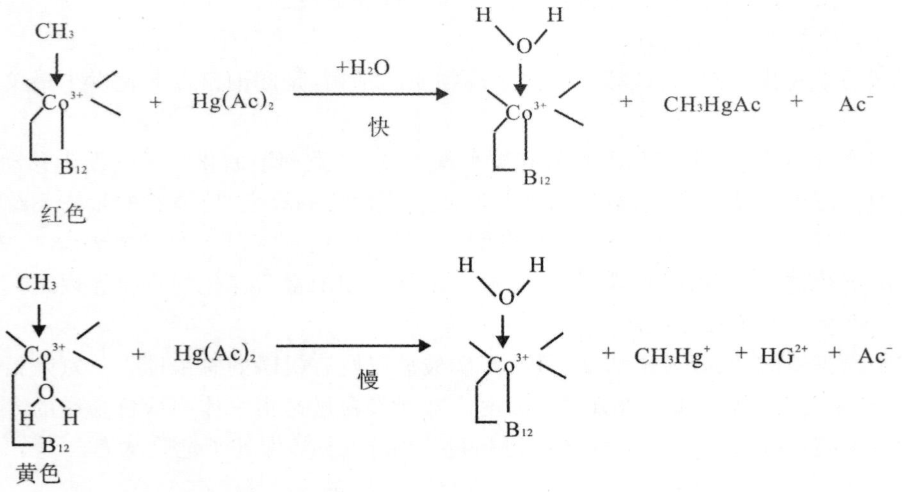

图 3-17 甲基钴胺素(红、黄色)辅酶的催化反应

pH 较高时,易生成二甲基汞;pH 较低时,二甲基汞可转化为甲基汞,反应式为

$$(CH_3)_2Hg + H^+ \Longrightarrow CH_3Hg^+ + CH_4$$

二甲基汞是挥发性的,可由水体挥发至大气中,其在环境中的循环如图 3-18 所示。

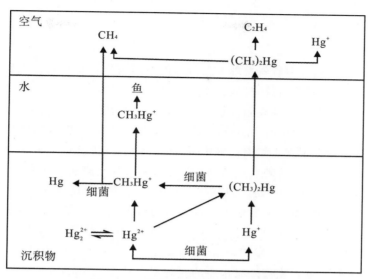

图 3-18　汞化合物在环境中的循环

水体中的甲基汞可通过食物链富集在生物体内。例如,藻类对甲基汞的富集系数可高达 5 000~10 000 倍。在甲基汞含量为 ng/cm³ 级的水中,水生生物能直接吸收甲基汞。虽然水中的汞含量微不足道,但通过生物富集和食物链就大大提高了汞对人体健康的影响。水俣病就是人们食用含有大量甲基汞的鱼、贝等水产品引起的。

3.6.2　日本痛痛病

1.痛痛病事件简介

痛痛病事件是指 1955—1977 年发生在日本富山县神通川流域的公害事件。1956 年,神通川下游出现一种全身骨痛的病人,病因不明,故称痛痛病。症状起初是腰、背、手、脚等各种关节疼痛;随后遍及全身,有针刺般疼痛;数年后骨骼严重畸形,骨脆易折,甚至轻微活动或咳嗽,都能引起多发性病理骨折,最后衰弱疼痛而死。直到 1961 年才查明该病与神冈炼锌厂排放的含镉废水有关。经检查,该地区的水源和稻米中以及死亡病例的器官组织中均含有大量的镉。病人多是年过 40 岁的妇女,生育过子女,并在流行地区生活居住 30 年以上。1967—1982 年间,日本正式诊断了 132 例痛痛病患者,其中 90 例已死亡。

2.镉的蓄积机制

造成痛痛病爆发的原因是长期食用含镉量高的稻米。当地工业厂矿排放到环境中的含镉废水污染了当地水源,用这种含镉废水浇灌农田生产出来的稻米称为"镉米"。大气中镉尘的沉降和雨水对地面的冲刷等原因造成的环境污染以及水生生物的吸附、富集是镉在水体中迁移转化的重要形式。环境中的镉可以通过食物链、水、呼吸或其他途径进入人体,当镉的浓度蓄积到一定程度时,就会发生镉中毒。镉进入人体后会在骨骼中沉积,使骨骼变形,从而出现骨痛症。镉在体内的生物半衰期长达 10~30 年,为已知的最易在体内蓄积的有毒物质。

3.6.3　乌脚病

1.乌脚病简介

早在 1920 年,我国的台湾省就发现了乌脚病的零星案例,当时被称为自发性脱疽症。由于患者数量不多,医疗设施落后,乌脚病并未引起足够的重视,直至 1954 年才以特发性脱疽为名公布于专业医学杂志上。但乌脚病真正引起人们注意是在 1956 年。当时,在台湾省台南县的安定乡复荣村,全村 553 人中有 490 人出现了皮肤色素沉着及皮肤角质化现象。1968 年,台湾省嘉义县和台南县发现饮水型慢性砷中毒,涉及大约 15 万人。1996 年,又在宜兰县头城镇、五结乡沿海发现地下井水含砷量过高,出现 20 余例疑似乌脚病的病人。我国大陆 20 世纪 80 年代初就在新疆发现饮水砷中毒,之后在内蒙、山西、吉林、宁夏、青海等地发现了严重的饮水型地方性砷中毒,此后在贵州又发现了燃煤型地方性砷中毒。印度、孟加拉、智利、阿根廷、菲律宾、蒙古、罗马尼亚、墨西哥等 20 余个国家也报道有饮水砷中毒,尤其在孟加拉和印度一些地区,砷中毒严重。

调查发现,我国台湾省西南海岸泉水中的含砷量高达 $1.82mg/dm^3$,新疆奎屯砷中毒地区有的自流井中含砷量为 $0.6mg/dm^3$。因此,我国在 1992 年将此病列入重点防治的地方病,并规定饮用水中砷含量应小于 $0.05mg/dm^3$。

乌脚病(也称黑脚病、地砷病)是一种生物地球化学性疾病,是长期饮用含砷量过高的天然水而引起的一种地方病。此病由于下肢的罹患率高于上肢,而且发病后患肢的皮肤变黑,故称为乌脚病。

乌脚病的初期,四肢末端由于血液不流通,无法获得足够的营养及氧气,皮肤会变成苍白或紫红色,患者会出现末端麻痹、发冷及发绀等症状,受压迫会产生刺痛感,有时也会间歇性跛行。病情加重后会造成组织营养缺乏,产生剧烈的疼痛感,趾部发黑、溃烂、发炎,甚至造成坏疽后脱落。病情严重时发炎区域扩散,甚至会出现脚组织坏死,需手术切除。

2.致病机理

由于环境中砷含量过高,人们长期经饮水、空气和食物摄入过量砷,导致其在体内慢性蓄积性中毒。依据砷的来源不同,可将乌脚病分为两种:一是饮用了砷含量较高的井水,造成饮用型乌脚病;二是高砷含量煤燃烧产生的砷化物通过呼吸、皮肤、食物等进入人体,引起燃煤型乌脚病。

乌脚病的致病机理是砷化物作用于毛细血管壁,使其通透性增加,同时损伤小动脉血管内膜,使其形成血栓,造成管腔狭窄,变性坏死。乌脚病多发于下肢远端脚趾部位,由于血供减少,脚趾疼痛明显,早期以间歇性跛行为主要表现,久之脚趾皮肤发黑、坏死。失活坏死、发黑的皮肤可部分自行脱落,有时候也需要手术切除。我国医学将这类脚趾皮肤发黑、坏死、脱落的改变称为脱骨疽。砷中毒不仅可引起常见的皮肤损害、周围神经损伤、肝坏死和心血管疾病等,还可导致皮肤癌和多种内脏癌。

第4章 化学与土壤环境

土壤是陆地地表具有肥力并能生长植物的疏松层,是在地球地面岩石风化过程和母质成土过程的综合作用下形成的。具有肥力是土壤不同于其他物质最本质的特征。土壤仅是岩石圈上薄薄的一层,大约 2m,它能提供植物生长所必需的物质和能量。本章阐述土壤的基本组成和特性以及无机重金属离子和农药在土壤中的化学转化规律。

4.1 土壤的组成及特性

4.1.1 土壤的组成

土壤由固、液、气三相物质组成。固相包括土壤矿物质和有机质,占土壤总质量的 90%～95%,占土壤体积的 50%左右。液相指土壤水及所含的可溶物,也称土壤溶液,占土壤体积的 20%～30%。气相指土壤空气,占土壤体积的 20%～30%。此外,土壤中还有数量众多的细菌和微生物。因此,土壤是一个以固相为主的非均质多相体系,三相物质互相联系、制约,构成一个有机整体,如图 4-1 所示。土壤中与土壤污染化学行为关系密切的组分主要是矿物质、有机质和微生物。

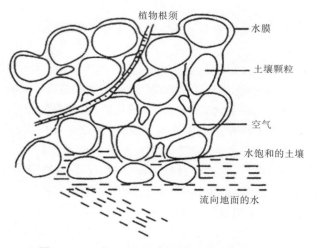

植物根须
水膜
土壤颗粒
空气
水饱和的土壤
流向地面的水

图 4-1 土壤中固相、液相、气相结构示意图

4.1.1.1 土壤矿物质

土壤矿物质是岩石经物理风化和化学风化形成的,按其成因可分成原生矿物和次生矿物。

1.原生矿物

原生矿物是指在风化过程中未改变化学组成的原始成岩矿物,主要有石英、长石类、角闪石类、云母类等。土壤中最主要的原生矿物有四类:硅酸盐类矿物、氧化物类矿物、硫化物类矿物和磷酸盐类矿物,其中硅酸盐类矿物占岩浆岩质量的 80% 以上。原生矿物的粒径较大,如砂粒的粒径为 0.02~2mm,粉砂粒的粒径为 0.002~0.02mm。原生矿物具有坚实而稳定的晶格,不透水,不具有物理化学吸收(吸收有物理吸收、化学吸收及物理化学吸收,这里泛指这些吸收过程)性能,不膨胀。

2.次生矿物

次生矿物是岩石经历化学风化形成的新矿物,粒径较小,大部分以黏粒和胶体(粒径小于 0.002mm)分散状态存在。许多次生矿物具有活动的晶格、较强的吸附和离子交换能力,吸水后膨胀,有明显的胶体特征。岩石化学风化的过程可以通过氧化、水解、配位等作用进行,例如氧化反应为

$$2(Mg,Fe)SiO_4(s) + \frac{1}{2}O_2(g) + 5H_2O \rightarrow Fe_2O_3 \cdot 3H_2O(s) + Mg_2SiO_4(s) + H_4SiO_4(aq)$$

水解反应为

$$2(Mg,Fe)SiO_4(s) + 4H_2O \rightarrow 2Mg^{2+}(aq) + 4OH^-(aq) + Fe_2SiO_4(s) + H_4SiO_4(aq)$$

酸性水解反应为

$$(Mg,Fe)SiO_4(s) + 4H^+(aq) \rightarrow Mg^{2+} + Fe^{2+} + H_4SiO_4(aq)$$

配位反应为

$$K_2(Si_6Al_2)Al_4O_{20}(OH)_4(s) + 6C_2O_4^{2-}(aq) + 20H^+ \rightarrow 6AlC_2O_4^+(aq) + 6Si(OH)_4 + 2K^+$$

次生矿物是土壤最主要的组成部分,对土壤中无机污染物的行为和归宿影响很大。

次生矿物主要有以下三种:

1)简单盐类。如方解石($CaCO_3$)、白云石[$CaMg(CO_3)_2$]、石膏($CaSO_4 \cdot 2H_2O$)等,它们都是原生矿物经化学风化后的最终产物,结晶构造也较简单,常见于干旱和半干旱地区的土壤中。

2)三氧化物类。如针铁矿($Fe_2O_3 \cdot H_2O$)、褐铁矿($2Fe_2O_3 \cdot 3H_2O$)、三水铝石($Al_2O_3 \cdot 3H_2O$)等,它们是硅酸盐矿物彻底风化后的产物,结晶构造较简单,常见于湿热的热带和亚热带地区土壤中,特别是在基性岩(玄武岩、安山岩、石灰岩)上发育的土壤中含量最多。

3)次生硅酸盐类。这类矿物在土壤中普遍存在,种类很多,由长石等原生硅酸盐矿物风化后形成。它们是构成土壤的主要成分,故又称为黏土矿物或黏粒矿物。次生硅酸盐类分为三大类,即高岭石、蒙脱石和伊利石,它们由硅氧四面体(由 1 个硅原子与 4 个氧原子组成,形成一个三角锥形的晶格单元)和铝氧四面体(由 1 个铝原子与 6 个氧原子或氢氧原子组成,形成具有 8 个面的晶格单元)的层片组成。

a.高岭石。[$Al_4Si_4O_{10}(OH)_8$]是风化程度极高的矿物,由一层硅氧片与一层水铝片组成一个晶层,属 1:1 型二层黏土矿物,如图 4-2 所示。晶层的一面是氧原子,另一面是氢氧原子组,晶层之间通过氢键相连。晶层间的距离很小,仅 0.72nm,故内部空隙不大,水分子和其他离子都难以进入层间。

b.蒙脱石。$[Al_4Si_8O_{20}(OH)_4]$为伊利石的风化产物,由两层硅氧片中间夹一层水铝片组成一个晶层,属于 2∶1 型的三层黏土矿物,如图 4-3 所示。晶层表面都是氧原子,没有氢氧原子组,晶层间没有氢键结合力,只有松弛的联系;晶层间的距离为 0.96~2.14nm。水分子或其他交换性阳离子可以进入层间。因此,蒙脱石具有较高的阳离子交换容量。

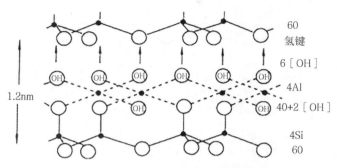

图 4-2　1∶1 型黏土矿物(高岭石)结构示意图

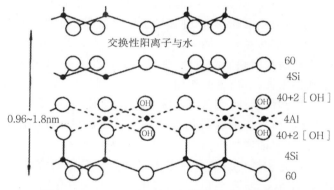

图 4-3　2∶1 型黏土矿物(蒙脱石)结构示意图

c.伊利石。$[(OH)_4K_y(Al_4Fe_4Mg_4Mg_6)(Si_{8-y}Al_y)O_{20}]$是 2∶1 型晶格,即两层硅氧片中间夹一层水铝片组成一个晶层。但伊利石晶格中有一部分硅被铝代替,不足的正电荷被处在两个晶层间的钾离子所补偿。这些钾离子似乎起桥梁作用,把上下相邻的两个晶层连接起来,如图 4-4 所示。在黏土矿物的形成过程中,常常发生半径相近的离子取代一部分 Al^{3+} 或 Si^{4+} 的现象,即同晶替代作用,如 Mg^{2+},Fe^{3+} 等离子取代 Al^{3+},Al^{3+} 取代 Si^{4+}。同晶替代使黏土矿物微粒具有过剩的负电荷,此负电荷由处于层状结构外部的 K^+,Na^+ 等来平衡。这一特征决定了黏土矿物具有离子交换吸附等性能。

土壤是由原生矿物和次生矿物按不同粒级的组合比例并按发生层次构成的。土体内物质的迁移、转化既可在土壤各组成成分内,也可在各发生层次内同时进行。

4.1.1.2　土壤有机质

土壤有机质是土壤中含碳有机物的总称,包括死亡生物的残骸、施用的有机肥料、微生物活动生成的有机物等。土壤有机质包括腐殖质、糖类、木质素、有机氮、脂肪、蜡质、有机磷等,其中腐殖质占有机质总量的 70%~90%。和土壤矿物质相比,有机质含量不高,只占土壤固相总质量的 10％ 以下。但有机质对土壤的物理化学性质有很大的影响,是土壤形成的主要标志,对土壤肥力有重大作用。

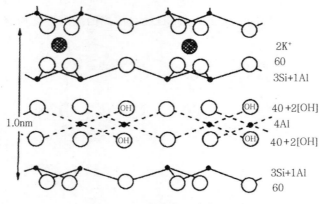

2K+
60
3Si+1Al
40 +2[OH]
4Al
40 +2[OH]
3Si+1Al
60

1.0nm

图 4 - 4　伊利石结构示意图

土壤有机质不但含有丰富的营养元素,而且在自身缓慢的分解过程中把生成的 CO_2 释放到空气中,成为光合作用的物质来源。与此同时,土壤有机质产生的有机酸可以促进矿物养分的溶出,为作物生长提供丰富的养分。例如,土壤有机质,尤其是胡敏酸,具有芳香族多元酚官能团,能增强植物呼吸,提高细胞膜的渗透性,促进根系的生长。有机质中的维生素、生长素、抗生素等对植物能起到促生长、抗病害的作用;有机质能促进土壤良好结构的形成,增加土壤的疏松性、通气性、透水性和保水性;腐殖质有巨大的比表面,可强烈吸附土壤中可溶性养分,保持土壤肥力;具有两性胶体性质的有机物可缓冲土壤溶液的 pH。有机物可作为土壤微生物的营养物,而微生物活动又能增加土壤养分,促进作物生长。

土壤有机质和微生物是土壤中最活跃的组成部分。有机质的合成与分解、微生物的代谢和转化活动不仅具有肥力意义,从环境角度看,腐殖质对土壤中有机、无机污染物的吸附、络合或螯合作用,微生物对有机污染物的代谢、降解活动等具有重要意义。

4.1.1.3　土壤溶液

土壤溶液占土壤总体积的 20％～30％,含有 Na^+,K^+,Mg^{2+},Ca^{2+},Cl^-,NO_3^-,SO_4^{2+},HCO_3^- 等无机离子,还含有机物。土壤水分是土壤三相(固、液、气)中不可缺少的要素,它把土壤、大气中的植物养分溶解成营养溶液,输送到植物根部,最大限度地提供给植物体。因此,土壤水分是植物吸收养料的主要媒介。

土壤水分主要来源于降雨、降雪和灌溉。在地下水位接近于地面(2～3m)的情况下,地下水也是上层土壤水分的重要来源。土粒表面的吸附力和微细孔隙的毛细管力可把进入土壤的水分保持住。土壤固体保持水分的牢固程度,在很大程度上决定了土壤中水分的运动和植物对水分的利用。

水分进入土壤后,即和其他组成物质发生作用,其中的一些可溶性物质(如盐类和空气)将溶解在水里。这种溶有盐类和空气的土壤水即为土壤溶液。

4.1.1.4　土壤空气

土壤是一个多孔体系,在水分不饱和的情况下,孔隙中充满空气,主要含有 O_2,N_2 和

CO_2。土壤空气主要来自大气,其次来自土壤中的生物化学过程。土壤空气是不连续的,它存在于被土壤固体隔开的土壤孔隙中,其组成在不同处是有差异的。

土壤空气与大气组成有较大的差别,表现在:①CO_2含量($0.15\%\sim0.65\%$)一般远比在大气($0.02\%\sim0.03\%$)中高,氧的含量($18\%\sim20\%$)则低于大气(21%)。造成这种差别的原因是土壤中植物根系的呼吸作用、微生物活动中有机物的降解以及合成时消耗其中的 O_2,放出 CO_2。②土壤空气一般比大气含水量高。土壤含水量适宜时,相对湿度接近 100%。除此之外,由于土壤空气经常被水汽所饱和,在通气不良情况下,厌氧细菌活动产生的少量还原性气体(如 CH_4,H_2S,H_2)也积累在土壤空气中。

土壤空气的含量和组成在很大程度上取决于土水关系。作为气体混合物的土壤空气,只进入未被水分占据的那些土壤孔隙。细孔隙比例大的土壤,往往通气条件较差。在这类土壤中,水分占优势,土壤空气的含量和组成不适于植物的最佳生长。在土壤孔隙里贮存的水分和空气,其相对含量经常随自然条件的变化而变化。

4.1.2　土壤的特性

土壤与植物的生命活动紧密相连,具有贮存、转化太阳能和生物能的功能。土壤是农业生态系统中连接生物界与非生物界、有机界与无机界的重要枢纽,也是组成环境的各个部分相互作用的地方。土壤是一个复杂的物质体系,其中生存着大大小小有生命的有机体,还有各种无机物和有机物,在这些物质的各界界面上进行着多种多样物理的、化学的、生物化学的变化。

环境中的有机、无机污染物可以通过各种途径进入土壤-植物系统。土壤本身是一个活的过滤器,对污染物具有过滤、稀释等物理效应。土壤的特性对重金属等污染物的迁移转化有较大的影响,土壤微生物和植物的生命活动产生的化学、生物化学反应对污染物也有显著的净化、代谢作用。

4.1.2.1　土壤的物理性质

土壤为固、液、气三相共存的多相体系。土壤固体的分散程度越高,土粒直径越小,其总表面积就越大。比表面大的物质具有较高的表面能,表现出胶结、吸附及其他不同的物理及化学性质,如细颗粒具有特别大的胶结性和吸附能力。一般土壤内部空间并没有全部被填满,它总是按一定方式排列,其间有许多孔隙。土壤孔隙系统包括大量形状及大小各异的粒间孔隙,它们之间被比孔隙本身直径还小的通道互相连接。土壤孔隙可分为大孔隙(非毛管孔隙)和小孔隙(毛管孔隙)。土壤团聚体间的孔隙以非毛管孔隙为主,而团聚体内部的孔隙以毛管孔隙为主。毛管孔隙能吸持水分,不易通气、透水;非毛管孔隙不能吸持水分,易通气、透水。

因土壤疏松多孔,一些污染物会挥发或呈气体状态,另一些污染物溶解于水中或被吸附于固体颗粒上。它们在土壤孔隙中随空气和水分的运动而挥发、扩散、稀释和浓集,以致迁出土体。这一过程与土壤温度、含水量及土壤孔隙的大小、数量和分布情况有关。

土壤中两个最活跃的组分是土壤胶体和土壤微生物,它们对污染物在土壤中的迁移、转化有重要作用。

4.1.2.2　土壤的胶体性质

土壤胶体以其巨大的比表面积和带电性,而使土壤具有吸附性。

1.土壤胶体分类

土壤胶体可分为无机胶体、有机胶体及有机无机复合胶体。

(1)有机胶体

土壤有机胶体主要是腐殖质。腐殖质胶体是非晶态的无定形物质,有巨大的比表面,其范围为 $350\sim900m^2/g$。由于胶体表面羧基或酚羟基中 H^+ 的解离,使腐殖质带负电荷,其负电量平均为 $200cmol/kg$,高于层状硅酸盐胶体,其阳离子交换量可达 $150\sim300cmol/kg$,甚至可高达 $400\sim900cmol/kg$。

腐殖质可分为胡敏酸、富里酸和胡敏素等。胡敏素与土壤矿物质结合紧密,一般认为它对土壤吸附性能的影响不明显。胡敏酸和富里酸是含氮羟酸,它是土壤胶体吸附过程中最活跃的分散性物质,特点是官能团多,带负电量大,故其阳离子吸附量均很高。

胡敏酸和富里酸的主要区别是后者的移动性强、酸度高,有大量的含氧官能团。此外,富里酸有较大的阳离子交换容量。在相同条件下,富里酸和胡敏酸的阳离子交换量分别为 $200\sim670cmol/kg$ 和 $180\sim500cmol/kg$。因此,富里酸对重金属等阳离子有很高的螯合和吸附能力,其螯合物一般是水溶性的。富里酸吸附重金属离子以后呈溶胶状态,易随土壤溶液运动,可被植物吸收,也可流出土体,进入其他环境介质中。胡敏酸除与一价金属离子(如 K^+,Na^+)形成易溶物外,与其他金属离子均形成难溶的絮凝态物质,使土壤保持有机碳和营养元素,同时也吸持了有毒的重金属离子,缓解其对植物的毒害。由此可见,胡敏酸含量高的腐殖质可大大提高土壤对重金属的容纳量。在研究土壤环境容量时,应考虑腐殖质中胡敏酸和富里酸的相对比例(H/F)。

(2)无机胶体

无机胶体包括次生黏土矿物、铁铝水合氧化物、含水氧化硅两性胶体。次生黏土矿物主要有蒙脱石、伊利石、高岭石,均是粒径小于 5nm 的层状铝硅酸盐,对土壤中分子态、离子态污染物有很强的吸附能力。其原因是:①黏土矿物颗粒微细,具有很大的表面积,其中以蒙脱石表面积最大($600\sim800m^2/g$),它不仅有外表面,而且有巨大的内表面;伊利石次之($100\sim200m^2/g$),高岭石最小($7\sim30m^2/g$)。巨大的表面积能产生巨大的表面能,因此能够吸附进入土壤中的气、液态污染物。②黏土矿物带负电荷,阳离子交换量高,对土壤中离子态污染物有较强的交换固定能力,如蒙脱石和高岭石的阳离子交换容量分别为 $80\sim120cmol/kg$,$3\sim15cmol/kg$。负电荷部分来源于晶层间的同晶代换作用,部分来源于胶体等电点时晶格表面羟基解离出 H^+ 后产生的可变负电荷。据研究,蒙脱石的永久负电荷占总负电荷量的 95%,伊利石占 60%,高岭石占 25%。高岭石吸附的金属阳离子位于晶格表面离子交换点上,易被解吸;而蒙脱石、伊利石吸附的盐基离子部分位于晶格内部,不易解吸。

(3)有机无机复合胶体

有机无机复合胶体是无机胶体和有机胶体结合而成的一种胶体,其性质介于上述两种胶体之间。土壤胶体大多是有机无机复合胶体。

2.土壤胶体的性质

土壤胶体的性质包括比表面积、电性、凝聚性和分散性等。

1)土壤胶体有很大的比表面和表面能。蒙脱石比表面积最大($600\sim800m^2/g$),高岭石最小($7\sim30m^2/g$),有机胶体比表面积也大,约为 $700m^2/g$。

2)土壤胶体的电性。土壤胶体微粒具有双电层:微粒的内部称为微粒核,一般带负电荷,形成一个负离子层(即决定电位离子层);外部由于电性吸引而形成一个正离子层(又称反离子层,包括非活动性离子层和扩散层),即所谓的双电层。

决定电位离子层与液体间的电位差叫热力电位。在一定的胶体系统内,它是不变的。

在非活动性离子层与液体间的电位差叫电动电位。电动电位的大小取决于扩散层的厚度,随扩散层厚度的增大而增大。

3)土壤胶体的凝聚性和分散性。由于土壤胶体微粒带负电荷,胶体粒子相互排斥,具有分散性,因此负电荷越多,负的电动电位越高,分散性越强。

另外,土壤溶液中含有阳离子,可以中和负电荷使胶体凝聚。同时,由于胶体比表面能很大,为减小表面能,胶体也具有相互吸引、凝聚的趋势。土壤胶体的凝聚性主要取决于其电动电位的大小和扩散层的厚度;此外,土壤溶液中的电解质和 pH 对土壤胶体的凝聚性也有影响,常见阳离子凝聚力的强弱顺序为

$$Na^+ < K^+ < NH_4^+ < H^+ < Mg^{2+} < Ca^{2+} < Al^{3+} < Fe^{3+}$$

3.土壤胶体的离子交换吸附

土壤胶体扩散层中的补偿离子可以和溶液中具有相同电荷的离子以离子价为依据作等价交换,称离子交换(或代换)作用,包括阳离子交换吸附和阴离子交换吸附。土壤对污染物的吸附作用与其种类、组成、交换吸附容量、污染物本身的性质及介质的 pH 有关。

(1)阳离子交换吸附

阳离子交换吸附(可逆交换)是指土壤胶体带负电荷,对离子态物质的吸附和保持作用,实际是胶体分散系统中扩散层的阳离子与土壤溶液中的阳离子相互交换达到平衡的过程,反应式为

$$\boxed{土壤胶体}{-Na^+ \atop -Na^+} + Ca^{2+} \rightleftharpoons \boxed{土壤胶体}^- Ca^{2+} + 2Na^+$$

阳离子交换吸附的特点是:①阳离子交换吸附过程是一种可逆反应的动态平衡。进入土壤的金属离子浓度愈高、价态愈高,则愈易被胶体吸附。当进入胶体表面的重金属离子过量时,土壤胶体吸附能力减弱,重金属有可能被解吸出来。②阳离子的交换吸附是等量进行的。③各种阳离子被胶体物质吸附的亲和力大小各不相同。对同价离子来说,离子半径愈小,愈易被吸附。胶体吸附金属离子的能力还常常受到土壤环境条件的影响。

影响阳离子交换吸附能力的因素有两个方面:阳离子(电荷数、离子半径和水化程度)和土壤(胶体种类、颗粒大小、SiO_2/R_2O_3 比值、pH 等)。具体表现为:①阳离子的电荷数越高,交换吸附能力越强;②对于同价离子,离子半径越大,水化离子半径就越小,交换能力就越强;③土壤胶体种类影响,阳离子交换量顺序为有机胶体>蒙脱石>水化云母>高岭土>水合氧化铁、铝;④土壤质地越细,阳离子交换量越高;⑤土壤胶体中 SiO_2/R_2O_3 比值越大,阳离子交换量越高;⑥pH 下降时,阳离子交换量降低。

(2)土壤胶体的阴离子交换吸附

阴离子交换吸附是指带正电荷的胶体吸附的阴离子与土壤溶液中的阴离子交换。易被吸附的阴离子是 PO_4^{3-},$H_2PO_4^-$,HPO_4^{2-} 等,与带正电荷的土壤胶体中的阳离子(Ca^{2+},Fe^{3+},Al^{3+} 等)结合生成难溶性化合物而被强烈吸附。吸附能力很弱的阴离子包括 Cl^-,NO_3^-,NO_2^- 等,只有在极酸性的溶液中才被吸附。吸附顺序为 $F^- > C_2O_4^{2-} >$ 柠檬酸根 $> PO_4^{3-} > HCO_3^- > H_2BO_3^- > Ac^- > SCN^- > SO_4^{2-} > Cl^- > NO_3^-$。

4.1.2.3　土壤的配位作用

1.配位作用

土壤中的有机、无机配位体能与金属离子发生配位或螯合作用,从而影响金属离子的迁

移、转化等行为。

土壤中的有机配位体主要是腐殖质,其表面含有多种含氧、含氮等多配位原子的官能团,能与金属离子形成配位化合物或螯合物。不同配位体与金属离子亲和力的大小顺序为 $-NH_2 > -OH > -COOH > -C=O$。腐殖质官能团中羧基和酚羟基分别约占功能团的 50% 和 30%,成为腐殖质-金属配合物的主要配位基团。我国土壤中,胡敏酸的羟基含量(340~480cmol/kg,羧基与羟基的比值为 0.7~1.9)低于富里酸(700~800cmol/kg,羧基与羟基的比值为 2.7~5.6),富里酸的配位和还原能力高于胡敏酸。

土壤中常见的无机配体有 Cl^-,$SO_4{}^{2-}$,$HCO_3{}^-$,OH^- 等。它们能与金属离子形成各种配合物,如 $Cu(OH)^+$,$Cu(OH)O_2$,$CuCl^+$,$CuCl_3{}^-$ 等。

2.影响配位作用的因素

金属配位化合物或螯合物的稳定性与配位体或螯合剂、金属离子种类及环境条件有关。

1)土壤有机质对金属离子的配合或螯合能力的顺序为 $Pb^{2+} > Cu^{2+} > Ni^{2+} > Zn^{2+} > Hg^{2+} > Cd^{2+}$。

2)土壤介质的 pH 对螯合物的稳定性有较大的影响。pH 较低时,H^+ 与金属离子争夺螯合剂,螯合物的稳定性较差;pH 较高时,金属离子则会形成氢氧化物、磷酸盐或碳酸盐等不溶性无机化合物。

3.配位作用对金属离子迁移的影响

配位或螯合作用对金属离子迁移的影响取决于所形成螯合物的可溶性。若形成的螯合物易溶于水,则有利于金属的迁移;反之,有利于金属在土壤中滞留,降低金属的活性。

胡敏酸与金属离子形成的螯合物是难溶的,富里酸与金属离子形成的螯合物是易溶的。重金属与腐殖质生成可溶性稳定的螯合物,能够有效阻止重金属形成难溶盐而沉淀。例如,腐殖质与 Fe,Al,Ti,V 等形成的螯合物易溶于中性、弱酸或弱碱性土壤溶液中,使之以螯合物的形式迁移,当缺乏腐殖质时它们便会以沉淀形式析出。

重金属离子与无机、有机配位体的配位反应以及影响因素,在水污染化学中已做了详细论述,土壤中的情况与之类似。例如:在土壤表层的溶液中,汞主要以 $Hg(OH)O_2$,$HgClO_2$ 形式存在;在氯离子浓度高的盐碱土中,以 $HgCl_4{}^{2-}$ 为主,Cd^{2+},Zn^{2+},Pb^{2+} 则可生成 $MClO_2$,$MCl_3{}^-$,$MCl_4{}^-$ 配位离子。盐碱土的 pH 较高,重金属可发生水解,形成羟基配离子,此时羟基配合作用与氯配位作用相竞争,或形成各种复杂的配离子,如 $HgOHCl$,$CdOHCl$ 等。重金属与羟基及氯离子的配位作用,可提高难溶重金属化合物的溶解度,并减弱土壤胶体对重金属的吸附,从而影响土壤中重金属的迁移转化。

4.1.2.4 土壤的氧化还原性质

1.土壤的氧化还原反应

土壤中存在着多种有机、无机氧化还原物质,并始终进行着氧化还原反应。土壤中的氧化还原反应除了纯化学反应,还有生物反应。如果土壤中游离氧占优势,则以氧化反应为主;如果有机物占优势,则以还原反应为主。土壤中氧化还原作用的强弱同样可用氧化还原电位(pE)表示。

2.土壤中的氧化剂和还原剂

土壤中的氧化剂主要有 O_2,$NO_3{}^-$ 和高价金属离子(Fe^{3+},V^{5+},Ti^{4+} 等),还原剂有低价金属离子、土壤有机质及在厌氧条件下的分解产物。表 4-1 为土壤中的氧化还原体系。此外，土壤中的根系和土壤生物也是氧化还原反应的参与者。

表 4-1　土壤中的氧化还原体系

体系	氧化态	还原态	体系	氧化态	还原态
铁体系	Fe^{3+}	Fe^{2+}		NO_3^-	NO_2^-
锰体系	Mn^{4+}	Mn^{2+}	氮体系	NO_3^-	N_2
硫体系	SO_4^{2-}	H_2S		NO_3^-	NH_4^+
有机碳体系	CO_2	CH_4			

3.影响土壤 pE 的因素

土壤 pE 受通气状况、pH 及人为措施的影响，表现为：①旱地 pE 较高，以氧化反应为主；在土壤深处，pE 则较低；水田的 pE 可降至负值，以还原反应为主。例如，土壤中 Hg^{2+} 可被有机质、微生物等还原为 Hg^{2+}，再发生歧化反应则还原为 HgO。旱地土壤的 pE 为 8.5～11.84，Hg 以 $HgCl_2$ 和 $Hg(OH)_2$ 形态存在；水田土壤 pE 为 −5.1，产生的 H_2S 与 Hg^{2+} 形成 HgS 沉淀。②土壤 pE 还与 pH 有关。pH 降低，pE 增高。

4.土壤 pE 对物质存在状态的影响

土壤 pE 可影响有机物和无机物的存在形态，从而影响它们在土壤中的迁移、转化和对作物的毒害程度，这对那些变价元素尤为重要。例如，在 pE 很低的还原条件下，Cd^{2+} 形成难溶的 CdS 沉淀，很难被植物吸收，毒性降低，但水田落干后，CdS 被氧化为可溶性 $CdSO_4$，易被植物吸收，若 Cd^{2+} 含量较高，则会影响植物生长。因此，可通过调节土壤的 pE 及 pH，降低污染物的毒性。

4.1.2.5　土壤的酸碱性

1.土壤的酸度

依据土壤中 H^+ 离子的存在方式，土壤酸度可分为活性酸度和潜性酸度两类。

(1)活性酸度

土壤中 H^+ 离子的浓度直接反映土壤活性酸度的大小。土壤中的 CO_2 溶解于水生成碳酸，碳酸离解出 H^+，其解离平衡为

$$H_2CO_3 \rightleftharpoons HCO_3^- + H^+$$
$$HCO_3^- \rightleftharpoons CO_3^{2-} + H^+$$

土壤中的有机酸、无机酸和其他盐、碱物质的含量及吸附在胶体表面上的正离子的种类对土壤酸度均有影响。

(2)潜性酸度

潜性酸度来源于土壤胶体吸附的可代替性的 H^+ 和 Al^{3+}。土壤中的 H^+ 主要来自土壤中交换性铝的水解（称为水解性酸度）：

$$Al^{3+} + H_2O \rightarrow Al(OH)^{2+} + H^+$$
$$Al(OH)^{2+} + H_2O \rightarrow Al(OH)_2^+ + H^+$$
$$Al(OH)_2^+ + H_2O \rightarrow Al(OH)_3 + H^+$$

由胶体吸附的 H^+（或 Al^{3+}）在被土壤盐溶液中的阳离子替换时才表现出来的酸度，称为

代换性酸度,又称潜性酸度。例如,土壤与中性盐溶液(如 KCl)相互作用,则 H^+ 被代换入溶液,等量的 K^+ 被胶体吸附:

$$\boxed{土壤胶体}-H+KCl \longrightarrow \boxed{土壤胶体}-K+HCl$$

从胶体中替换出的 H^+ 愈多,土壤的代换性酸度愈大。

2.土壤的碱度

土壤的碱度即土壤溶液中的 $[OH^-]$,主要来源是土壤溶液中 Na,K 的碳酸盐和重碳酸盐以及 Ca,Mg 的重碳酸盐水解产生的 $[OH^-]$ 离子,其水解反应为

$$CO_3^{2-}+H_2O \Longleftrightarrow HCO_3^-+OH^-$$

$$HCO_3^-+H_2O \Longleftrightarrow H_2CO_3+OH^-$$

碳酸盐水解产生的 $[OH^-]$ 为碳酸盐碱度,重碳酸盐水解产生的 $[OH^-]$ 为重碳酸盐碱度,碳酸盐碱度和重碳酸盐碱度的总和称为总碱度。

不同的碳酸盐和重碳酸盐对土壤碱度的贡献不同。当土壤溶液中可溶性碳酸盐含量较高时,土壤的碱度较高,pH 可达 10;不溶盐($CaCO_3$,$MgCO_3$)对碱度贡献较小,可溶性重碳酸盐 $[NaHCO_3,Ca(HCO_3)_2]$ 对碱度贡献相对碳酸盐而言较小,pH 为 7.5~8.5。

3.土壤的 pH

土壤正常的 pH 在 5~8 之间。酸性土壤的 pH 可能小于 4,碱性土壤的 pH 高达 11。一般在湿润地区,淋溶作用较强,土壤呈酸性或强酸性,pH<6.5;在干旱地区,淋溶作用较弱,土壤大多呈碱性或强碱性,pH>7.5;在半旱半湿地区,土壤的 pH 介于两者之间。酸雨能使土壤酸化,这已成为世界性环境问题。

4.土壤的缓冲作用

土壤溶液的缓冲作用使其 pH 保持在一定范围内。土壤溶液中含有碳酸、硅酸、磷酸、腐殖酸和其他有机酸及其盐类,构成了良好的缓冲体系。特别是某些有机酸是两性物质,如蛋白质、氨基酸、胡敏酸等。

(1)有机酸的缓冲作用

例如氨基酸含有氨基和羧基,可以与酸和碱作用,起到缓冲作用:

$$R-CH \begin{array}{c} NH_2 \\ \\ COOH \end{array} + HCl \longrightarrow R-CH \begin{array}{c} NH_3Cl \\ \\ COOH \end{array}$$

$$R-CH \begin{array}{c} NH_2 \\ \\ COOH \end{array} + NaOH \longrightarrow R-CH \begin{array}{c} NH_2 \\ \\ COONa \end{array} + H_2O$$

(2)土壤胶体的缓冲作用

土壤胶体中存在有可替换性的阳离子,也能对酸和碱起到缓冲作用:

$$\boxed{土壤胶体}-M^++HCl \Longleftrightarrow \boxed{土壤胶体}-H^++MCl(缓冲酸)$$

$$\boxed{土壤胶体}-H^++MOH \Longleftrightarrow \boxed{土壤胶体}-M^++H_2O(缓冲碱)$$

土壤胶体的数量和盐基替换量越大,土壤的缓冲能力越强。替换量相当时,盐基饱和度越高,土壤对酸的缓冲能力越大;反之,盐基饱和度减小时,土壤对碱的缓冲能力增加。

（3）铝离子对碱的缓冲作用

有些学者认为酸性土壤中单独存在的 Al^{3+} 也能起到缓冲作用。在酸性土壤（pH＜5）中，$Al(H_2O)_6^{3+}$ 可与碱发生中和反应，当加入碱使土壤溶液中的 OH^- 继续增加时，Al^{3+} 周围水分子继续离解 H^+ 中和 OH^-，使土壤 pH 不致发生大的变化。而且带有 OH^- 基的铝离子容易聚合，聚合体愈大，中和的碱愈多，反应如下：

$$2\,[Al(H_2O)_6]^{3+} + 2\,OH^- \rightarrow [Al_2\,(OH)_2\,(H_2O)_8]^{4+} + 4H_2O$$

当 pH＞5.5 时，Al^{3+} 失去缓冲作用。但 Al^{3+} 与土壤胶体结合能力较强，易排挤其他阳离子，使其进入土壤溶液而遭受淋溶损失。研究表明，土壤对植物的酸害实际是铝害，过多的铝离子会抑制植物生长。

5.土壤 pH 对污染物转化的影响

pH 是土壤的重要指标之一，土壤酸碱度直接或间接影响污染物在土壤中的迁移、转化：①影响重金属等离子的溶解度。②影响污染物氧化还原体系的电位。③影响土壤胶体对重金属离子等的吸附。如硅酸胶体吸附金属离子的最佳 pH 范围：Co^{2+} 为 $5\sim7$，Cr^{3+} 为 $3.5\sim7$。④影响土壤中重金属的活性。土壤酸碱度对土壤中重金属的活性有明显的影响。例如：镉在酸性土壤中溶解度大，对植物的毒性较大；在碱性土壤中则溶解度减小，毒性降低。

4.1.2.6　土壤的生物学性质

土壤中存在着由土壤动物、原生动物和微生物组成的生物群体。土壤微生物是土壤生物的主体，它们种类繁多，数量巨大。特别是在土壤表层中，每克土壤含有以亿和十亿计的细菌、真菌、放线菌和酵母等微生物。它们能产生各种专性酶，因而在土壤有机质的分解转化过程中起主要作用。对有机污染物，土壤微生物和其他生物有很强的自净能力，即生物降解作用。土壤的这种自身更新能力和去毒作用为土壤生态系统的物质循环创造了决定性的有利条件，也为土壤肥力的保持提供了必要的保证。

污染物可被生物吸收并累积在体内，植物根系对污染物的吸收是植物污染的主要途径。

4.1.2.7　土壤的自净作用

1.土壤的自净作用

土壤的性质对污染物的迁移、转化有很大的影响。如土壤胶体能吸附各种污染物并降低其活性，微生物对有机污染物有特殊的降解作用，使得土壤具有优越的自身更新能力，而无须借助外力。土壤的这种自身更新能力，称为土壤的自净作用。

2.土壤的自净过程

土壤的自净过程为：①污染物在土壤内经扩散、稀释、挥发等物理过程，浓度会降低；②经生物和化学降解为无毒或低毒物质；③通过化学沉淀、配合或螯合作用、氧化还原作用转化为不溶性化合物；④被土壤胶体牢固吸附，难以被植物吸收，而暂时退出生物小循环；⑤脱离食物链或被排至土体之外的大气或水体中。

3.影响土壤自净能力的因素

若进入污染物的量在土壤自净能力范围内，土壤仍可维持正常生态循环。积累到一定程度后，引起土壤质量恶化时即为土壤污染。土壤的自净能力与土壤的物质组成和其他特性及污染物的种类、性质有关。

不同土壤的自净能力是不同的，同一土壤对不同污染物的净化能力也是有差异的。总的来说,土壤的自净速度比较缓慢,污染物进入土壤后较难净化。

土壤是否受到污染可从以下三个方面来判别:

1)地下水是否受到污染。土壤污染物会随地表径流而进入河、湖,当这种径流中的污染物浓度较高时,会污染地表水。例如,土壤中过多的 N、P,一些有机磷农药和部分有机氯农药、酚和氰的淋溶迁移常造成地表水污染。因此,污染物进入土壤后有可能对地表水、地下水造成次生污染。

2)作物生长是否受到影响。土壤受到污染后,可通过土壤-植物系统影响植物生长,同时会影响土壤内部生物群的变化与物质的转化,即产生不良的生态效应。

3)土壤污染物是否经由食物链最终影响人体健康。如日本的"痛痛病"就是土壤污染间接危害人类健康的一个典型例子。

4.2 土 壤 污 染

4.2.1 土壤污染的分类

土壤污染源可分为人为污染源和自然污染源。人为污染源是指土壤污染物主要来自工业和城市的废水和固体废物、农药和化肥、牲畜排泄物、生物残体及大气沉降物等。污水灌溉或污泥作为肥料使用,常使土壤受到重金属、无机盐、有机物和病原体的污染。自然污染源是指在某些矿床或元素和化合物的富集中心周围,由于矿物的自然分解与风化,往往形成自然扩散带,使附近土壤中某些元素的含量超出一般土壤的含量。

4.2.2 土壤背景值

土壤背景值是指在未受污染的情况下,天然土壤中金属元素的基本含量。

土壤本身含有微量的金属元素,其中很多是作物生长必需的微量营养元素,不同地区土壤中重金属的种类和含量也有很大差别。土壤背景值中含量较高的元素为 Mn、Cr、Zn、Cu、Ni、La、Pb、Co、As、Be、Hg、Se、Sc、Mo。表 4-2 为世界土壤中某些微量元素的含量范围及平均值。

表 4-2 世界土壤中某些微量元素的含量范围及平均值

单位:mg/kg

元素	范围值	平均值	元素	范围值	平均值
Cu	2~200	15~40	As	1~50	5
Be		6	Se	0.1~2	0.2
Zn	10~300	50~100	Cr	5~1 000	100~300
Cd	0.01~0.7	0.5	Mo	0.2~5	1~2
Hg	0.03~0.3	0.03~0.1	Mn	200~3 000	500~1 000
Sc		7	Co	1~40	10~15
La	1~5 000	30	Ni	5~500	40
Pb	2~200	15~25	—	—	—

重金属在土壤中的结合态有可交换态、碳酸盐结合态、铁锰氧化物结合态、有机结合态、残

渣态等。重金属的生态效应与其形态密切相关。在土壤和沉积物中,首先被吸收的是可交换态,其次是碳酸盐结合态,再次是铁锰氧化物结合态,而与硫化物和有机质结合的重金属活性较差,残渣态不能被生物利用。

重金属不能被土壤微生物降解时,可在土壤中不断积累,也可以为生物所富集,并通过食物链在人体内积累,危害人体健康。

4.2.3　土壤重金属污染的危害

土壤重金属污染的危害主要表现在以下几个方面。

1.影响植物生长

实验表明:土壤中无机砷含量达 $12\mu g/g$ 时,水稻生长开始受到抑制;无机砷含量为 $40\mu g/g$ 时,水稻减产 50%;含砷量为 $160\mu g/g$ 时,水稻不能生长。稻米含砷量与土壤含砷量呈正相关,有机砷化合物对植物的毒性则更大。

2.影响土壤生物群的变化及物质的转化

重金属离子对微生物的毒性顺序为 $Hg>Cd>Cr>Pb>Co>Cu$,其中 Hg^{2+},Ag^+ 对微生物的毒性最强,通常浓度在 $1\mu g/g$ 时,就能抑制许多细菌的繁殖。土壤中重金属对微生物的抑制作用对有机物的生物化学降解是不利的。

3.影响人体健康

1)影响大气环境。重金属可通过挥发作用进入大气,如土壤中的重金属经化学或微生物的作用转化为金属有机化合物(如有机砷、有机汞)或蒸气态金属或化合物(如汞、氢化砷)而挥发到大气中。

2)影响水生生物。受水特别是酸雨的淋溶或地表径流作用,重金属会进入地表水和地下水,影响水生生物。

3)影响食物链。植物会吸收并积累土壤中的重金属,通过食物链进入人体。

土壤中的重金属可通过上述三种途径造成二次污染,最终通过人体的呼吸作用、饮水及食物链进入人体内。应当指出,经由食物链进入人体的重金属,在相当一段时间内可能不表现出受害症状,但潜在危害性很大。

4.3　无机重金属离子在土壤中的化学转化

土壤污染物按性质可分为无机污染物(无机重金属离子)和有机污染物(农药)。土壤本身均含有一定量的重金属元素,其中作物生长所需要的微量元素有 Mn,Cu,Zn 等,对植物生长不利的元素有 Cd,As,Hg 等。即使是营养元素,过量时也会对作物生长产生不利的影响。本节主要介绍 Pb,Hg,Cd,Cr 等无机重金属离子在土壤中的化学转化规律。

不同重金属的环境化学行为和生物效应各异,同种金属的环境化学和生物效应与其存在形态有关。例如,土壤胶体对 Pb^{2+},Pb^{4+},Hg^{2+} 及 Cd^{2+} 等阳离子的吸附作用较强,对 AsO_2^- 和 $Cr_2O_7^{2-}$ 等阴离子的吸附作用较弱。对水稻体系中污染重金属行为的研究表明:被试的 4 种金属元素对水稻生长的影响为 $Cu>Zn>Cd>Pb$;元素由土壤向植物的迁移,在实验条件下,元素吸收系数的大小顺序为 $Cd>Zn>Cu>Pb$,与土壤对这些元素的吸持强度正好相反;"有效态"金属更能反映出元素间的相互作用及其对植物生长的影响。

4.3.1 铅

4.3.1.1 铅的迁移转化特征

地壳中铅的丰度为 $12.5\mu g/g$，土壤中铅的平均背景值为 $15\sim20\mu g/g$。可溶态铅的含量很低，主要以 $Pb(OH)_2$，$PbCO_3$，$PbSO_4$ 等难溶盐沉淀形式存在。

土壤的 Pb^{2+} 容易被有机质和黏土矿物所吸附，Pb^{2+} 可以置换黏土矿物上的 Ca^{2+}。腐殖质对铅的吸附能力明显高于黏土矿物。

在土壤溶液中，可溶性铅的含量很低。

铅在土壤中很少移动，迁移能力较弱，生物有效性较低。当土壤 pH 降低时，部分被吸附的铅可以释放出来，使铅的迁移能力提高，生物有效性增加。

4.3.1.2 铅的危害

铅不是植物生长发育的必需元素。低浓度的铅对作物生长不会产生危害；高浓度的铅能抑制水稻生长，使叶片的叶绿素含量降低，影响光合作用，延缓生长，推迟成熟，导致减产。植物对铅的吸收主要在根部，谷类作物吸铅量较大，但多数集中在根部，茎秆次之，籽实中较少。因此被铅污染的土壤所生产的禾谷类茎秆不宜作饲料。大气中的铅可通过叶面上的气孔进入植物体内，如蓟类植物能从大气中被动吸附高浓度的铅，现已被确定为铅污染的指示作物。

4.3.2 汞

4.3.2.1 汞的迁移转化特征

1.土壤中的汞

汞在常温下是液态，容易挥发。汞在自然界的含量很少，岩石圈中汞的含量约为 $0.1mg/kg$。土壤中的汞按其化学形态可分为金属汞、无机汞和有机汞。汞的主要价态有 0，$+1$，$+2$ 三种。土壤中汞以零价汞形式存在（占总汞量的 90% 以上）。三种价态随着土壤 pH 和氧化还原电位 E_h 的变化而转化，HgS 是还原状态下的主要形态，容易形成 $HgCl_3^-$，$Hg(OH)_3^-$ 配体。由于土壤的黏土矿物和有机质对汞的强烈吸附作用，汞进入土壤后，95% 以上被土壤迅速吸附或固定，因此汞容易在土壤表层积累。土壤中汞的背景值为 $0.01\sim0.15\mu g/g$，主要来自如含汞农药的使用、污水灌溉等污染源。

2.汞的迁移规律

1）来自污染源的汞首先进入土壤表层。

2）土壤胶体及有机质对汞的吸附作用相当强。以阴离子形式存在的汞，如 $HgCl_3^-$，$HgCl_4^{2-}$，也可被带正电荷的氧化铁、氢氧化铁或黏土矿物的边缘所吸附；分子态的汞，如 $HgCl_2$，也可以被吸附在 Fe，Mn 的氢氧化物上；$Hg(OH)_2$ 溶解度小，可被土壤强烈保留。汞在土壤中的迁移性较弱，往往积累于表层，而在剖面中呈不均匀分布。

3）由于汞化合物和土壤组分间强烈的相互作用，除了还原成金属汞以及汞蒸气挥发外，其他形态的汞在土壤中的迁移很缓慢。在土壤中，汞主要以气相在孔隙中扩散。

4）当汞被土壤有机质螯合时，亦会发生一定的水平和垂直移动。

3.汞的转化

（1）形态转化

无机汞可分解生成金属汞,反应式为

$$Hg_2^{2+} \rightarrow Hg^0 + Hg^{2+}$$

在还原条件下,有机汞可降解生成金属汞,反应式为

$$R{-}Hg + Fe(Zn) \rightarrow R{-}Fe(Zn) + Hg^0$$

在厌氧条件下,部分汞可转化为可溶性甲基汞或气态二甲基汞。例如,微生物利用机体内的甲基钴氨蛋氨酸转移酶使无机汞盐转变为甲基汞,反应式为

$$CH_3CoB_{12} + Hg^{2+} + H_2O \rightarrow H_2OCoB_{12}(水合钴氨素) + CH_3Hg^+$$

$$H_2OCoB_{12} \xrightarrow{\text{辅酶 } FADH_2 \text{ 还原}} RCo^+ \xrightarrow{\text{辅酶甲基四氢叶酸}} CH_3OCoB_{12}$$

$$Hg^{2+}(甲烷形成菌) \rightarrow CH_3Hg^+ \rightarrow CH_3{-}Hg{-}CH_3$$

生成的甲基汞具有亲脂性,能在生物体内积累富集,其毒性比无机汞大 100 倍。烷基汞中只有甲基、乙基和丙基汞为水俣病的致病性物质。

（2）还原环境中 HgS 的生成

Hg^{2+} 与 H_2S 生成极难溶的 HgS:

$$Hg^{2+} + H_2S \rightarrow HgS(s) \downarrow + 2H^+$$

金属汞被硫酸还原细菌变成 HgS,可阻止汞在土壤中的移动:

$$Hg^0(抗汞菌) \rightarrow Hg^{2+}(硫杆菌) \rightarrow HgS$$

（3）汞的氧化反应

氧气充足时,HgS 会缓慢氧化成亚硫酸盐和硫酸盐,反应式为

$$2HgS + 3O_2 \rightarrow 2HgSO_3$$

$$HgS + 2O_2 \rightarrow HgSO_4$$

4.3.2.2　汞的危害

由于挥发性高、溶解度大,汞及其化合物很容易被植物吸收。一般情况下,汞化合物在土壤中先转化为金属汞或甲基汞后才被植物根系所吸收。喷施在叶面的汞剂、飘尘或雨水中的汞以及在日夜温差作用下土壤所释放的汞蒸气,由叶片进入植物体或通过根系吸收。由叶片进入植物体的汞,可被运转到植株其他各部位;而被植物根系吸收的汞,常与根中蛋白质发生反应而沉积于根上,很少向地上部分转移。汞在植物各部分分布量的大小顺序是根＞茎、叶＞种子。植物吸收和积累的汞与汞的形态有关,其量的大小顺序是氧化甲基汞＞氯化乙基汞＞醋酸苯汞＞氯化汞＞氧化汞＞硫化汞。

汞是危害植物生长的元素。土壤中含汞量过高时不但能在植物体内积累,还会对植物产生毒害。

4.3.3　镉

4.3.3.1　镉的迁移转化特征

1.土壤中的镉

镉一般在在 0~15cm 土壤表层积累,15cm 表层以下含量显著减少。有些磷肥中含有一定的 Cd。在土壤中,镉主要以 0,+2 价存在,有可溶性和非水溶性两大类。土壤中的可溶性镉以 +2 价简单离子或简单配位离子的形式存在,如 Cd^{2+},$CdOH^+$,$CdCl^+$,$CdOHCl$,$CdSO_4$,$CdHCO_3^+$ 等难溶性镉主要以 $CdCO_3$,$Cd_3(PO_4)_2$,CdS 和 $Cd(OH)_2$ 等形态存在,其

中以 $CdCO_3$ 为主,尤其在碱性土壤中;在通气水田中,主要以 CdS 的形式存在。Cd 与有机配位体形成配位化合物的能力很弱,故土壤中有机结合态的 Cd 较少。镉主要来自于炼锌工业的副产品。

2.镉的迁移规律

1)被吸附的镉。土壤对镉的吸附率为 $80\%\sim90\%$。镉的吸附与土壤中胶体的性质有关,不同土壤对镉的吸附顺序为腐殖质土壤>重壤质土壤>壤质土>砂质冲积土。

2)难溶态镉。水稻田在淹水条件下,镉主要以 CdS 形式存在,抑制了 Cd^{2+} 的迁移,难以被植物所吸收;排水时形成氧化淋溶环境,S^{2-} 被氧化成 $SO_4{}^{2-}$,引起 pH 降低,镉溶解在土壤中,易被植物吸收。

3)向植物和人体中的迁移。镉极易被植物吸收,在植物体内的含量大小顺序为根>叶>枝>花、果、籽粒。蔬菜类中,叶菜中积累多,黄瓜、萝卜、番茄中少。镉进入人体后易在骨骼中沉积,使骨骼变形,引起骨痛症。

3.影响镉迁移的因素

镉的迁移与土壤的种类、性质、pH 和氧化还原条件等因素有关。例如,镉被水溶出时,pH 越低,镉的溶出率越大。pH<4 时,镉的溶出率超过 50%;pH>7.5 时,镉很难溶出。土壤中 $PO_4{}^{3-}$ 等离子均能影响镉的迁移转化。

4.3.3.2　镉的危害

镉污染的危害与镉在土壤中的形态和浓度有关。在酸性环境中,镉的溶解度增加,与其他重金属元素相比,土壤中的镉相对容易被植物吸收。镉的活性还与土壤的氧化还原环境有关。在淹水条件下,由于水的遮蔽而形成了还原环境,镉的活性就比较低。有机物在微生物嫌气条件下产生的 H_2S,使镉形成难溶的 CdS。相反,在非淹水条件下,硫被氧化成 H_2SO_4,使酸度增加,镉易变为可溶态。除此之外,镉在土壤中的状态还与土壤的其他理化性质有关,如黏土吸附性强,可吸附镉,进而影响其活性。

对植物来说,自然界有不少种类的植物可在高浓度的镉环境中生长,表明在长期的进化中,植物亦相应地产生了多种抵抗重金属镉毒害的防御机制。尤其是当镉的浓度较低时,可增加植物的产量,说明低浓度的镉对某些植物的生长发育可能有一定的“促进”作用。

镉是一种容易以危险的含量水平进入人体的高毒性重金属元素,镉被人体吸收后主要分布在肝与肾中,与低分子蛋白质结合成金属蛋白,影响肝、肾系统中酶系统的正常功能。慢性镉中毒还能引起盆血。

4.3.4　铬

4.3.4.1　铬的迁移转化特征

1.土壤中的铬

铬在自然界广泛存在,在土壤中的含量一般为 $10\sim150mg/kg$。土壤中的铬通常有+3 价和+6 价两种价态存在,可以以有机铬和无机铬形式存在,其中无机铬的含量远比有机铬多。含铬废水进入土壤后常以+3 价形式存在,其中 90% 以上被土壤固定,难以迁移。

2.土壤中铬的转化

(1)Cr^{3+} 的吸附

土壤胶体对三价铬的吸附作用很强烈,Cr^{3+} 甚至可以交换黏土矿物晶格中的 Al^{3+}。黏土矿物吸附三价铬的能力为六价铬的 $30\sim300$ 倍。

(2)Cr^{6+} 的溶解与吸附

+6 价铬进入土壤后大部分游离在土壤溶液中,仅有 $8.5\%\sim36.2\%$ 被土壤胶体吸附固定。在土壤有机质作用下,Cr^{6+} 很快转化为 Cr^{3+}。

(3)Cr^{3+} 与 Cr^{6+} 之间的转化

1)转化为 Cr^{3+}。含铬废水进入农田后,Cr^{3+} 被土壤胶体吸附固定;Cr^{6+} 迅速被有机质还原成 Cr^{3+},再被土壤胶体吸附。转化为 Cr^{3+} 后,铬的迁移能力及生物有效性降低,在土壤中积累起来。

2)Cr^{3+} 可转化为 Cr^{6+}。$pH=6.5\sim8.5$ 时,土壤中的 Cr^{3+} 被 O_2 氧化为 Cr^{6+},反应式为

$$4Cr(OH)_2{}^+ + 3O_2 + 2H_2O \longrightarrow 4CrO_4{}^{2-} + 12H^+$$

此外,土壤中的氧化锰也可使 Cr^{3+} 转化为 Cr^{6+}。

4.3.4.2　铬的危害

Cr^{3+} 存在着潜在危害,对植物和人类的危害作用如下。

1.铬对植物的危害

铬是植物必需元素,但累积过量时,不仅会对植物产生毒害作用,还会直接或间接地危害人类健康。

在土壤溶液中,由于土壤胶体对 Cr^{6+} 的吸附能力较弱,因此其具有较高的活性,不易被土壤修复,对土壤中的植物体毒害较为严重。相比较而言,Cr^{3+} 对土壤中植物的毒害作用比较轻。Cr^{6+} 会在土壤中积累,阻碍作物的生长,当土壤中 Cr^{6+} 累积过量时,铬离子会结合植物细胞内的蛋白质,从而导致细胞失去活性。高浓度铬通过阻碍水分运输、降低蒸腾作用、影响根系对矿质元素的吸收和干扰植物体内的酶促反应,而使植物的植株矮小,叶片泛黄脱落,叶面积明显减小,生物量降低。

同种植物不同部位对铬的敏感程度不一样,根是植物最容易受铬毒害的部位,根长、根数的变化情况是衡量植物受铬影响的重要指标。高浓度的铬会引起根细胞萎蔫和质壁分离,具体表现为根长缩短,主根增粗,不形成侧根及根毛,甚至不形成根。

2.铬对人类的危害

Cr^{3+} 参与人和动物体内的糖与脂肪的代谢,是人体必需的微量元素;Cr^{6+} 则是有害元素。

Cr^{6+} 会通过水、空气和食物进入人体。室内尘埃与土壤中均有 Cr^{6+},它们也会被摄入体内。研究发现,Cr^{6+} 的化合物不能自然降解,会在生物和人体内长期积聚富集,是一种重污染环境物质。

Cr^{6+} 化合物口服致死量约 1.5g 左右,水中 Cr^{6+} 含量超过 0.1mg/L 就会引起人中毒。铬对人体的毒害作用类似于砷,其毒性随价态、含量、温度和被作用者的不同而变化。

研究发现,长期摄入 Cr^{6+} 会使人体血液中某些蛋白质沉淀,引起贫血、肾炎、神经炎等疾病。长期与 Cr^{6+} 接触还会引起呼吸道炎症并诱发肺癌,或者引起侵入性皮肤损害,严重的 Cr^{6+} 中毒还会致人死亡。吸入较高含量的 Cr^{6+} 化合物会引起流鼻涕、打喷嚏、搔痒、鼻出血、溃疡和鼻中隔穿孔等症状;短期大剂量接触 Cr^{6+} 会导致接触部位溃疡和鼻中隔穿孔;摄入超大剂量的铬会导致肾脏和肝脏的损伤,引发恶心、胃肠道不适、胃溃疡、肌肉痉挛等症状,严重

时会使循环系统衰竭,失去知觉,甚至死亡。长期接触 Cr^{6+} 的父母还可能造成子代智力发育不良。

4.3.5　土壤–植物体系中重金属的迁移及机制

重金属通过质流、扩散、截获等方式到达植物根部,通过主动吸收、被动吸收等方式进入植物体内,再通过木质部和韧皮部向上运输。植物对污染物的吸收受到土壤性质、植物种类、污染物形态的影响。

4.3.5.1　重金属的迁移方式

重金属在土壤中的迁移方式有主动转移和被动转移两种。表 4-3 列出了重金属迁移的机制、特点和影响因素。

表 4-3　重金属迁移的方式

被动转移	机制	脂溶性物质从高浓度一侧向低浓度一侧沿浓度梯度扩散,可通过有类脂层屏障的生物膜
	特点	不耗能,不需要载体参与
	影响因素	扩散速率与有机物的化学性质(脂/水分配系数)、分子的体积大小有关
主动转移	机制	在需消耗一定代谢能量的情况下,一些物质可在低浓度一侧与膜上高浓度的特异性蛋白载体结合,通过生物膜至高浓度一侧解离出原物质,这种转移称为主动转移
	能量来源	ATP(腺嘌呤核苷三磷酸,Adeuosine Triphosphate)
	特点	与膜的高度特异性载体及其数量有关,具有选择性和竞争性

4.3.5.2　影响重金属迁移的因素

重金属不能被土壤微生物降解,可在土壤中不断积累,也可以被生物所富集,并通过食物链在人体内积累,危害人体健康。例如克山病是由于饮食中缺少 Se,Mo,大骨节病是由于饮食中缺少 Se,水俣病是由于食物中 Hg 过量引起 Hg 中毒,痛痛病是由于食物中 Cd 过量造成 Cd 中毒,黑脚病则是由 As 中毒引起的。

影响重金属迁移的因素主要有以下三种。

1.植物种类

重金属进入土壤–植物系统后,除了物理化学因素影响其迁移外,植物也起着特殊的作用。植物种类和生育期影响着重金属在土壤–农作物系统中的迁移转化。土壤中的有效态重金属含量越大,植物籽实中重金属含量越高。不同植物对重金属的吸收累积有明显的种间差异,一般豆类>小麦>水稻>玉米。重金属在植物体内分布的一般规律为根>茎叶>颖壳>籽实。

2.土壤种类

进入土壤中的重金属大部分被土壤颗粒所吸附。土壤的淋溶实验表明,淋溶液中 95% 以上的 Hg,Cd,As,Pb 被土壤吸附。重金属在土壤中的含量和植物吸收累积研究的结果为:Cd,As 较易被植物吸收,Cu,Mn,Se,Zn 等次之,Co,Pb、Ni 等难以被吸收,Cr 极难被吸收。研究春麦受重金属污染状况后发现,Cd 是强积累性元素,而 Pb 的迁移性则相对较弱;Cr 和 Pb 是生物不易积累的元素。

在土壤剖面中,重金属无论是总量还是存在形态,均表现出明显的垂直分布规律,其中可耕层是重金属的富集层。

3.重金属的形态和含量

重金属对植物的毒害程度首先取决于土壤中重金属的存在形态,其次才取决于该元素的数量。重金属的存在形态可分为交换态、碳酸盐结合态、铁锰氧化物结合态、有机结合态和残渣态。重金属的交换态指吸附在黏土、腐殖质以及其他成分上的金属,其对环境变化敏感,易于迁移转化,能被植物吸收,会对食物链产生巨大影响,因此具有生物有效性(又称有效态)。

重金属的生态效应与其形态密切相关,其吸收顺序为可交换态＞碳酸盐结合态＞铁锰氧化物结合态＞有机结合态＞残渣态(不能被生物利用)。

随着土壤中重金属含量的增加,植物体内各部分的累积量也会相应增加。不同形态的重金属在土壤中的转化能力不同,对植物的生物有效性亦不同。

4.3.5.3　植物的重金属耐性机制

1.植物根系的作用

植物根系可通过改变根际化学性状、原生质泌溢等作用限制重金属离子的跨膜吸收,还可以通过形成跨根际的氧化还原电位梯度和 pH 梯度等来抑制重金属的吸收。

2.重金属与植物的细胞壁结合

重金属离子与植物的细胞壁结合后被局限于细胞壁上,不能进入细胞质影响细胞内的代谢活动,这就是植物对重金属有耐性。细胞壁中的金属大部分以离子形式存在或与细胞壁中纤维素、木质素结合。细胞壁对金属离子的固定作用因植物、金属不同而不同,不是一个普遍耐性机制。

3.酶系统的作用

重金属含量增加时,耐性植物中某些酶的活性仍维持正常水平,甚至被激活,从而使耐性植物在受重金属污染时保持正常的代谢作用。

4.形成重金属硫蛋白或植物配位化合物

金属结合蛋白与进入植物细胞内的重金属结合,使其以不具生物活性的无毒螯合物形式存在,降低了金属离子的活性,减轻或解除了其毒害作用。这一作用称为金属结合蛋白的解毒作用。

4.4　农药在土壤中的化学转化

农药包括除草剂、杀虫剂、杀菌剂、防治啮齿类动物的药物以及动植物生长调节剂等。本节主要涉及的是除草剂、杀虫剂和杀菌剂。常用的杀虫剂有滴滴涕(DDT)、六六六(林丹)、乐果、苄氯菊脂、速灭威、杀虫双等,杀菌剂有波尔多液、代森锌、赛力散、稻脚青、多菌灵等、除草剂有 2,4-D、除草醚、扑草净、敌稗、草甘磷、百草枯等。

4.4.1　土壤中农药的迁移

农药在土壤中的行为有迁移(扩散和质流)、吸附、植物吸收和降解等。

1.扩散

扩散是在浓度梯度存在时,物质粒子因热运动引起的由高浓度向低浓度的定向迁移现象。

粒子扩散的定向推动力是浓度梯度,系统总是要向着均匀分布的方向变化。农药通常以气态或非气态(气液、固液)方式进行扩散,在田间损失的主要途径是挥发。

Shearer 等根据农药在土壤中的扩散特性,提出了农药的扩散方程式:

$$\frac{\partial w}{\partial t} = D_{vs} \frac{\partial^2 w}{\partial x^2} \tag{4-1}$$

式中:w 为土壤中农药的质量分数;D_{vs} 为空气中农药蒸气的扩散系数,单位为 cm^2/s;x 为坐标,单位为 cm;t 为时间,单位为 s。

2.质体流动

质体流动是指由于外力作用,由水或者土壤微粒或者两者共同作用引起的物质流动。农药在土壤中的质体流动是指:农药既可以溶于水,也能悬浮在水中,还可能以气态形式存在;既可以吸附在土壤固相上,也能存在于土壤有机质中,从而使它们随水和土壤颗粒一起发生质体流动。

4.4.2 影响农药在土壤中扩散的因素

1.温度

温度升高时,有机农药的蒸气压升高,总扩散系数增大。如林丹的扩散系数随温度的升高而呈指数增大。

2.气流速度

气流速度可直接或间接影响农药的挥发。当空气的相对湿度不是 100% 时,可通过增加气流降低土壤表面的水分,使农药蒸气向土壤表面运动的速度增大,更快离开土壤表面。风速、湍流和相对湿度在造成农药田间挥发损失中起着重要作用。

3.水分含量

Shearer 等对林丹在粉砂土壤中的扩散进行了仔细研究,结果表明:干燥土壤中无扩散,含水 4% 的总扩散系数和非气态扩散系数最大;含水 4%～20%,气态扩散超过 50%;含水 30%,非气态扩散系数最大,主要为非气态扩散。这说明水分含量对农药扩散有较大影响。

4.土壤吸附

吸附作用是农药与土壤固相之间相互作用的主要过程,直接影响其他过程的发生。吸附作用的机制包括离子交换、配位体交换、范德华力、疏水性结合、氢键结合以及电荷转移。物理吸附的强弱取决于土壤胶体比表面积的大小,有机胶体比矿物胶体对农药吸附力更大。

阳离子型农药易溶于水并完全离子化,可很快吸附于黏土矿物;弱碱性农药可以接受质子而带正电荷,吸附于黏土矿物或有机质表面;酸性农药在水溶液中可解离成有机阴离子,不易被胶体吸附,是靠范德华力和其他物理作用被土壤胶体吸附的。

5.土壤的紧实度

土壤的紧实度是影响土壤孔隙率和界面性质的重要参数。对于以气态方式扩散的农药,可通过提高土壤的紧实程度来降低土壤的充气孔隙率,从而降低其扩散系数。

6.农药种类

农药不同,其扩散系数不同,扩散速率也不同;同时农药的扩散行为与环境状态也紧密相关,例如水分含量不同时,农药的扩散系数也不同,从而影响其扩散速率。

4.4.3　常见有机氯农药的迁移转化

有机氯农药是分子中含有一个或几个苯环的氯的衍生物,化学性质稳定,残留期长,易溶于脂肪并积累。土壤中农药的降解分为非生物降解和生物降解,其中非生物降解一般包括水解和光化学降解两种途径。下面介绍两种常见有机氯农药的迁移转化规律。

4.4.3.1　DDT

1.DDT 的污染特点

DDT 在 20 世纪 70 年代中期之前是全世界最常用的杀虫剂,化学名称为 p,p′-二氯三苯基三氯乙烷,为无色结晶,挥发性很小,不溶于水,易溶于有机溶剂和脂肪。DDT 有若干种异构体,但只有对位异构体有强烈的杀虫性能。DDT 化学稳定性高,残留期长,其化学结构为

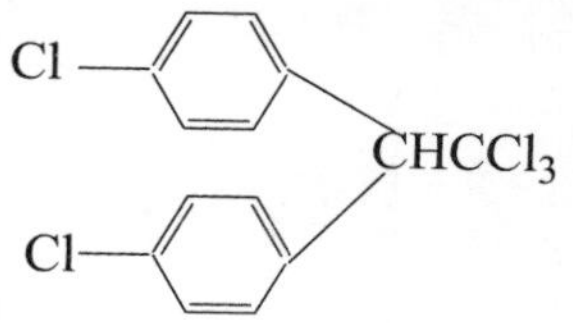

2.DDT 的迁移转化规律

DDT 易被土壤胶体吸附,故其在土壤中移动不明显。但 DDT 可经植物根际渗入植物体内并积累在叶片中,然后通过食物链进入人体。

3.DDT 在土壤中的降解。

(1)生物降解

DDT 在土壤中的生物降解主要按还原、氧化和脱氯化氢等机理进行。

(2)光化学降解

DDT 的光化学降解机理如下:

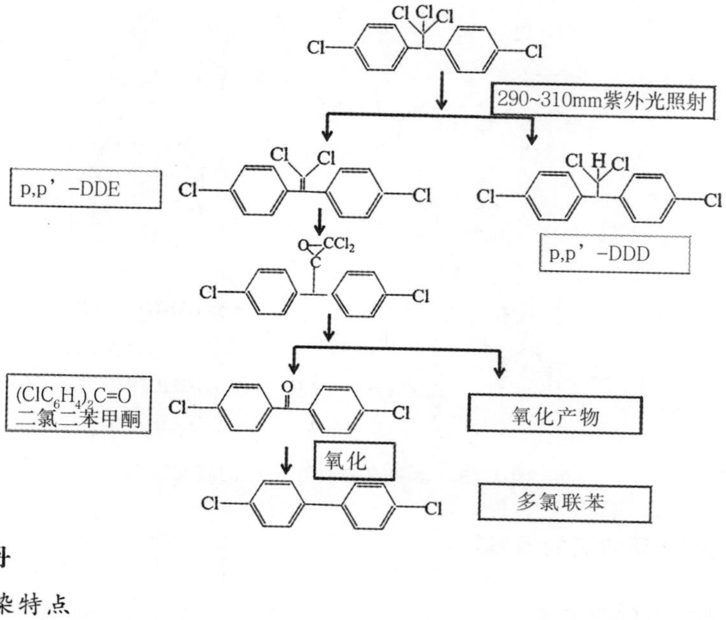

4.4.3.2　林丹

1.林丹的污染特点

六六六有多种异构体,其中只有丙体六六六具有杀虫效果,含丙体六六六 99% 以上的六

六六称为林丹,化学名称为六氯环己烷。林丹易挥发,温度升高时,大气中的林丹浓度显著增加;易溶于水,20℃水中含量为 7.3mg/g;在土壤、水中积累较少;在日光和酸性条件下稳定,遇碱可发生分解;在土壤中消失需 6.5 年,与 DDT 相比,其累积性和持久性相对较低。

2.林丹的迁移转化规律

从土壤和空气转入水体,可通过挥发进入大气中,可在土壤和生物体内积累,也可在植物体中积累。林丹具有生物毒性,其中 γ 异构体积累性小,对生物的毒性比 DDT 低。

3.林丹的生物降解

在微生物的作用下,林丹会发生降解,一般认为厌氧条件下降解比有氧条件快,降解的最初产物都是五氯环己烯。在温血动物体内,林丹可生成酚类并以酸式硫酸盐或葡萄糖苷酸的形式随尿及粪便排出体外;在动物(大鼠)体内,林丹可生成二氯、三氯和四氯苯酚等各种异构体;在昆虫体内,林丹及五氯环己烯首先与氨基酸的硫氢基发生反应,生成环己烷系、环己烯系和芳香系的衍生物。

林丹在各种环境中的转化如图 4-5 所示。

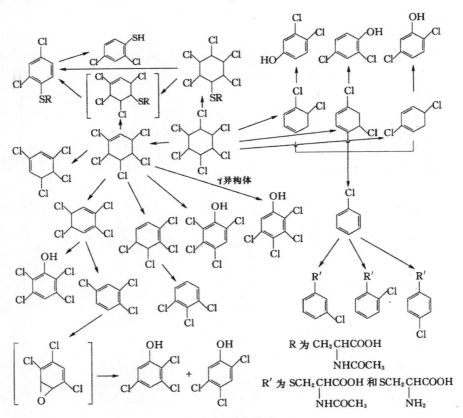

图 4-5　林丹在各种环境中的转化

4.4.4　常见有机磷农药的迁移转化

4.4.4.1　有机磷农药的分类

有机磷农药大部分是磷酸酯类或磷酸酰胺类化合物,按结构可分为磷酸酯、硫代磷酸酯、膦酸酯和硫代膦酸酯类、磷酰胺和硫代磷酰胺类。

1.磷酸酯

磷酸中的三个氢原子被有机基团置换所生成的化合物,如敌敌畏[O,O-二甲基-O-(2,2-二氯乙烯基)磷酸酯],其化学结构为

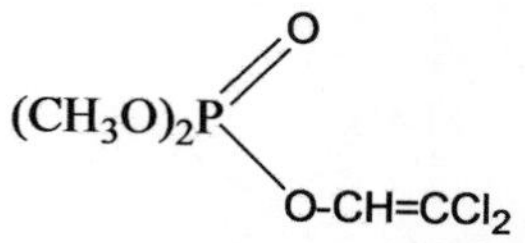

$$(CH_3O)_2P(=O)-O-CH=CCl_2$$

二溴磷(0,0-二甲基-1,-2-二溴-2,2-二氯代乙基磷酸)的化学结构为

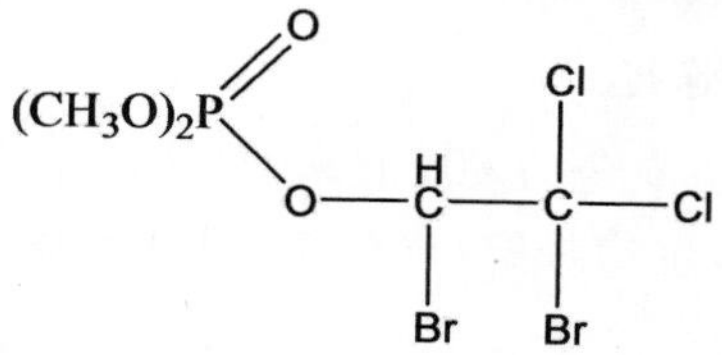

$$(CH_3O)_2P(=O)-O-\underset{Br}{\overset{H}{C}}-\underset{Br}{\overset{Cl}{C}}-Cl$$

2.硫代磷酸酯

硫代磷酸分解的氢原子被甲基等基团所置换而形成的化合物称为硫代磷酸酯。如马拉硫磷(O,O-二甲基-S-[1,2-二(乙氧基羰基)乙基]二硫代磷酸酯)的化学结构为

$$(CH_3O)_2P(=S)-S-\underset{\underset{COOC_2H_5}{|}}{\overset{}{CH}}-COOC_2H_5$$
$$CH_2$$

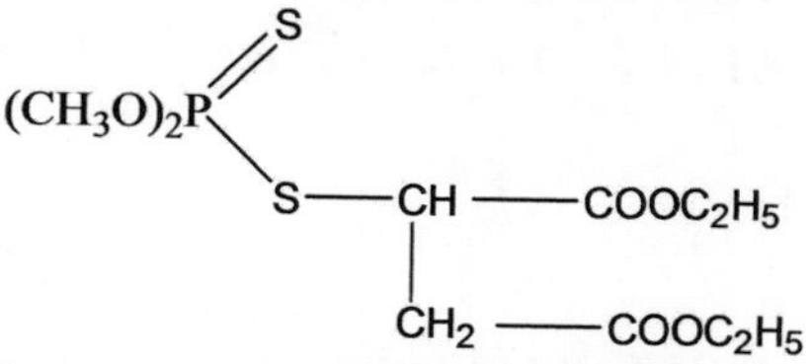

甲基对硫磷(O,O-二甲基-O-对硝基苯基硫代磷酸酯)的化学结构为

$$(CH_3O)_2P(=S)-O-\langle\rangle-NO_2$$

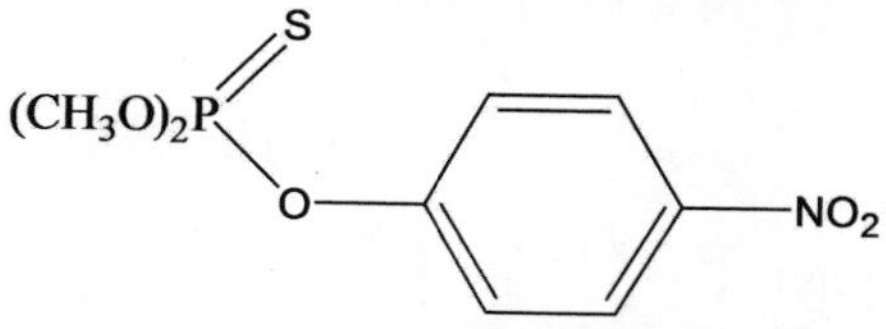

乐果[O,O-二甲基-S-(N-甲胺甲酰甲基)二硫代磷酸酯]的化学结构为

$$(CH_3O)_2P(=S)-S-\underset{}{\overset{H_2}{C}}-\underset{}{\overset{O}{C}}-NH-CH_3$$

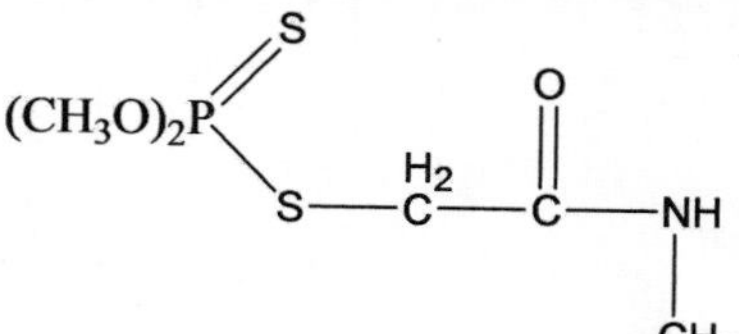

3.磷酸酯和硫代膦酸酯类

磷酸中一个羟基被有机基团置换,分子中形成 C—P 键,即膦酸。如果膦酸中羟基的氢原子再被有机基团取代,即形成膦酸酯。如敌百虫(O,O-二甲基-[2,2,2-三氯-1-羟基乙基]膦酸酯),其化学结构为

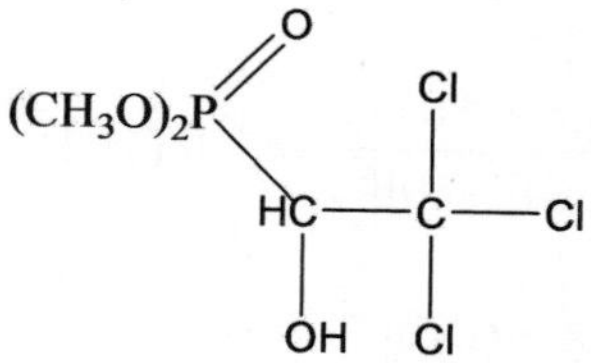

$$(CH_3O)_2P(=O)-\underset{\underset{OH}{|}}{\overset{}{HC}}-\underset{\underset{Cl}{|}}{\overset{Cl}{C}}-Cl$$

如果膦酸酯中的氧原子被硫原子取代,即为硫代膦酸酯。

4.磷酰胺和硫代磷酰胺类

磷酸分子中羟基被氨基取代的化合物称为磷酰胺;而磷酰胺分子中的氧原子被硫原子所取代形成的化合物称为硫代磷酰胺,如甲胺磷等。乙酰甲胺磷($O,S-$二甲基$-N-$乙酰基硫代磷酰胺)的化学结构为

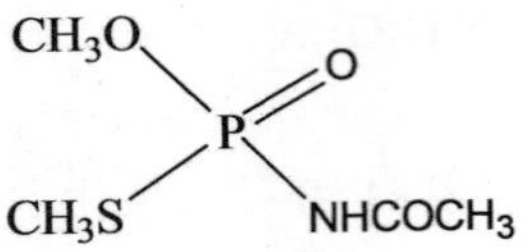

$$CH_3O \quad O$$
$$\backslash \quad \parallel$$
$$P$$
$$/ \quad \backslash$$
$$CH_3S \quad NHCOCH_3$$

4.4.4.2 有机磷农药的降解途径

有机磷农药是为取代有机氯农药而发展起来的,其毒性较高,但较有机氯农药易降解。有机磷农药的降解有两种途径:非生物降解(光降解、催化水解)和生物降解(绿色木霉、假单胞菌)。

1.有机磷类农药的光降解

有机磷农药可发生光降解反应,农药对光的敏感程度是决定其在土壤中残留期长短的重要因素。马拉硫磷的光降解可在大气中逐步进行,有水和臭氧存在时会加速分解;乐果在潮湿的空气中可发生光化学分解,氧化乐果对温血动物的毒性更大;辛硫磷在 253.7nm 的紫外光照射 30h 下,可发生光降解:

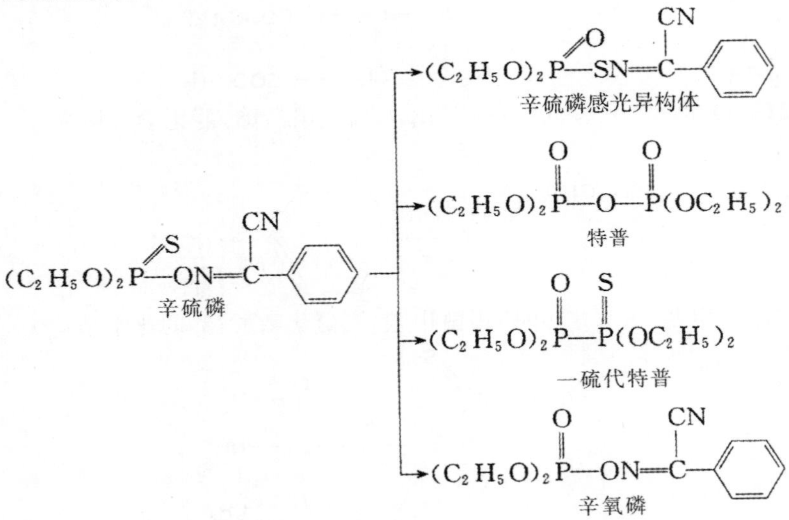

一硫代特普毒性较高,日光照射 80h 后可逐渐光解消失。

2.有机磷类农药的催化水解

有机磷农药在土壤中通过主要降解途径的降解速度,较无土壤降解快。硫代磷酸酯类农药地亚农在 pH=6 的有土体系中每天水解 11%,无土则每天水解 2%,反应式为

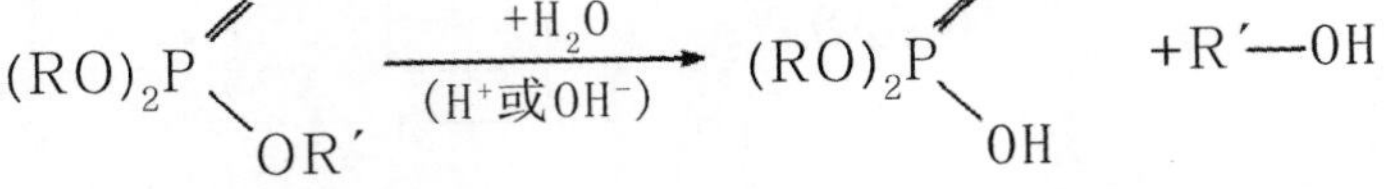

马拉硫磷在 pH=7 的土壤体系中水解半衰期为 6~8h,在 pH=9 的无土体系水解半衰期

为 20d,马拉硫磷的水解反应式为

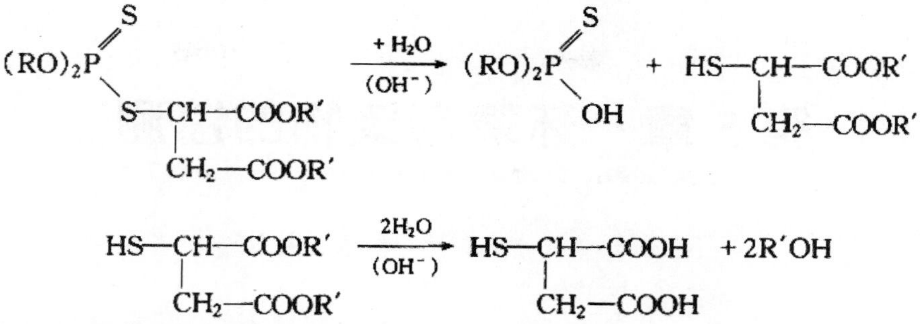

此外,磷酸酯类农药丁烯磷的水解也有类似情况。

3.生物降解

农药在土壤中残留时间的长短与微生物参与有关。微生物降解是对土壤中农药最主要也是最彻底的净化,降解产物为 CO_2 和 H_2O。化学农药对土壤微生物有抑制作用,但微生物可以以有机农药为能源,使农药发生生物降解。例如马拉硫磷可被绿色木霉和假单胞菌两种土壤微生物以不同方式降解,其中被绿色木霉降解的反应式为

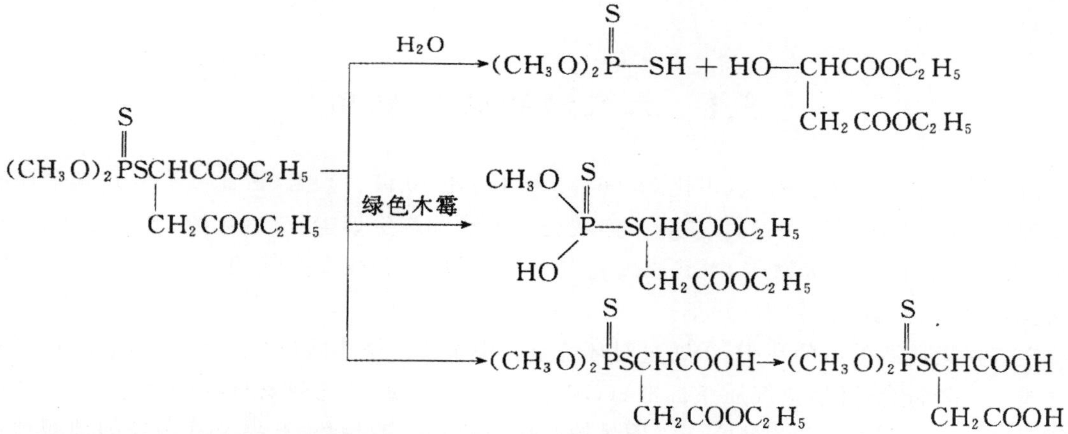

马拉硫磷的羧酸衍生物是代谢产物的主要组成部分。

第 5 章　环境污染物的监测

环境污染物监测即对环境污染物的监视、测定、监控等。目前,对环境样品中污染物的成分、状态与结构的分析,多采用化学分析方法和仪器分析方法。如化学分析中的重量分析法常作为残渣、降尘、油类、硫酸盐等的测定;容量分析法则被更加广泛地用于水中酸度、碱度、化学需氧量、溶解氧、硫化物、氰化物等的测定;基于配位反应的分光光度法常用于大部分金属、无机非金属的测定,例如水体中铬、汞、铅等以及大气中的 NO_x、SO_2、臭氧等的检测。本章就大气、水及土壤中污染物的化学检测基本原理进行阐述,旨在强化分析化学在环境监测中的重要作用和实际应用。

5.1　大气污染物的监测

清洁的空气主要成分有氮(占比 78.06%)、氧(占比 20.95%)、氩(占比 0.93%),其余还有十多种气体,总占比不足 0.1%。工业生产及交通运输等产生烟尘、二氧化硫、氮氧化物、一氧化碳、碳氢化合物等有害物质,当其浓度超过允许极限时,会改变空气的组成,破坏自然的物理、化学和生态平衡,造成空气污染。

空气污染监测的目的在于:①通过对环境空气中主要污染物质进行定期或连续监测,判断空气质量是否符合《环境空气质量标准》(GB 3095—2012)或环境规划目标的要求,为空气质量状况评价提供依据。②为研究空气质量的变化规律和发展趋势、开展空气污染的预测预报以及研究污染物的迁移转化情况提供基础资料。③为政府环保部门执行环境保护法规、开展空气质量管理及修订空气质量标准提供依据和基础资料。

5.1.1　空气质量标准

监测空气质量时,应根据污染物的存在状态、浓度、理化性质及监测方法选择采样方法和仪器。其中监测方法应选择国家标准方法[见《空气和废气监测分析方法》(第四版)],空气污染物的常规监测项目见表 5-1。

表 5-1　空气污染物的常规监测项目

类别	必测项目	按地方情况增加的必测项目	选测项目
空气污染物监测	TSP,SO_2,NO_x,硫酸盐化速率,灰尘自然沉降量	CO,总氧化剂,总烃,PM_{10},F_2,HF,B(a)P,Pb,H_2S,光化学氧化剂	CS_2,Cl_2,氯化氢,硫酸雾,HCN,NH_3,Hg,Be,铬酸雾,非甲烷烃,芳香烃,苯乙烯,酚,甲醛,甲基对硫磷,异氰酸甲酯,等等

续表

类别	必测项目	按地方情况增加的必测项目	选测项目
空气降水监测	pH,电导率	K^+,Na^+,Ca^{2+},Mg^{2+},NH_4^+,SO_4^{2-},NO_3^-,Cl^-	

注:TSP,Total Suspended Particulate,总悬浮颗粒物。

空气质量采样频率和时间见表 5-2。

表 5-2　国家环保局颁布的城镇空气质量采样频率和时间

监测项目	采样时间和频率
二氧化硫	隔日采样,每天连续采样 24±0.5h,每月 14~16d,每年 12 个月
二氧化氮(或氮氧化物)	同二氧化硫
总悬浮颗粒物	隔双日采样,每天连续采样 24±0.5h,每月 5~6d,每年 12 个月
灰尘自然沉降量	每月采样 30±2d,每年 12 个月
硫酸盐化速率	每月采样 30±2d,每年 12 个月

5.1.2　空气污染物监测

5.1.1.1　二氧化硫(SO_2)

SO_2 是主要空气污染物之一,为例行监测的必测项目。它来源于煤和石油等燃料的燃烧、含硫矿石的冶炼、硫酸等化工产品生产排放的废气。SO_2 是一种无色,易溶于水,密度为 2.927 5kg/m³,有刺激性气味的气体,相对分子质量为 64。SO_2 是大气主要污染物之一,且属世界卫生组织国际癌症研究机构公布的三类致癌物之一。它能通过呼吸进入气管,对局部组织产生刺激和腐蚀作用,是诱发支气管炎等疾病的原因之一,特别是当它与烟尘等气溶胶共存时,可加重对呼吸道黏膜的损害。

空气中 SO_2 的监测有分光光度法、紫外荧光法、电导法、定电位电解法和气相色谱法,本书主要介绍分光光度法和定电位电解法。分光光度法国内有甲醛缓冲溶液吸收-盐酸副玫瑰苯胺分光光度法和四氯化汞钾溶液吸收-盐酸副玫瑰苯胺分光光度法两种,国际标准化组织推荐的 SO_2 监测方法是钍试剂分光光度法。

1.分光光度法

(1)甲醛缓冲溶液吸收-盐酸副玫瑰苯胺分光光度法

二氧化硫被甲醛缓冲溶液吸收后,生成稳定的羟基甲基磺酸加成化合物,反应式为

$$HCHO + H_2O + SO_2 = HOCH_2SO_3H$$
羟基甲基磺酸

在样品溶液中加入氢氧化钠,中和的结果使加成化合物分解释放出 SO_2,即上述反应的逆过程发生:

$$HOCH_2SO_3H \xrightarrow{\text{NaOH}} HCHO + H_2O + SO_2$$
羟基甲基磺酸

释放出的二氧化硫与盐酸副玫瑰苯胺(俗称品红)、甲醛作用,生成紫红色化合物,反应式为

根据颜色深浅,用分光光度计在 577nm 处测定吸光度值,获得其浓度,换算后得到空气中 SO_2 的浓度(mg/m^3)。

(2)四氯汞钾溶液吸收-盐酸副玫瑰苯胺分光光度法

四氯汞钾溶液吸收-盐酸副玫瑰苯胺分光光度法的化学原理与第一种分光光度法的不同之处在于生成羟基甲基磺酸所用的试剂和反应:

$$HgCl_2 + 2KCl = K_2[HgCl_4]$$
四氯汞钾

$$[HgCl_4]^{2-} + SO_2 + H_2O = [HgCl_2SO_3]^{2-} + 2H^+ + 2Cl^-$$
四氯合汞离子　　　　　　　亚硫酸·二氯合汞离子

$$[HgCl_2SO_3]^{2-} + 2H^+ + HCHO = HgCl_2 + HOCH_2SO_3H$$
亚硫酸·二氯合汞离子　　　　　　　　羟基甲基磺酸

之后的显色反应与甲醛缓冲溶液法相同。

(3)钍试剂分光光度法

钍试剂分光光度法的原理是:用过氧化氢溶液吸收空气中的 SO_2 并将其氧化成硫酸,反应式为

$$SO_2 + H_2O_2 = H_2SO_4$$

硫酸根离子与定量加入的过量高氯酸钡反应:

$$SO_4^{2-} + Ba^{2+} = BaSO_4 \downarrow$$

过量剩余的钡离子与钍试剂作用生成紫红色的钍试剂-钡配位物,在最大吸收波长处 520nm 进行定量测定:

$$Ba^{2+}(剩余) + 钍试剂 \rightarrow 钍试剂-钡配位物$$

以上三种方法均采用分光光度法,都是 SO_2 气体被吸收后,利用化学反应形成有色物后进行分析检测。不同之处是采用的吸收剂不同,显色反应不同。

2.定电位电解法

定电位电解法是建立在电解基础上的检测方法。定电位电解法是 SO_2 自动监测的方法之一,依据是电极电位:

$$SO_2 + 2H_2O = SO_4^{2-} + 4H^+ + 2e^- \qquad E^{\ominus} = +0.17V$$
$$NO_2 + H_2O = NO_3^- + 2H^+ + e^- \qquad E^{\ominus} = +0.80V$$
$$NO + 2H_2O = NO_3^- + 4H^+ + 3e^- \qquad E^{\ominus} = +0.96V$$

当在工作电极上施加一个大于被测物质氧化还原电位的电位时,被测物质在电极上发生氧化反应或还原反应。

可见,当工作电极电位介于 SO_2 和 NO_2 的标准电位之间时,扩散到电极表面的 SO_2 选择

性地发生氧化反应,同时在对电极上发生 O_2 的还原反应:

$$O_2 + 4H^+ + 4e^- = 2H_2O \qquad E^\ominus \ +1.229V$$

电解池总反应为

$$2SO_2 + O_2 + 2H_2O = 2H_2SO_4$$

此法是利用氧化还原反应电解原理进行的 SO_2 气体检测技术。

5.1.1.2　氮氧化物(NO_x)

大气中的氮氧化物主要有 NO,NO_2,N_2O_5,N_2O 等,其中 NO_2 和 NO 是主要存在形态,且为通常所指的氮氧化物 NO_x。它们主要来源于化石燃料高温燃烧和硝酸、化肥等生产排放的废气以及汽车尾气排放。NO 为无色、无臭、微溶于水的气体,在空气中易被氧化成 NO_2,故大气中的 NO_x 普遍以 NO_2 形式存在。NO_2 为棕红色、具有强烈刺激性臭味的气体,毒性比 NO 高四倍,是引起支气管炎、肺损害等疾病的有害物质。NO_2 进一步与水分子作用,可形成酸雨中第二重要酸分——硝酸(HNO_3)。在有催化剂存在时,加上合适的气象条件,形成硝酸 HNO_3 的反应会被加快。

NO 和 NO_2 常用的推测方法有分光光度法、化学发光法、原电池库仑法及定电位电解法,本书主要介绍分光光度法。测定大气中的氮氧化物主要是指测定其中的 NO,NO_2。如果测定 NO_2 的浓度,可直接用溶液吸收法采集大气样品;若测定 NO 和 NO_2 的总量,则应先用 Cr_2O_3 将 NO 氧化成 NO_2 后进入溶液吸收瓶。NO 被氧化的反应式为

$$3NO + 2CrO_3 \rightarrow 3NO_2 + Cr_2O_3$$

将 NO 氧化成 NO_2 还可以采用酸性高锰酸钾氧化法,反应式为

$$5NO + 2KMnO_4 + 6H^+ \rightarrow 5NO_2 + 2K^+ + 2Mn^{2+} + 3H_2O$$

NO_2 被吸收液吸收后,生成亚硝酸和硝酸,反应式为

$$2NO_2 + H_2O \rightarrow HNO_2 + HNO_3$$

生成的亚硝酸与对氨基苯磺酸发生重氮化反应,再与盐酸萘乙二胺偶合,生成玫瑰红色偶氮染料(或粉红色)。根据其颜色深浅,用分光光度法定量,其显色反应如下:

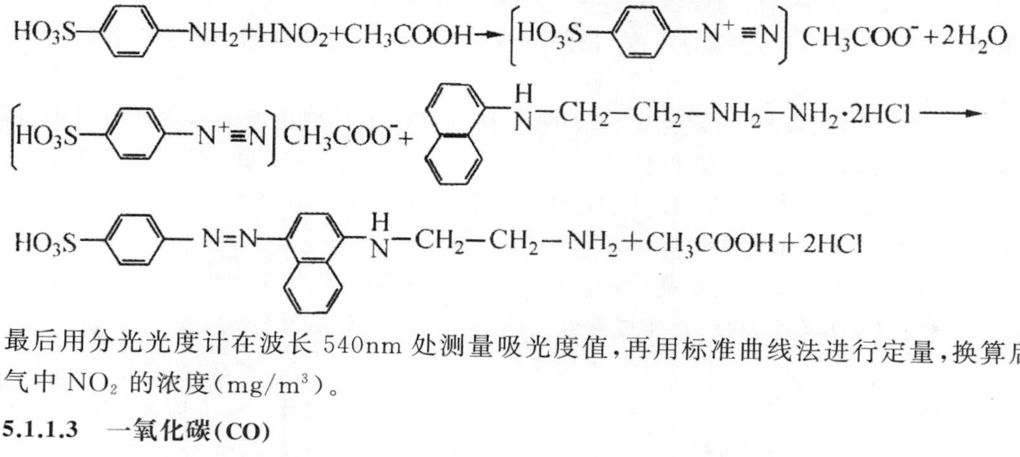

最后用分光光度计在波长 540nm 处测量吸光度值,再用标准曲线法进行定量,换算后得到空气中 NO_2 的浓度(mg/m^3)。

5.1.1.3　一氧化碳(CO)

在标准状态下,CO 的相对分子质量为 28,密度为 $1.25kg/m^3$,是一种无色、无臭、无刺激性气味的有毒气体。CO 在水中的溶解度非常小,极难溶于水。CO 是空气中的主要污染物之一,它主要来自石油、煤炭燃烧不充分的产物和汽车尾气排放。CO 燃烧时呈淡蓝色火焰。它

容易与人体血液中的血红蛋白结合,形成碳氧血红蛋白,使血液输送氧的能力降低,造成缺氧症。CO 的测定方法主要有气相色谱法、汞置换法。

1.气相色谱法

空气中的 CO,CO_2 和甲烷经 TDX-01 碳分子筛柱分离后,在镍催化剂的作用下,于氢气流中皆能转化为 CH_4,然后用氢火焰离子化检测器分别测定上述三种物质,根据峰高确定其浓度。

2.汞置换法

气样中的 CO 与活性氧化汞在 $180\sim200℃$ 发生反应后可置换出汞蒸气,将其带入冷原子吸收测汞仪测定汞的含量,再换算成 CO 的浓度。CO 与活性氧化汞的反应如下:

$$CO+HgO(活性)\rightarrow CO_2+Hg(蒸气)$$

尘埃、水蒸气、二氧化硫、丙酮、甲醛、乙烯、乙炔等干扰物质可通过灰尘过滤器、活性炭管、分子筛管及硫酸亚汞硅胶管等净化装置除去。

5.1.1.4 光化学氧化剂

总氧化剂是指空气中除氧以外的有氧化性质的物质,一般指能氧化碘化钾并析出碘的物质,主要有臭氧、过氧乙酰硝酸酯、氮氧化物等。光化学氧化剂是指除去氮氧化物以外的能氧化碘化钾的物质,二者的关系为

光化学氧化剂的量=总氧化剂的量-0.269×氮氧化物的量

式中,各物质的量是指相当于每立方米空气中臭氧的质量(O_3,mg/m^3),0.269 为二氧化氮的校正系数。

测定空气中的光化学氧化剂的方法主要有以下两种

1.硼酸-碘化钾分光光度法

测定空气中的光化学氧化剂常用硼酸-碘化钾分光光度法,其原理是用臭氧和其他氧化剂将硼酸-碘化钾吸收液氧化,析出碘分子,反应式为

$$O_3+2I^-+2H^+=I_2+O_2+H_2O$$

碘离子被氧化析出碘的量与臭氧等氧化剂有定量关系。用分光光度计在波长 352nm 处测定其吸光度,计算总氧化剂的浓度,扣除 NO_x 参加反应的部分后,即为光化学氧化剂的浓度。

过氧乙酰硝酸酯、卤素、过氧化物、有机亚硝酸等其他氧化剂也能使吸收液析出碘。碘酸钾溶液代替 O_3 标准溶液的反应如下:

$$KIO_3+5KI+3H_2SO_4=3I_2+3K_2SO_4+3H_2O$$

2.靛蓝二磺酸钠分光光度法

用含有靛蓝二磺酸钠的磷酸盐缓冲溶液作吸收液采集空气样品,则空气中的 O_3 与蓝色的靛蓝二磺酸钠发生等摩尔反应,生成靛红二磺酸钠,使之褪色,反应式为

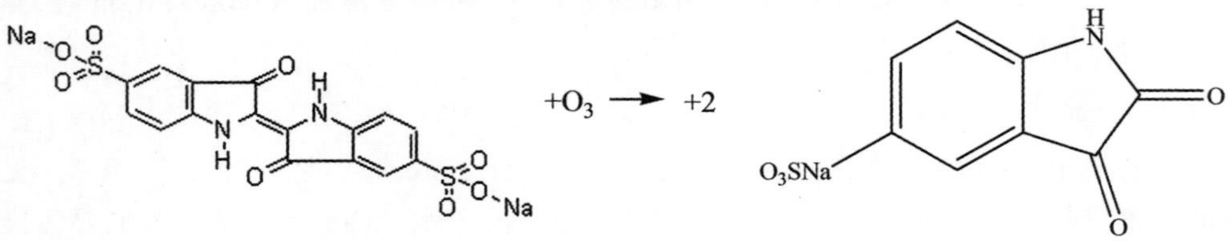

蓝色　　　　　　　　　　　　　　　　无色

用分光光度计 610nm 波长处测定其吸光度,再用标准曲线法定量,换算后即可得到感光化学氧化剂的浓度(mg/m^3)。

5.1.1.5　臭氧

臭氧是最强的氧化剂之一,它是空气中的氧在太阳紫外线的照射下或受雷击形成的。臭氧具有强烈的刺激性,在紫外线的作用下能参与烃类和 NO_x 的光化学反应。同时,臭氧又是高空大气的正常组分,能强烈吸收紫外线,保护人和生物免受太阳紫外线的辐射。但是,如果 O_3 超过一定浓度,对人体和某些植物生长会产生一定危害。

臭氧的测定方法主要有硼酸、碘化钾分光光度法和靛蓝二磺酸钠分光光度法。

5.1.1.6　总悬浮颗粒物(TSP)

总悬浮颗粒物简称"TSP",系指空气中空气动力学当量直径小于 $100\mu m$ 的颗粒物。

总悬浮颗粒物采用重量分析法进行监测。用滤膜捕集-重量法测定大气中总悬浮颗粒物,其原理为:抽取一定体积的空气,使之通过已恒重的滤膜,则悬浮微粒被阻留在滤膜上。根据采样前后滤膜重量之差及采气体积,即可计算总悬浮颗粒物的质量浓度。

根据采样流量的不同,滤膜捕集-重量法可分为大流量、中流量和小流量采样法,其中总悬浮颗粒物的测定主要使用前两种方法。大流量采样($1.1\sim1.7m^3/min$)法使用大流量采样器连续采样 24h;中流量采样法使用中流量采样器($50\sim150\ dm^3/min$),所用滤膜直径较大流量的小,采样和测定方法同大流量法。

5.1.1.7　可吸入颗粒物(PM_{10})

可吸入颗粒物简称 PM_{10},系指空气中空气动力学当量直径小于 $10\mu m$ 的颗粒物,可通过人的咽喉进入肺部的气管、支气管区和肺泡。PM_{10} 对人体健康影响大,是室内外环境空气质量的重要监测指标。

可吸入颗粒物采用重量分析法进行监测。方法为:通过具有 PM_{10} 切割特性的采样器,以恒速抽取定量体积的空气,空气中粒径小于 $10\mu m$ 的颗粒物被截留在已恒重的滤膜上。根据采样前后滤膜质量之差及采气体积,计算可吸入颗粒物的质量浓度。滤膜经处理后,可进一步进行组分的化学分析。

5.1.1.8　灰尘自然沉降量

灰尘自然沉降量是指在空气环境条件下,单位时间靠重力自然沉降落在单位面积上的颗粒物量,简称降尘。

灰尘自然沉降量用重量法测定,方法为:让降尘自然沉降在装有乙二醇水溶液的集尘缸内,经蒸发、干燥、称重后计算降尘量。有时还需要测定降尘中的可燃性物质、可溶性和非水溶性物质、灰分以及某些化学组分。

5.1.1.9　硫酸盐化速率

污染源排放到空气中的 SO_2、硫酸蒸气、H_2S 等含硫污染物,经过一系列氧化演变和反应,最终形成危害更大的硫酸雾和硫酸盐雾,这种盐变过程的速度称为硫酸盐化速率,测定方法有二氧化铅-重量法、碱片-重量法、碱片-离子色谱法和碱片-铬酸钡分光光度法等,本书主要介绍前两种方法。

(1)二氧化铅-重量法

二氧化铅吸收 SO_2，H_2SO_4 蒸气，H_2S 等含硫污染物后生成硫酸铅，反应式为

$$PbO_2 + SO_2 \rightarrow PbSO_4$$
$$PbO_2 + H_2S \rightarrow PbO + H_2O + S$$
$$PbO_2 + S + O_2 \rightarrow PbSO_4$$

加入碳酸钠溶液后可发生如下反应：

$$PbSO_4 + CO_3^{2-} \rightarrow PbCO_3 + SO_4^{2-}$$

释放出的 SO_4^{2-} 与 Ba^{2+} 反应，形成 $BaSO_4$ 沉淀，反应式为

$$SO_4^{2-} + Ba^{2+} \rightarrow BaSO_4 \downarrow$$

用重量法测定获得的沉淀，即得到硫酸盐化速率，结果以每日在 $100cm^2$ 二氧化铅面积上所含 SO_3 的毫克数表示。

（2）碱片-重量法

将用碳酸钾溶液浸渍的玻璃纤维滤膜暴露于空气中，碳酸钾与空气中的 SO_2 反应形成硫酸盐：

$$2SO_2 + O_2 + 2H_2O \rightarrow 2SO_4^{2-} + 4H^+$$

反应为氧化还原反应，其中 O_2 作氧化剂，SO_2 作还原剂其电极电位为

$$O_2 + 4H^+ + 4e \rightarrow 2H_2O \quad E^{\ominus} = 1.229V$$
$$2SO_4^{2-} + 4H^+ + 2e \rightarrow SO_2 + 2H_2O \quad E^{\ominus} = 0.17V$$

然后加入 $BaCl_2$，将 SO_4^{2-} 转化为沉淀 $BaSO_4$，用重量法测定。

由上述实例可见化学反应在大气污染物监测中的实际应用，其他如大气中甲醛的监测（酚试剂分光光度法、乙酰丙酮分光光度法）、汞的测定（巯基棉富集-冷原子分光光度法）、碱片-离子色谱法测定硫酸盐化速率、空气中挥发酚等样品的预处理过程，也均有化学反应的应用，在此不再赘述。

降水的监测也归属于空气监测内容。根据我国《大气降水样品的采集与保存》（GB 13580.2—1992）标准中规定：①采样点数目，根据研究的目的和需要来确定。对于一般常规监测，人口在 50 万以上的城市布三个点，人口在 50 万以下的城市布设两个点，采样点的布设应兼顾城区、农村和清洁对照点；要尽可能照顾到气象地形、地貌。②采样点位应尽可能远离局部污染源，四周无遮挡雨、雪的高大树木或建筑物。

降水组分的测定包括 pH（玻璃电极法），电导率（电导率仪）以及 K^+，Na^+，Ca^{2+}，Mg^{2+}（原子吸收分光光度法），NH_4^+（分光光度法、离子色谱法），SO_4^{2-}，NO_2^-，NO_3^-，F^-，Cl^-（离子色谱法）等离子的浓度，每月测定不少于一次，每月选一个或几个随机降水样品分析上述项目。

5.2 环境水体及水污染物的监测

5.2.1 水质监测概述

水是地球上非常重要的介质，它是环境中能量和物质自然循环的载体和必要条件，是地球生命的基础，也是人类环境的重要组成部分。在正常温度与压力下，水以气态、液态和固态存在于自然界中。

水环境监测包括环境水体监测和水污染源监测。环境水体包括地表水(江、河、湖、库、海水)和地下水;水污染源包括工业废水、生活污水、医院污水等。水体污染可以分为化学型污染(由酸碱、有机和无机污染造成的污染)、物理型污染(色度、浊度、悬浮固体、热污染、放射性)和生物型污染(生活污水、医院污水)。

水质监测的目的在于:①对江、河、湖泊、水库、海洋等地表水和地下水中的污染因子进行经常性监测,掌握水质现状及其变化规律;②污染源监测对排放量、污染物浓度进行监视性监测,为污染物管理提供依据。本节介绍化学反应的基本原理在水环境及其污染物监测中的应用。

目前,我国对水质监测和污水排放标准推行"常规项目"和"非常规项目"的"双轨制",而非常规项目指标中大多数为有机物测试指标。相信随着测试方法的进一步完善以及大型测试仪器普及率的进一步提高,这些相当数量的非常规监测指标将会逐步列入常规监测指标的行列。

在选择水质分析项目的时候,一般应该考虑到以下几点:

1)优先选择国家或地方水环境质量标准和水污染排放标准中要求控制的监测项目。

2)选择对人和生物危害大、对环境质量影响范围广的污染物。

3)所选监测项目具有"标准分析方法"和"全国统一监测分析方法",具备必要的分析测定的条件,如实验室的设备、药剂以及具备一定操作技能的分析人员等。

4)可根据水体或水质污染源的特征和水环境保护功能的划分,酌情增加监测项目。

5)根据所在地区经济发展、检测条件的改善及技术水平的提高,可酌情增加某些污染源和地表水监测项目。

6)对于突发事故或特殊污染,应重点监测进入水体的污染物,并实行连续的跟踪监测,掌握污染的程度及其变化趋势。

一般而言,选择水质分析方法的基本原则如下:

1)方法灵敏度能满足定量要求。

2)方法比较成熟、准确。

3)操作简便、易于普及。

4)抗干扰能力强。

5)试剂无毒或毒性较小。

截至 2014 年 3 月,国家环保部主管颁布的水质监测分析方法标准有 179 项,占水环境国家标准的近 1/2,充分说明了监测分析方法标准在整个水环境保护中的地位。

5.2.2　水环境质量标准及监测项目

为贯彻执行《中国人民共和国环境保护法》和《中华人民共和国水污染防治法》,控制水污染,保护水资源,我国颁布了相应的水质标准和排放标准。

5.2.2.1　水环境质量标准

1.《生活饮用水卫生标准》(GB 5749—2006)

生活饮用水包括两个含义,即日常饮水和生活用水,但不包括饮料和矿泉水。生活饮用水水质卫生要求是指水在供人饮用时所应达到的卫生要求。

《生活饮用水卫生》标准规定了生活饮用水水质卫生要求、生活饮用水水源水质卫生要求、集中式供水单位卫生要求、二次供水卫生要求、涉及生活饮用水卫生安全产品的卫生要求、水质监测和水质检验方法,内容比较全面,既适用于城乡各类集中式供水的生活饮用水,也适用于分散式供水的生活饮用水。

从我国的经济条件出发,该标准将水质指标分为常规指标(42 项)与非常规指标(64 项),类别涉及微生物指标、饮用水消毒剂指标、毒理指标、感官性状和一般化学指标以及放射性指标。其中常规指标是指能反映生活饮用水水质基本状况的指标,非常规指标是根据地区、时间或特殊情况需要实施的生活饮用水水质指标。

水源水应参照《地表水环境质量标准》(GB 3838—2002)和《地下水质量标准》(GB/T 14848—1993)执行;水质检测、供水企业管理则应分别参照《城市供水水质标准》(CJ/T 206—2005)、《村镇供水单位资质标准》(SL 308—2004)和卫生部《生活饮用水集中式供水单位卫生规范》规定执行,以确保各相关标准的协调一致性。

2.《地表水环境质量标准》(GB 3838—2002)

《地表水环境质量标准》该标准适用于中华人民共和国领域内江河、湖泊、运河、渠道、水库等具有使用功能的地表水水域,监测项目分为地表水环境质量标准基本项目、集中式生活饮用水地表水源地补充项目和集中式生活饮用水地表水源地特定项目,具体根据水域功能进行监测项目的确定。该标准监测项目共计 109 项,其中基本项目 24 项,补充项目 5 项,特定项目 80 项。

依据地表水水域环境功能和保护目标,按功能高低依次划分为五类。

Ⅰ类:主要适用于源头水、国家自然保护区。

Ⅱ类:主要适用于集中式生活饮用水地表水源地一级保护区、珍稀水生生物栖息地、鱼虾类产卵场、仔稚幼鱼的索饵场等。

Ⅲ类:主要适用于集中式生活饮用水地表水源地二级保护区、鱼虾类越冬场、洄游通道、水产养殖区等渔业水域及游泳区。

Ⅳ类:主要适用于一般工业用水区及人体非直接接触的娱乐用水区。

Ⅴ类:主要适用于农业用水区及一般景观要求水域。

对应地表水上述五类水域功能,将地表水环境质量标准基本项目标准值分为五类,不同功能类别分别执行相应类别的标准值。水域功能类别高的标准值严于水域功能类别低的标准值;同一水域兼有多类使用功能的,执行最高功能类别对应的标准值。在具体执行时,要求采用"一票否决制"的评价方法,只要一项指标被评为劣Ⅴ类,不管其他指标多好,整个水体便是劣Ⅴ类。

3.《海水水质标准》(GB 3097—1997)

《海水水质标准》规定了海域各类水质的要求。按照海水的用途,海水水质要求分为三类:①第一类适用于保护海洋生物资源和人类的安全利用(包括盐场、食品加工、海水淡化、渔业和海水养殖等用水),以及海上自然保护区。②第二类适用于海水浴场及风景游览区。③第三类适用于一般工业用水、港口水域和海洋开发作业区等。该标准中还规定了 35 项监测项目及相应的监测分析方法。

4.《渔业水质标准》(GB 11607—1989)

《渔业水质标准》适用于鱼虾类的产卵场、索饵场、越冬场、洄游通道和水产增养殖区等海、淡水的渔业水域。渔业水域的水质应符合渔业水质标准。各项标准数值系指单项测定最高允许值。标准值单项超标,即表明不能保证鱼、虾、贝正常生长繁殖,并产生危害,危害程度应参考背景值、渔业环境的调查数据及有关渔业水质基准资料进行综合评价。该标准中规定了 33 项检测项目及水质分析方法。

5.《农田灌溉用水水质标准》(GB 5084－1992)

《农田灌溉用水水质标准》中规定了农田灌溉水质要求、标准的实施和采样监测方法,规定了标准适用范围为全国以地面水、地下水和处理后的养殖业废水及以农产品为原料加工的工业废水作为水源的农田灌溉用水,不得使用医药、生物制品、化学试剂、农药、石油炼制、焦化和有机化工处理后的废水进行灌溉。标准根据农作物的需求状况,将灌溉水质按灌溉作物分为三类。一类:水作,如水稻,灌溉水量为 800m³/(亩·年)。二类:旱作,如小麦、玉米、棉花等,灌溉水量为 300m³/(亩·年)。三类:蔬菜,如大白菜、韭菜、洋葱、卷心菜等。蔬菜品种不同,灌溉量差异很大,一般为 200~500m³/(亩·茬)。该标准中还规定了不同类型水质的 29 项监测要求及监测分析方法。

6.《地下水环境质量标准》(GB/T 14848－1993)

《地下水环境质量标准》是地下水勘查评价、开发利用和监督管理的依据,规定了地下水的质量分类、质量监测、评价方法和质量保护,适用于一般地下水,不适用于地下热水、矿水、盐卤水。依据我国地下水的水质现状、人体健康基准值及地下水质量保护目标,并参照生活饮用水、工业、农业用水水质最高要求,将地下水质量划分为五类。

Ⅰ类:主要反映地下水化学组分的天然低背景含量,适用于各种用途。

Ⅱ类:主要反映地下水化学组分的天然背景含量,适用于各种用途。

Ⅲ类:以人体健康基准值为依据,主要适用于集中式生活饮用水水源及工、农业用水。

Ⅳ类:以农业和工业用水要求为依据,除适用于农业和部分工业用水外,适当处理后可作生活饮用水。

Ⅴ类:不宜饮用,其他用水可根据使用目的选用。

该标准中还规定了 39 项地下水质量分类指标、水质监测分析方法及相应的水质评价方法。

5.2.2.2 水污染排放标准

1.《污水综合排放标准》(GB 8978－1996)

《污水综合排放标准》按照污水排放去向,分年限规定了 69 种水污染物的最高允许排放浓度及部分行业的最高允许排水量。该标准适用于现有单位水污染物的排放管理,以及建设项目的环境影响评价、建设项目环境保护设施设计、竣工验收及其投产后的排放管理。

按照国家综合排放标准与国家行业排放标准不交叉执行的原则,造纸工业、船舶工业、海洋石油开发工业、纺织染整工业、肉类加工工业、合成氨工业、钢铁工业、航天推进剂、兵器工业、磷肥工业、烧碱和聚氯乙烯工业等执行相应的行业标准,其他水污染物排放均执行本标准。

该标准中给出了污水、排水量和排污单位等的重新界定。污水是指在生产与生活活动中排放的水的总称;排水量是指在生产过程中直接用于工艺生产的水的排放量,不包括间接冷却水、厂区锅炉、电站排水;一切排污单位是指本标准适用范围所包括的一切排污单位;其他排污单位是指在某一控制项目中,除所列行业外的一切排污单位。

《地表水环境质量标准》(GB 3838－2002)中Ⅰ类、Ⅱ类水域和Ⅲ类水域中划定的保护区及《海水水质标准》(GB 3097－1997)中的一类海域禁止新建排污口。现有排污口应按水体功能要求实行污染物总量控制,以保证受纳水体水质符合规定用途的水质标准。

2.其他污染物排放标准

其他污染物排放标准有《制革及毛皮加工工业水污染物排放标准》(GB 30486－2013)、《电池工业污染物排放标准》(GB 30484－2013)、《纺织染整工业水污染物排放标准》(GB 4287－2012)、《汽车维修业水污染物排放标准》(GB 26877－2011)、《医疗机构水污染排放标准》(GB 18466－2005)、《啤酒工业污染物排放标准》(GB 19821－2005)、《城镇污水处理厂污染物排放标准》(GB 18918－2002)、《兵器工业水污染物排放标准》(GB 14470－2002)、《皂素工业水污染排放标准》(GB 20425－2006)、《煤炭工业污染物排放标准》(GB 20426－2006)、《味精工业污染物排放标准》(GB 19431－2004)、《制浆造纸工业水污染物排放标准》(GB 3544－2008)等。

5.2.2.3　监测项目

在进行饮用水及其水源地水质分析时,应优先考虑与人体健康密切相关的水质指标,包括温度、色度、浑浊度、嗅味、总固体、溶解固体、氯化物、耗氧量、氨氮、亚硝酸盐氮、硝酸盐氮、pH、碱度、硬度、铁、锰等的物理检验和化学分析,必要时还要加做水中主要离子成分(如钾、钠、钙、镁、重碳酸根、硫酸根等)的测定,甚至选择进行全部矿物质、剧毒和"三致"(致癌、致畸、致突变)有毒物质以及放射性物质的特殊测定,以确保人们能获得安全的生活饮用水。同时,还要进行水源水体中的细菌检验和显微镜观察。因此,监测项目可依据标准中规定的项目适当增加污染严重的项目或特定行业的污染物进行监测。

下面介绍国标规定的理化指标、无机污染物和有机污染物综合指标监测的化学原理。

5.2.3　理化指标监测

5.2.3.1　pH 的测定

pH 是水质监测中的重要指标之一,是江河、湖泊、渠道、水库、海水等地表水的必测项目,也是生活饮用水和工业废水的常规监测项目之一。天然水的 pH 多在 6～9 之间;饮用水的 pH 要求在 6.5～8.5 之间;工业用水的 pH 必须保持在 7.0～8.5 之间,以防止金属设备和管道被腐蚀。此外,pH 在废水生化处理、评价有毒物质的毒性等方面也具有重要意义。

《水质　pH 值的测定　玻璃电极法》(GB/T 6920－1986)中测定水的 pH 的方法有玻璃电极法和比色法两种,适用于饮用水、地表水及工业废水。

1.比色法

比色法是基于各种酸碱指示剂在不同 pH 的缓冲溶液中显示不同的颜色,而每种指示剂都有一定的变色范围,将一系列已知 pH 的缓冲溶液加入适当的指示剂制成标准色液并封装在小安培瓶内,测定时取与缓冲溶液同量的水样,加入与标准系列相同的指示剂,然后进行比较,以确定水样的 pH。

比色法不适用于有色、浑浊或含有较高游离氯、氧化剂、还原剂的水样。如果粗略地测定水样 pH,可使用 pH 试纸。

2.酸度计法

溶液的 pH 通常还用酸度计法测定,其原理是利用氧化还原反应进行 pH 的测定,以玻璃电极为指示电极,饱和甘汞电极[Hg_2Cl_2(糊状)/Hg,饱和氯化钾溶液中电极电位为0.241 5V]为参比电极,组成的原电池为

（一）Ag｜AgCl,0.1mol/L｜玻璃膜｜试液 ‖ KCl(饱和)，Hg_2Cl_2｜Hg（＋）

Hg_2Cl_2/Hg 参比电极的反应为

$$Hg_2Cl_2(s)+2e^- \rightleftharpoons 2Hg+2Cl^-$$

AgCl/Ag 指示电极的反应为

$$AgCl(s)+e^- \rightleftharpoons Ag+Cl^-$$

将两电极插入溶液中形成原电池,其电动势为

$$E_{电池}＝E_+-E_-＝E_{甘汞}-E_{玻璃} \tag{5-1}$$

式中:$E_{电池}$表示原电池的电动势,单位为 V;$E_{甘汞}$为饱和甘汞电极的电极电位,不随被测溶液中氢离子的浓度变化,可视为定值,单位为 V;$E_{玻璃}$为 pH 玻璃电极的电极电位,随被测溶液中氢离子的浓度变化,单位为 V,其与溶液中氢离子浓度的关系可用能斯特方程表示为

$$E_{玻璃}＝E_{玻璃}^{\ominus}+0.059\lg[H^+]＝E_{玻璃}^{\ominus}-0.059pH \tag{5-2}$$

因此,原电池的电动势为

$$E_{电池}＝(E_{甘汞}-E_{玻璃}^{\ominus})+0.059pH＝K+0.059pH \tag{5-3}$$

可见,只要测得 $E_{电池}$,就能求出溶液的 pH。通常 K 采用已知 pH 的标准溶液进行校准。假设 pH 标准溶液和被测溶液的 pH 分别为 pH_s 和 pH_x,其相应原电池的电动势为

$$E_s＝K+0.059pH_s$$

$$E_x＝K+0.059pH_x$$

两式相减并移项后得

$$pH_x＝pH_s+\frac{E_x-E_s}{0.059} \tag{5-4}$$

可见,pH_x 是以标准溶液的 pH_s 为基准,并通过比较 E_x 与 E_s 的差值确定的。在 25℃ 时,每单位 pH 相当于 59.1mV 的电动势变化值。即电动势每改变 59.1mV,溶液的 pH 相应改变一个单位,可在仪器上直接读出 pH。这就是 pH 计的设计原理和测定 pH 的原理。

在实际工作中,当用酸度计测定溶液的 pH 时,经常用已知 pH 的标准缓冲溶液来校正酸度计(也叫"定位")。校正时应选用与被测溶液 pH 接近的标准缓冲溶液,以减少在测量过程中可能由于液接电位、不对称电位以及温度等变化而引起的误差。校正后的酸度计可直接测量水或其他低酸碱度溶液的 pH。

3.便携式(台式)pH 计法

便携式(台式)pH 计法是较常用的复合电极法,它利用氧化还原反应,以玻璃电极为指示电极,以 Ag/AgCl(AgCl/Ag,饱和氯化钾溶液中电极电位为 0.222V)等为参比电极复合在一起组成 pH 复合电极,测定水样的 pH。Ag/AgCl 参比电极的反应为

$$AgCl(s)+e^- \rightleftharpoons Ag^+ +Cl^-$$

其他同酸度计法

5.2.3.2 电导率的测定

电导率是以数字表示溶液传导电流的能力。水的电导率与其所含的无机酸、碱、盐的量有一定的关系。当它们的浓度较低时,电导率随浓度的增大而增大。因此,该指标常用于推测水中离子的总浓度或含盐量。电导率的标准国际单位是西门子/米(S/m)。不同类型的水有不同的电导率。新鲜蒸馏水的电导率为 $0.5\sim2\mu S/cm$,但放置一段时间后,因吸收了 CO_2,增加到 $2\sim4\mu S/cm$;超纯水的电导率小于 $0.10\mu S/cm$;天然水的电导率在 $50\sim500\mu S/cm$ 之间;矿

化水的导电率可达 $500\sim1\,000\mu S/cm$；含酸、碱、盐的工业废水电导率往往超过 $10\,000\mu S/cm$；海水的电导率为 $30\,000\mu S/cm$。

其实，电解质溶液也遵守欧姆定律。由于电导（L）是电阻（R）的倒数，因此，当两个电极（通常为铂电极或铂黑电极）插入溶液中时，可以测出两电极间的电阻 R。根据欧姆定律，温度一定时，这个电阻值与电极的间距 l（cm）成正比，与电极的截面积 A（cm^2）成反比，即

$$R = \rho \times \frac{l}{A} \tag{5-5}$$

由于电极面积 A 与间距 l 都是固定不变的，故 l/A 是一常数，称电导池常数，以 Q 表示。比例常数 ρ 叫作电阻率。其倒数 $1/\rho$ 称为电导率，用 K 表示。

用 S 表示电导度（反映导电能力的强弱），电导度和电阻成反比，即 $S = \dfrac{1}{R} = \dfrac{1}{\rho Q}$，所以 $K = QS$ 或 $K = Q/R$。

当已知电导池常数并测出电阻后，即可求出电导率。电导率的测定受溶液温度、电极极化现象及电极分布电容等因素的影响，电导率仪上一般都采用了补偿或消除措施。

5.2.3.3　浊度的测定

浊度是指泥砂、黏土、有机物、无机物、浮游生物和微生物等水中悬浮物对光线透过产生阻碍的程度，通常仅用于天然水和饮用水。污水和废水中不溶物质含量高，一般要求测定悬浮物。测定浊度的方法有目视比浊法、分光光度法、浊度计法等，在此介绍分光光度法的基本原理。

《水质　浊度的测定》（GB 13200－1991）中规定的分光光度法适用于饮用水、天然水及高浊度水，其测定原理为：在适当温度下，硫酸肼与六次甲基四胺聚合生成白色甲臜聚合物，反应式为

$$(NH_2)_2 \cdot H_2SO_4 + (CH_2)_6N_4 \longrightarrow 甲臜聚合物$$
$$白色聚合物$$

以此作为浊度标准液，用分光光度计在 680nm 波长处测定其吸光度值，在同样条件下与水样浊度相比较，即得知其浊度。

5.2.3.4　色度的测定

纯水是无色透明的。当水中存在某些物质时，会表现出一定的颜色。溶解性的有机物、部分无机离子和有色悬浮微粒均可使水着色。天然水中含有泥土、有机质、无机矿物质、浮游生物等，往往呈现一定的颜色。工业废水含有染料、生物色素、有色悬浮物等，是环境水体着色的主要来源。色度会减弱水的透光性，影响水生生物生长和观赏的价值。

水的颜色分为表色和真色。真色指去除悬浮物后的水的颜色，没有去除悬浮物的水具有的颜色称为表色。水的色度是指真色。常用的水的色度的测定方法有铂钴标准比色法、稀释倍数法及分光光度法。

1.铂钴标准比色法

《水质　色度的测定》（GB 11903－1989）中铂钴标准比色法适用于清洁水、轻度污染并略带黄色调的水、比较清洁的地表水、地下水及饮用水等，其基本原理为：用氯铂酸钾与氯化钴配成标准色列（二者不发生化学反应），与水样进行目视比色。每升水中含有 1mg 铂和 0.5mg 钴时所具有的颜色称为 1 度，作为标准色度单位。

pH 对色度有较大的影响，在测定色度的同时，应测量溶液的 pH。

如水样浑浊,可放置澄清,亦可用离心法或用孔径为 $0.45\mu m$ 的滤膜过滤以去除悬浮物。但不能用滤纸过滤,因滤纸可吸附部分溶解于水的颜色。

2.稀释倍数法

《水质　色度的测定》(GB 11903－1989)中稀释倍数法是将有色工业废水用无色水稀释到接近无色时,记录稀释倍数,以此表示该水样的色度,单位为倍,并辅以用文字描述颜色性质,如深蓝色、棕黄色等。

3.分光光度法

还可以用国际照明委员会(Commission Internationale de I'Eclairage,CIE)制定的分光光度法测定水样的色度。

5.2.3.5　残渣的测定

水中的残渣分为总残渣、可滤残渣和不可滤残渣三种,它们是表征水中可溶性物质、不溶性物质含量的指标。《水质　悬浮物的测定　重量法》(GB 11901－1989)中采用重量法来测定水中的残渣,适用于地表水、地下水,也适用于生活污水和工业废水中悬浮物的测定。

1.总残渣

总残渣是水或污水样在一定温度下蒸发、烘干后剩余的物质,包括不可滤残渣和可滤残渣。将混合均匀的水样在称至恒重的蒸发皿中于蒸气浴或水浴上蒸干,放在 $103\sim105℃$ 烘箱内烘至恒重,增加的质量为总残渣质量。

2.可滤残渣

可滤残渣的质量是指将过滤后的水样放在称至恒重的蒸发皿内蒸干,再在一定温度下烘至恒重所增加的质量。一般测定 $103\sim105℃$ 烘干的可滤残渣,但有时要求测定 $(180\pm2)℃$ 烘干的可滤残渣。

3.不可滤残渣

水样经过滤后留在过滤器上的固体物质,于 $103\sim105℃$ 烘至恒重得到的物质质量为不可滤残渣的质量,它包括不溶于水的泥沙各种污染物、微生物及难溶无机物等。测定的方法是将水样通过孔径为 $0.45\mu m$ 的滤料后,烘干固体残留物及滤料,将所称质量减去滤料质量,即为悬浮固体(总不可滤残渣),常用的滤器有滤纸、滤膜、石棉坩埚。

5.2.3.6　矿化度的测定

矿化度是水中所含有的无机矿物成分的总称。矿化度是水化学成分测定的重要指标,用于评价水中的总含盐量,是农田灌溉用水适用性评价的主要指标。矿化度的测定方法有重量法、电导法、阴阳离子加和法、离子交换法及比重计法等,本书仅介绍重量法。

重量法的基本原理为增重法[等效于中华人民共和国行业标准《矿化度的测定(重量法)》(SL 79－1994)]:水样经过滤去除漂浮物及沉降性固体物,放在秤至恒重的蒸发皿中蒸干,并用过氧化氢除去有机物,然后在 $105\sim110℃$ 烘至恒重,将称得质量减去蒸发皿质量即为矿化度。

对于无污染的水样,测得的矿化度与该水样在 $103\sim105℃$ 时烘干的可滤残渣量相同。该方法适用于天然水的矿化度测定。

5.2.3.7　酸度的测定

地表水中由于溶入 CO_2 或由于机械、选矿、电镀等行业排放的含酸废水的进入,致使水体的 pH 降低。酸度是衡量水体变化的一项重要指标,测定方法有酸碱指示剂法和电位滴定法。

1.酸碱指示剂法

酸碱指示剂法的基本原理是采用酸碱滴定法,以 NaOH 作标准溶液,选择合适的指示剂指示终点。

根据滴定终点的 pH,以酚酞作指示剂滴定至 pH＝8.3 时测得的酸度称为"酚酞酸度",又称总酸度,包括强酸和弱酸,反应式为

$$OH^- + H^+ \rightarrow H_2O（酚酞指示剂）$$

以甲基橙为指示剂,滴定至 pH＝3.7 时测得的酸度称为"甲基橙酸度"。该酸度代表强酸,以碳酸钙($CaCO_3$)进行计算,反应式为

$$OH^- + H^+ \rightarrow H_2O（甲基橙指示剂）$$

2.电位滴定法

电位滴定法基于氧化还原反应的基本原理进行酸度测定,以玻璃电极为指示电极,甘汞电极为参比电极,氢氧化钠标准溶液为滴定剂,用 pH 计、电位滴定仪或离子计指示反应终点。其原电池原理同 5.2.3.1 中方法 2,此处不再赘述。

该方法适用于饮用水、地表水、咸水、生活污水和工业废水酸度的测定。

5.2.3.8　碱度的测定

碱度是指水中所含有的,能与强酸定量作用的物质总量。地表水的碱度主要是由碳酸盐、重碳酸盐、氢氧化物、硼酸盐、磷酸盐、硅酸盐以及有机碱、金属水解性盐类等所贡献,故总碱度为这些成分浓度的总和。

碱度有酚酞碱度和甲基橙碱度。酚酞碱度是指用酚酞作指示剂,用强酸直接滴定至 pH＝8.3时测得的碱度;用甲基橙作指示剂,用酸滴定至 pH＝4.4～4.5 时测得的碱度为甲基橙碱度。碱度可用 CaO 或 $CaCO_3$ 含量(mg/dm^3)表示。

1.酸碱指示剂法

基于酸碱滴定的基本原理,用强酸滴定至酚酞由红色变为无色时,pH 为 8.3,化学反应为

$$CO_3^{2-} + H^+ \rightarrow HCO_3^-$$

当滴定至甲基橙指示剂由橙黄色变为橘红色时,pH 为 4.4～4.5,此时溶液中的 HCO_3^-（包括原有的和 CO_3^{2-} 中和产生的）进一步被强酸中和,化学反应为

$$HCO_3^- + H^+ \rightarrow CO_2 + H_2O$$

该方法不适用于污水及复杂体系中碳酸盐和重碳酸盐的计算。

2.电位滴定法

电位滴定法基于氧化还原反应的基本原理,用玻璃电极作为指示电极,甘汞电极作为参比电极,用酸标准溶液滴定,其终点通过 pH 计或电位滴定仪指示。其原电池原理同 5.2.3.1 小节中的酸度计法,此处不再赘述。

以 pH＝8.3 表示水样中氢氧化物被中和及碳酸盐转为重碳酸盐时的终点,与酸碱滴定法中酚酞指示剂所指示终点一致;以 pH＝4.4～4.5 表示水样中重碳酸盐被中和的终点,即酸碱滴定法中以甲基橙为指示剂的终点。若是工业废水或复杂组分的水,可以 pH＝3.7 为终点,表示总碱度的滴定终点。

该方法适用于饮用水、地表水、含盐水及生活污水和工业废水碱度的测定。

5.2.3.9　氧化还原电位的测定

水体中存在许多氧化还原电对,构成了复杂的氧化还原体系,而氧化还原电位则是多种氧

化物质和还原物质发生氧化还原反应的综合结果,是水体电化学特性的综合指标。

氧化还原电位的测定方法为:以铂电极作指示电极,甘汞电极作参比电极,与水样组成原电池。用毫伏计或通用 pH 计测定铂电极相对于甘汞电极的氧化还原电位,然后再换算成相对于标准氢电极的氧化还原电位。

铂电极-甘汞电极组成的原电池为

$$(-)Pt\,|\,H_2\,|\,H^+\,\|\,KCl\,|\,Hg\,|\,Hg_2Cl_2(s)\,|\,石墨(+)$$

标准状态下甘汞电极的电极电位为 $+0.241\,5V$,被测水样的氧化还原电位 $E_n(mV)$ 为

$$E_n = E_{ind} + E_{ref}$$

式中:E_{ind} 为实测水样的氧化还原电位(mV);E_{ref} 为测定温度下饱和甘汞电极的电极电位(mV)。

氧化还原电位受溶液温度、pH 及化学反应可逆性等因素影响。

5.2.4　无机污染物监测

5.2.4.1　氮的监测

水中的氮包括无机氮(氨氮、硝酸盐氮、亚硝酸盐氮)和有机氮。

1.氨氮

水中的氨氮(NH_3-N)以游离氨(NH_3)或铵盐(NH_4^+)形式存在于水中,两者的组成比取决于水的 pH:

$$NH_3 + H^+ \rightleftharpoons NH_4^+$$

当 pH 偏高时,游离氨(NH_3)的比例较高;反之,pH 较低时,则 NH_4^+ 的比例较高。地面水常要求测定非离子氨,即 NH_3。

水中氨氮的来源主要为生活污水中含氮有机物受微生物作用的分解产物、焦化废水和合成氨化肥厂废水等工业废水以及农田排水等。此外,在无氧环境中,水中存在的亚硝酸盐可在微生物的作用下被还原为氨;在有氧环境中,水中氨亦可转变为亚硝酸盐或继续转变为硝酸盐。鱼类对水中氨氮比较敏感,氨氮含量高时会导致鱼类死亡。

测定水中各种形态的氮化合物有助于评价水体被污染的状况和"自净"状况。

测定水中氨氮的方法有纳氏试剂分光光度法、水杨酸-次氯酸盐分光光度法、气相分子吸收光谱法、电极法和滴定法。

先将水样进行絮凝沉淀或蒸馏预处理,方法为:加适量的硫酸锌于水样中,并加 NaOH 使水样呈碱性,生成 $Zn(OH)_2$ 沉淀,再经过滤除去颜色和浑浊等。

$$Zn^{2+} + 2OH^- = Zn(OH)_2\downarrow$$

(1)纳氏试剂分光光度法

纳氏试剂分光光度法测定氨氮的原理(等效于《水质　铵的测定　纳氏试剂比色法》(GB 7479—1987)为:碘化汞和碘化钾的碱性溶液与氨反应生成淡红棕色胶态化合物,此颜色在较宽的波长范围内具有强烈的吸光性,通常测量用波长在 410~425nm 范围内。其反应如下:

$$2K_2[HgI_4] + 3KOH + NH_3 = NH_2Hg_2IO + 7KI + 2H_2O$$

　　　　碘化汞钾(纳氏试剂)　　　　　　次碘酸汞胺(淡红棕色胶态化合物)

(2)水杨酸-次氯酸盐分光光度法

水杨酸-次氯酸盐光度法[等效于《水质 铵的测定 水杨酸分光光度法》(GB 7481—1987)]测定氨氮原理为:在亚硝基铁氰化钠($Na_2[Fe(CN)_5NO]$)的存在下,pH=11.6 时,铵与水杨酸盐和次氯酸离子反应生成蓝色化合物,在波长 697nm 具有最大吸光性。这类反应称为 Berthelot 反应,反应机理较为复杂,分步完成:

第一步是氨与次氯酸盐反应生成氯胺:

$$NH_3 + HClO \rightarrow NH_2Cl + H_2O$$

第二步是氯胺与水杨酸反应:

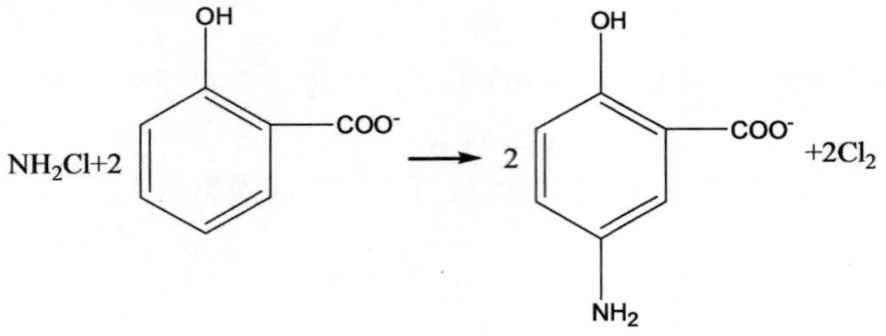

5-氨基水杨酸

第三步是氨基水杨酸转变为醌亚胺:

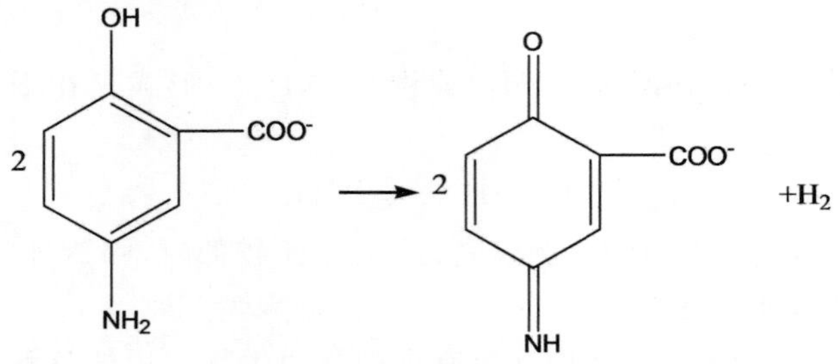

氨基水杨酸(醌亚胺)

第四步是氯代醌亚胺与水杨酸缩合生成靛酚蓝:

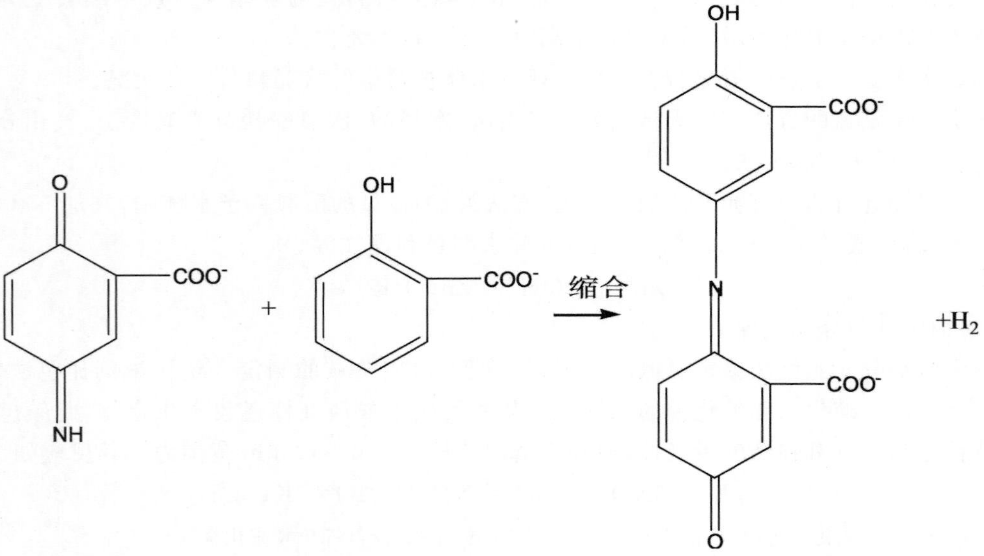

醌亚胺　　　　　　　水杨酸　　　　　　　靛酚蓝

（3）酸碱滴定法

酸碱滴定法等效于《水质　铵的测定　蒸馏和滴定法》（GB 7478－1987），仅用于已进行蒸馏预处理的水样，原理为：调节水样 pH＝6.0～7.4，加入氧化镁使其呈碱性，则 NH_4^+ 形成 NH_4OH：

$$NH_4^+ + OH^- \rightarrow NH_4OH$$

加热蒸馏释放出 NH_3：

$$NH_4OH \rightarrow NH_3 \uparrow + H_2O$$

释出的氨被硼酸溶液吸收：

$$NH_3 + H_3BO_3 \rightarrow NH_4^+ + H_2BO_3^-$$

用盐酸标准溶液滴定 $H_2BO_3^-$，以甲基红-亚甲基蓝为指示剂，溶液由绿色转为淡紫色为终点，滴定反应为

$$H_2BO_3^- + HCl \rightarrow Cl^- + H_3BO_3$$

2.亚硝酸盐氮的监测

亚硝酸盐氮（$NO_2^- - N$）是氮循环的中间产物，在氧和微生物的作用下可被氧化成硝酸盐氮（$NO_3^- - N$），在缺氧条件下可被还原为氨（$NH_3 - N$）。亚硝酸盐进入人体后，可将低血红蛋白氧化成高铁血红蛋白，使之失去输送氧的能力；还可与仲胺类反应生成具有致癌性的亚硝胺类物质。亚硝酸盐很不稳定，一般天然水中含量不会超过 $0.1mg/dm^3$。

水中亚硝酸盐氮常用的测定方法有离子色谱法、气相分子吸收光谱和 N -(1 -萘基)-乙二胺分光光度法。

N -(1 -萘基)-乙二胺分光光度法［等效于《水质　亚硝酸盐氮的测定 分光光度法》（GB 7493－1987）］的基本原理是：在磷酸介质中，pH 为 1.8±0.3 时，亚硝酸盐与对氨基苯磺酰胺反应，生成重氮盐：

$$NH_2SO_2C_6H_4NH_2 \cdot HCl + HNO_2 \xrightarrow{重氮化} NH_2SO_2C_6H_4N\equiv NCl + 2H_2O$$

　　　　对氨基苯磺酰胺盐酸盐　　　　　　　　　　对氨基苯磺酰重氮盐酸盐

再与 N -(1 -萘基)-乙二胺偶联生成红色染料：

$$NH_2SO_2C_6H_4N\equiv NCl + C_{10}H_7NHCH_2CH_2NH_2 \cdot 2HCl \xrightarrow{偶联}$$

　　对氨基苯磺酰重氮盐酸盐　　　　　　N -(1 -萘基)-乙二胺

$$NH_2SO_2C_6H_4N=NNHCH_2CH_2(C_{10}H_7) \cdot 2HCl + HCl$$

偶氮染料(红色)

红色的偶氮染料在 540nm 波长处有最大吸光性，测定其吸光度值即可得钊亚硝酸盐氮（$NO_2^- - N$）的含量。

3.硝酸盐氮的监测

硝酸盐氮（$NO_3^- - N$）是有氧环境中最稳定的含氮化合物，也是含氮有机化合物经无机化作用最终阶段的分解产物。清洁的地面水硝酸盐氮含量较低，受污染水体和一些深层地下水中（$NO_3^- - N$）含量较高。制革废水、酸洗废水、某些生化处理设施的出水及农田排水中常含有大量硝酸盐。人体摄入硝酸盐后，经肠道中微生物作用转化成亚硝酸盐而呈现毒性作用。

水中硝酸盐氮（$NO_3^- - N$）的测定方法有酚二磺酸分光光度法、镉柱还原法、戴氏合金还原法、离子色谱法、紫外分光光度法、离子选择性电极法和气相分子吸收光谱法等。下面介绍

酚二磺酸分光光度法的原理。

硝酸盐氮在无水存在情况下与酚二磺酸反应,生成硝基二磺酸酚,于碱性溶液中又生成黄色的硝基酚二磺酸三钾盐,反应为

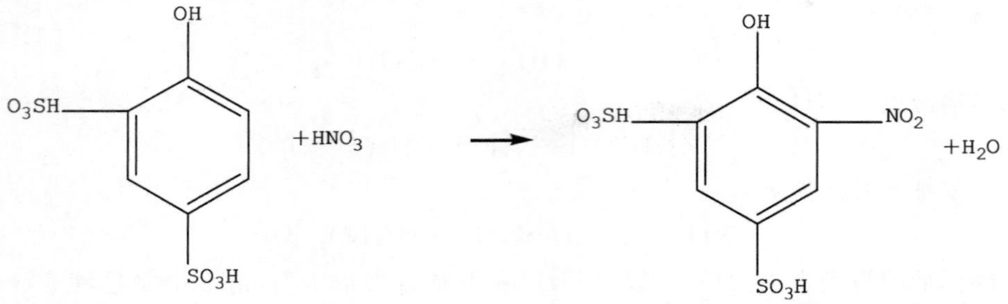

酚二磺酸 ... 硝基二磺酸酚

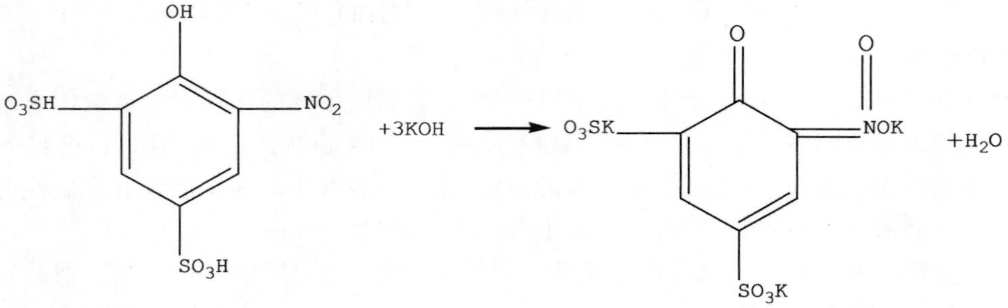

硝基二磺酸酚 ... 硝基酚二磺酸三钾盐(黄色)

该方法测定浓度范围大,显色稳定,适用于测定饮用水、地下水和清洁地面水中的硝酸盐氮(NO_3^--N)测定。

4.凯氏氮的监测

凯氏氮是指以 Kjeldahl 法测得的含氮量,包括氨氮(NH_3-N)和在此条件下能转化为铵盐而被测定的有机氮化合物。此类有机氮化合物主要有蛋白质、氨基酸、肽、胨、核酸、尿素记忆合成的氮为负三价形态的有机氮化合物,但不包括叠氮化合物、硝基化合物等。由于一般水中存在的有机氮化合物多为前者,故可用凯氏氮与氨氮的差值表示有机氮含量。凯氏氮的测定方法可以采用分光光度法、滴定法及气相分子吸收法。

凯氏氮测定[等效于《水质　凯氏氮的测定》(GB 11891-1989)]的基本原理为:水样中加入 $CuSO_4$ 和浓 H_2SO_4,加热消解,将有机氮转变为氨氮(NH_3-N),反应式为

$$H_2SO_4 \rightarrow SO_2 + H_2O + [O]$$

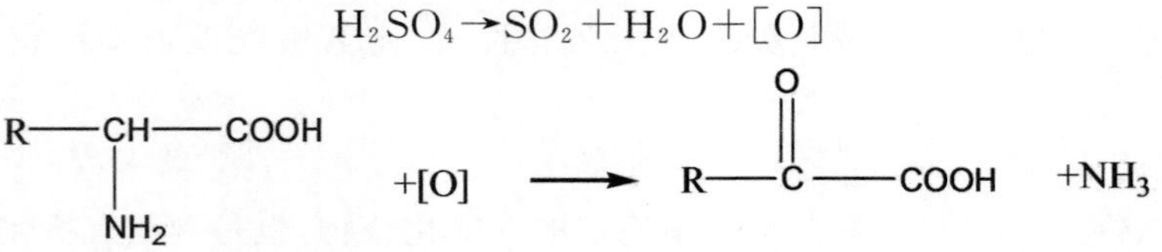

$$2NH_3 + H_2SO_4 \rightarrow (NH_4)_2SO_4$$

然后,在碱性介质中蒸馏出氨(NH_3-N),用纳氏试剂分光光度法测定氨氮含量,即为水样中的凯氏氮含量。或用硼酸吸收:

$$NH_3 + H_3BO_3 \rightarrow NH_4^+ + H_2BO_3^-$$

然后用滴定法测定氨氮(NH_3-N)含量,即为水样中的凯氏氮含量。因此,凯氏氮的测定最后

步骤与氨氮(NH_3-N)相同。

凯氏氮在评价湖泊、水库等水的富营养化时,是一个有意义的指标。

5.总氮的监测

大量生活污水、农田排水或含氮工业废水排入水体,使水中含氮物质浓度增加,浮游生物和藻类大量繁殖,消耗水中溶解氧,使水体出现富营养化现象,水体质量恶化。

总氮的测定通常采取分别测定有机氮和无机氮化合物[氨氮(NH_3-N)、亚硝酸盐氮(NO_2^--N)和硝酸盐氮(NO_3^--N)]后,用加和的办法或以过硫酸钾氧化,使有机氮和无机氮化物转变为硝酸盐(NO_3^--N)后,再以紫外分光光度法或还原为亚硝酸盐(NO_2^--N)后用偶氮比色法以及离子色谱法进行测定。

过硫酸钾氧化-紫外分光光度法的原理为:在 60℃以上的水溶液中过硫酸钾按如下反应式分解,生成氢离子和氧。

$$K_2S_2O_8 + H_2O \rightarrow 2KHSO_4 + 0.5O_2$$

$$KHSO_4 \rightarrow K^+ + HSO_4^-$$

$$HSO_4^- \rightarrow H^+ + SO_4^{2-}$$

加入氢氧化钠中和 H^+,使过硫酸钾分解完全。

在 120~124℃的碱性介质条件下,用过硫酸钾作氧化剂,不仅可将水样中的氨氮(NH_3-N)和亚硝酸盐氮(NO_2^--N)氧化为硝酸盐(NO_3^--N):

$$NH_3 + 2O_2 \xrightarrow{K_2S_2O_8} HNO_3 + H_2O$$

$$NH_4OH + 4O_2 \xrightarrow{K_2S_2O_8} 2HNO_3 + 4H_2O$$

$$HNO_2 + O_2 \xrightarrow{K_2S_2O_8} 2HNO_3$$

还可将水样中大部分有机氮化合物氧化为氨氮(NH_3-N):

之后再被氧化为硝酸盐(NO_3^--N)。

最后用紫外分光光度法分别于波长 220nm 与 275nm 处测定其吸光度,按 $A = A_{220} - 2A_{275}$ 计算硝酸盐氮的吸光度值,从而计算总氮的含量。

5.2.4.2　磷的监测

在天然水和废水、污水中,磷主要以各种磷酸盐(正磷酸盐、焦磷酸盐、偏磷酸盐和多磷酸盐)和有机磷(如磷脂等)形式存在,也存在于腐殖质粒子和水生生物中。磷是生物生长必需的元素之一,但水体中磷含量过高,会导致富营养化,使水质恶化。环境中的磷主要来源于化肥、冶炼、合成洗涤剂等行业的废水和生活污水。磷是评价水质的重要指标。

水中磷的测定通常按其存在的形式分别测定总磷、可溶解性正磷酸盐和可溶性总磷。水样直接消解后测定总磷;水样不消解,采用 $0.45\mu m$ 滤膜过滤的滤液,可直接测定可溶性正磷酸盐;过滤后再消解的水样可测定可溶性总磷。

正磷酸盐的测定方法有离子色谱法、钼锑抗分光光度法、孔雀绿-磷钼杂多酸分光光度法、罗丹明 6G 荧光分光光度法、气相色谱法等。

1.钼锑抗分光光度法

钼锑抗分光光度法[等效于《水质　总磷的测定　钼锑抗分光光度法》(GB1 1893－1989)]基本原理为:采集的水样立即经 $0.45\mu m$ 微孔滤膜过滤后,其滤液供可溶性正磷酸盐的测定;滤液经强氧化剂氧化分解后可测定可溶性总磷;取混合水样(包括悬浮物),经强氧化剂分解后可测定水中总磷含量。

在酸性条件下,正磷酸盐与钼酸铵、酒石酸锑氧钾[$K(SbO)C_4H_4O_6 \cdot 0.5H_2O$]反应,生成磷钼杂多酸,反应为

$$H_3PO_4 + (NH_4)_2MoO_4 \rightarrow H_3[P(Mo_3O_{10})_4] + 12H_2O$$

钼酸铵　　　　　　　　磷钼杂多酸(黄色)

再被抗坏血酸还原,生成蓝色配位物(磷钼蓝),反应为

$$H_3[P(Mo_3O_{10})_4] + 抗坏血酸(还原态) = [2MoO_2 \cdot 4MoO_3]_2 \cdot H_3PO_4 + 抗坏血酸(氧化态)$$

磷钼杂多酸(黄色)　　　　　　　　　　　　　　磷钼蓝

磷钼蓝的最大吸收波长为 700nm,测定其吸光度值,用标准曲线法定量,即可得水中总磷含量。

2.孔雀绿-磷钼杂多酸分光光度法

孔雀绿-磷钼杂多酸分光光度法的基本原理为:在酸性条件下,碱性染料孔雀绿与磷钼杂多酸可生成绿色离子缔合物,用聚乙烯醇稳定显色液,直接在水相用分光光度法测定正磷酸盐:

$$H_3[P(Mo_3O_{10})_4] + 孔雀绿 \rightarrow H_3[P(Mo_3O_{10})_4]-孔雀绿(离子缔合物)$$

黄色　　　　　　　　　　　　　　　　　绿色

5.2.4.3　氯的监测

1.游离氯和总氯的监测

游离氯又称游离余氯(活性游离氯、潜在游离氯),以单质、次氯酸和次氯酸盐形式存在于水中。总氯又称总余氯,即游离氯和氯胺、有机氯胺类等化合氯的总称。

氯以单质或氯酸盐形式加入水中后,经水解生成游离性有效氯,包括含水分子氯、次氯酸和次氯酸盐离子等形式,它们的相对比例决定于水的 pH 和温度。在一般水体的 pH 下,主要是次氯酸和次氯酸盐离子。

游离性氯与铵和某些含氮化合物反应后生成化合性有效氯。氯与铵反应生成氯胺,包括一氯胺、二氯胺和三氯化氮。游离性氯与化合性氯能同时存在于水中。氯化过的污水和某些工业废水的出水通常只含有化合性氯。

水中余氯的来源主要是饮用水、污水(加氯可杀灭或抑制微生物)和电镀废水(加氯可分解有毒的氰化物)。

氯化作用产生的不利影响是可使含酚的水产生氯酚臭,还可生成有机氯化物,并可因存在化合性氯而对某些水生物产生有害作用。

氯的测定可采用碘量滴定法(氯含量较高)和比色法(氯含量较低)。

(1)碘量滴定法

碘量滴定法的基本原理为:氯在酸性溶液中与 KI 作用,释放出定量的碘:

$$2KI + 2CH_3COOH \rightarrow 2CH_3COOK + 2HI$$

$$2HI + HOCl \rightarrow I_2 + HCl + H_2O$$

$$2HI + Cl_2 \rightarrow I_2 + 2HCl$$

再用硫代硫酸钠标准溶液滴定：

$$I_2 + 2Na_2S_2O_3 \rightarrow 2NaI + Na_2S_4O_6$$

采用本方法测定的氯为总氯，包括 $HOCl$，OCl^-，NH_2Cl 和 $NHCl_2$ 等，适用于生活用水中氯的测定。

（2）N，N-二乙基对苯二胺分光光度法

N，N-二乙基对苯二胺分光光度法［等效于《水质　游离氯和总氯的测定 N，N-二乙基-1，4-苯二胺分光光度法》（GB 11898—1989）］测定余氯的原理为：游离氯在 pH 为 6.2～6.5 时与 N，N-二乙基-1，4 苯二胺直接反应生成红色化合物，反应为

$$Cl^- + NH_4C_6H_4N(C_2H_5)_2 \cdot H_2SO_4 \rightarrow NH_4C_6H_4N(C_2H_5)_2 + 2HCl + SO_4{}^{2-}$$
$$\text{红色}$$

然后在 510nm 处用分光光度法进行测定吸光度值，再用标准曲线法定量，即可得到水质余氯的含量。

（3）N，N-二乙基对苯二胺硫酸亚铁铵滴定法

N，N-二乙基对苯二胺硫酸亚铁铵滴定法［等效于《水质　游离氯或总氯的测定 N，N-二乙基-1，4-苯二胺滴定法》（GB 11897—1989）］测定游离氯或总氯的基本原理为：游离氯在 pH 为 6.2～6.5 时与 N，N-二乙基-1，4 苯二胺直接反应生成红色化合物，反应同方法二，用硫酸亚铁铵标准溶液滴定至红色消失为终点。

2.氯化物的监测

氯化物（Cl^-）是水和废水中常见的阴离子，在江河湖海中均存在，在海水、盐湖及地下水中含量较高，在生活污水和工业废水中也含有相当数量的氯离子。

测定氯化物（Cl^-）的方法有离子色谱法、硝酸银滴定法、硝酸汞滴定法、电位滴定法及电极流动法等。

（1）硝酸银滴定法

硝酸银滴定法［等效于《水质　氯化物的测定　硝酸银滴定法》（GB 11896—1989）］的基本原理为：在中性或弱碱性介质中，用铬酸钾作指示剂，用硝酸银标准溶液滴定至溶液出现砖红色沉淀为终点。滴定反应为

$$Ag^+ + Cl^- \rightarrow AgCl\downarrow（白色）$$

到达终点时：

$$2Ag^+ + CrO_4{}^{2-} \rightarrow Ag_2CrO_4\downarrow（砖红色）$$

本方法适用于天然水中氯化物的测定，也适用于经过适当稀释的高矿化废水（咸水、海水等）及经过各种预处理的生活污水和工业废水。

（2）电位滴定法

电位滴定法的基本原理为：以氯电极为指示电极，以玻璃电极或双液接电极为参比，用硝酸银溶液滴定，用毫伏计测定两电极之间的电位变化。在恒定地加入少量硝酸银的过程中，电位变化最大时，仪器的读数即为滴定终点。本方法可用于测定地表水、地下水和工业废水中的氯化物。

指示电极可以用银-氯化银（AgCl/Ag），电极反应为

$$AgCl(s) + e^- \rightleftharpoons Ag + Cl^-，\quad E^\ominus = 0.222\ 3V$$

能斯特方程为

$$E_{AgCl/Ag} = E_{AgCl/Ag}^{\ominus} - \frac{0.059}{n} lg[Cl^-] \qquad (5-6)$$

该半电池反应与 AgCl 的溶度积常数及 Cl^- 浓度有关,从而达到测量 Cl^- 的目的。

(3)氯离子选择性电极测定法

氯离子选择性电极测定的基本原理为:氯离子选择性电极是由 AgCl 和 Ag_2S 的粉末混合物压制成的敏感膜。将氯离子选择性电极浸入含 Cl^- 的溶液中,可产生相应的膜电势(膜电势的大小与 Cl^- 活度的对数值成线形关系)。

测量时采用玻璃电极或者双液接甘汞电极作参比电极,氯离子选择性电极为指示电极,两者在被测溶液中组成可逆电池。在一定的条件下,原电池电动势与氯离子浓度的对数成线性关系:

$$E = K - \frac{2.303RT}{nF} lg[Cl^-] \qquad (5-7)$$

由此测得水中的氯离子浓度。

5.2.4.4 硫的监测

水中硫的监测包括硫化物和硫酸盐监测。硫化物包括溶解性 H_2S,HS^-,S^{2-},存在于悬浮物中的可溶性硫化物、酸溶性金属硫化物以及未电离的有机、无机类硫化物。硫酸盐主要来自土壤岩石中矿物组分的风化和淋溶,金属硫化物氧化也会使硫酸盐浓度增加。

1.硫化物的监测

硫化物通常是水和废水中溶解性的无机硫化物和酸溶性金属硫化物。焦化、造气、选矿、造纸、印染、制革等工业废水中亦含有硫化物。硫化氢毒性大,对人体危害大,能腐蚀金属设备和管道,因此硫化物是水体污染的重要指标。

测定水中硫化物的方法有对氨基二甲基苯胺分光光度法、碘量法、气相分子吸收吸收光度法、间接原子吸收法、离子选择电极法等。

(1)对氨基二甲基苯胺分光光度法

对氨基二甲基苯胺分光光度法[等效于《水质 硫化物的测定 亚甲基苯胺分光光度法》(GB/T 16489—1996)]的基本原理为:在含高铁离子($FeCl_3$)的酸性溶液中,硫离子(S^{2-})与对氨基二甲基苯胺反应,生成蓝色的亚甲基染料,颜色深度与水样中硫离子的浓度成正比,然后于 625nm 波长处比色定量。反应式如下:

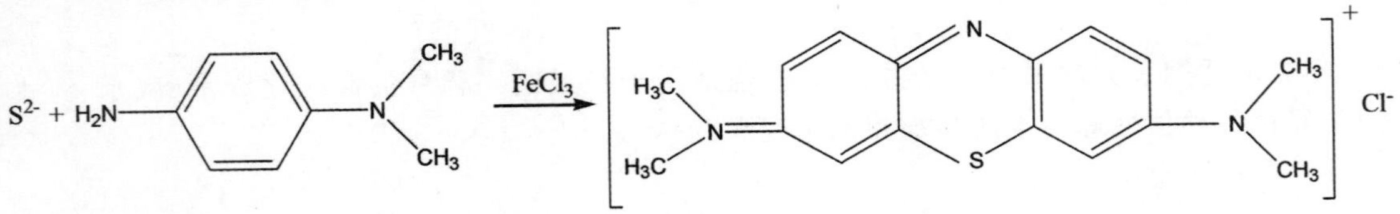

对氨基二甲基苯胺   亚甲基蓝

(2)直接碘量法

直接碘量法的基本原理[等效于《水质 硫化物的测定 碘量法》(HJ/T 60—2000)]为:水样中的硫化物与醋酸锌反应生成白色硫化锌沉淀:

$$S^{2-} + Zn(CH_3COO)_2 \rightarrow ZnS\downarrow(白色) + 2CH_3COO^-$$

将 ZnS 沉淀用磷酸溶解:

$$ZnS + 2H^+ \rightarrow Zn^{2+} + H_2S$$

加入过量碘溶液：

$$H_2S + I_2(过量) \rightarrow 2HI + S\downarrow$$

剩余的碘用硫代硫酸钠溶液滴定：

$$2Na_2S_2O_3 + I_2 \rightarrow Na_2S_4O_6 + 2NaI$$

滴定至溶液为黄色后，加入淀粉指示剂，继续滴定至蓝色刚消失，反应为

$$淀粉-I_2(蓝色) + 2Na_2S_2O_3 \rightleftharpoons 淀粉(无色) + I^- + Na_2S_4O_6$$

2.硫酸盐的监测

硫酸盐在自然界分布广泛，天然水、地表水及地下水中均含有硫酸盐，金属硫化物氧化后也会形成硫酸盐。硫酸盐是硫的最高氧化态物质，性质稳定。水中少量硫酸盐对人体健康无影响，但超过 $250mg/dm^3$ 时可致腹泻。

监测硫酸盐的方法有硫酸钡重量法、铬酸钡光度法、EDTA 容量法、铬酸钡间接原子吸收法、离子色谱法等。

(1)硫酸钡重量法

硫酸钡重量法[等效于《水质　硫酸盐的测定　重量法》(GB 11899－1989)]的基本原理为：硫酸盐在盐酸溶液中与加入的 $BaCl_2$ 反应生成 $BaSO_4$ 沉淀。反应为

$$SO_4{}^{2-} + Ba^{2+} \rightarrow BaSO_4\downarrow(白色)$$

烘干或灼烧后称量 $BaSO_4$ 质量，换算为 $SO_4{}^{2-}$ 的质量。本方法适用于地表水、地下水、咸水、生活污水及工业废水中硫酸盐的测定。

(2)铬酸钡分光光度法

铬酸钡光度法的基本原理为：在酸性溶液(HCl)中，铬酸钡与硫酸盐生成 $BaSO_4$ 沉淀，释放出铬酸根离子。反应为

$$BaCrO_4 + SO_4{}^{2-} \rightarrow BaSO_4\downarrow(白色) + CrO_4{}^{2-}$$

$$2CrO_4{}^{2-} + 2H^+ \rightarrow Cr_2O_7{}^{2-} + H_2O$$

之后，用氨水中和至碱性，溶液至柠檬黄色，测量其吸光度值，得到硫酸盐含量。反应为

$$Cr_2O_7{}^{2-} + 2OH^- \rightarrow 2CrO_4{}^{2-}(柠檬黄) + H_2O$$

本方法适用于硫酸盐含量较低的清洁水样。

(3)铬酸钡间接原子吸收法

铬酸钡间接原子吸收法[等效于《水质　硫酸盐的测定　火焰原子吸收分光光度法》(GB 13196－1991)]的基本原理为：在弱酸性溶液(HCl＋冰醋酸)中，铬酸钡与硫酸盐生成 $BaSO_4$ 沉淀。反应为

$$BaCrO_4 + SO_4{}^{2-} \rightarrow BaSO_4\downarrow(白色) + CrO_4{}^{2-}$$

为了降低 $BaSO_4$ 的溶解度，可向溶液中加入氨水和乙醇，之后用 $0.45\mu m$ 微孔滤膜过滤，取滤液用火焰原子吸收法测定铬，间接计算 $SO_4{}^{2-}$ 含量。

本方法适用于地表水、饮用水及较清洁工业废水中 $SO_4{}^{2-}$ 的测定。

5.2.4.5　金属的监测

水中的金属元素有些是人体健康必需的常量元素和微量元素，有些是有害于人体健康的，如汞、铬、镉、铅、铜、锌、镍、钡、砷、钒等。金属的有机化合物比相应的无机化合物毒性要大很

多，一般可溶性金属要比颗粒态金属毒性大，因此在环境监测中，金属的监测非常重要。下面介绍几种金属的化学检测方法。

1.六价铬的监测

铬的化合物的常见价态有三价和六价。在水体中，六价铬一般以 CrO_4^{2-}，$HCr_2O_7^-$，$Cr_2O_7^{2-}$ 三种阴离子形式存在，受水体 pH、温度、氧化还原物质、有机物等因素的影响，三价铬和六价铬化合物可以互相转化。

铬是生物体所必需的微量元素之一。铬的毒性与其存在价态有关，六价铬具有强毒性，为致癌物质，并易被人体吸收而在体内蓄积。通常认为六价铬的毒性比三价铬大 100 倍。但对于鱼类而言，三价铬化合物的毒性比六价铬大。铬的工业污染源主要来自于铬矿石加工、金属表面处理、皮革鞣制、印染等行业的废水。

当水中六价铬浓度达 $1mg/dm^3$ 时，水呈黄色并有涩味；三价铬浓度达 $1mg/dm^3$ 时，水的浊度明显增加。陆地天然水中一般不含铬，海水中铬的平均浓度为 $0.05\mu g/dm^3$，饮用水中更低。

水中铬的测定方法有二苯碳酰二肼分光光度法、硫酸亚铁铵滴定法、原子吸收分光光度法和等离子体发射光谱法。

(1)二苯碳酰二肼分光光度法

二苯碳酰二肼分光光度法（六价铬的测定）[等效于《水质 总铬的测定》(GB 7466－1987)] 的基本原理为：在酸性溶液中，六价铬离子与二苯碳酰二肼反应，生成紫红色化合物。反应为

苯肼羟基偶氮苯的最大吸收波长为 540nm，吸光度与浓度的关系符合比尔定律。本方法适用于地表水和工业废水的测定。

如果测定总铬，需先用高锰酸钾将水样中的三价铬氧化为六价，再采用上述方法测定：

$$10Cr^{3+}+6MnO_4^-+11H_2O\rightarrow5Cr_2O_7^{2-}+6Mn^{2+}+22H^+$$

(2)硫酸亚铁铵滴定法

硫酸亚铁铵滴定法的基本原理为：在酸性介质中，以银盐(Ag^+)作催化剂，用过硫酸铵 $[(NH_4)_2S_2O_8]$ 将 Cr^{3+} 氧化成 $Cr_2O_7^{2-}$，反应如下：

$$2Cr^{3+}+3S_2O_8^{2-}+7H_2O\rightarrow Cr_2O_7^{2-}+6SO_4^{2-}+14H^+$$

然后加少量氯化钠并煮沸，除去过量的过硫酸铵和反应中产生的氧气，反应如下：

$$(NH_4)_2S_2O_8\rightarrow N_2+4H_2O+2SO_2$$

以苯基代邻氨基苯甲酸作指示剂，用硫酸亚铁铵标准溶液滴定至溶液呈亮绿色，其滴定反应如下：

$$6Fe(NH_4)_2(SO_4)_2+K_2Cr_2O_7+7H_2SO_4=$$
$$3Fe_2(SO_4)_3+Cr_2(SO_4)_3+K_2SO_4+6(NH_4)_2SO_4+7H_2O$$

根据硫酸亚铁铵溶液的浓度和消耗的体积即可计算出水中的总铬含量。该方法适用于测定总铬浓度大于 $1mg/dm^3$ 的废水。

2.汞的监测

汞及其化合物为剧毒物质。天然水中汞含量一般不超过 $0.1\mu g/dm^3$,我国饮用水中汞的标准限值为 $0.001mg/dm^3$。

汞的检测方法有双硫腙光度法、冷原子吸收法、冷原子荧光法、原子荧光法等。

双硫腙光度法[等效于《水质　总汞的测定　高锰酸钾-过硫酸钾消解法　双硫腙分光光度法》(GB 7469—1987)]的基本原理为:在高温 95℃ 条件下,用高锰酸钾和过硫酸钾消解试样,将所含的汞(无机汞和有机汞)全部转化为二价汞,然后用盐酸羟胺还原过剩的氧化剂;在酸性条件下,汞离子与加入的双硫腙溶液反应生成 1:2 橙色螯合物:

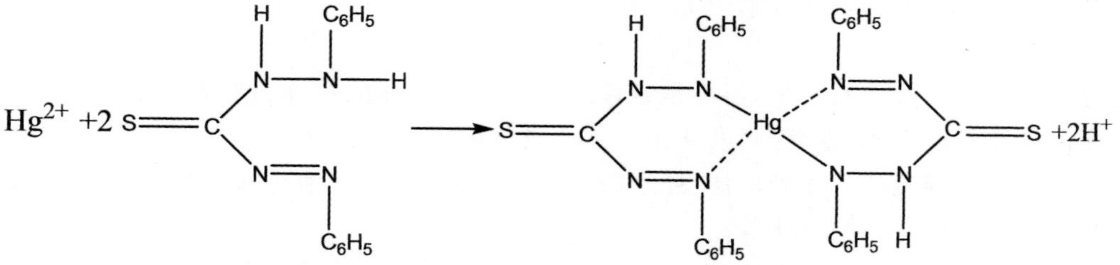

双硫腙　　　　　　　　　　　　　　橙红色螯合物

之后,用有机溶剂萃取,再用碱溶液洗去过量的双硫腙,于 485nm 波长处测定吸光度,用标准曲线法计算水中的汞含量。

作为萃取剂的有机溶剂可采用氯仿或四氯化碳,前者由于毒性较小,使用较为广泛。该方法汞的最低检出浓度为 $2pg/dm^3$,测定上限为 $40pg/dm^3$,适用于测定地表水、生活污水、工业废水中的汞。

3.铅的监测

铅是可在人体和动物组织中蓄积的有毒金属。铅的主要毒性效应是导致贫血症、神经机能失调和肾损伤。铅的主要污染源是蓄电池、五金、机械、涂料和电镀工业等排放的废水,是我国实施排放总量控制的指标之一。

铅可以采用双硫腙分光光度法、直接吸入火焰原子吸收分光光度法、原子吸收分光光度法、阳极溶出伏安法或示波法、等离子发射光谱法等监测。

双硫腙分光光度法的基本原理为:在 pH=8.5～9.5 的氨性柠檬酸盐-氰化物的还原性介质中,铅离子与双硫腙形成可被三氯甲烷(或四氯化碳)萃取的淡红色的 1:2 双硫腙铅螯合物:

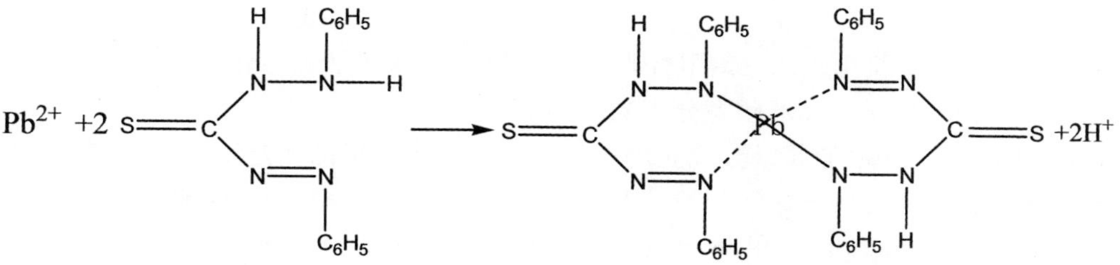

双硫腙,绿色　　　　　　　　　　　　淡红色螯合物

可于最大吸收波长 510nm 处测量 1:2 双硫腙铅螯合物的吸光度,然后用标准曲线计算水中的铅含量。

4.镉的监测

镉属于剧毒金属,可在人体的肝、肾等组织中蓄积,造成脏器组织损伤,尤其对肾脏损伤最为明显,还会导致骨质疏松,诱发癌症。镉主要来源于电镀、采矿、冶炼、颜料、电池等工业排放的废水。我国规定生活饮用水中的镉含量不得超过 $0.005mg/dm^3$。

镉的监测方法有双硫腙分光光度法、原子吸收分光光度法、阳极溶出伏安法和电感耦合等离子体发射光谱法等。

双硫腙分光光度法的基本原理为:在强碱性溶液中,镉离子与双硫腙反应,生成1:2红色螯合物(反应形式同汞),用三氯甲烷萃取分离后于518nm处测量吸光度,再用标准曲线法定量。该方法适用于天然水和废水中镉的测定。

5.锌的监测

锌是人体必不可少的元素,但不是越多越好。锌对水体的自净过程有一定抑制作用。锌的主要污染源是电镀、冶金、颜料及化工等工业排放的废水。

锌可以采用双硫腙分光光度法、原子吸收分光光度法、阳极溶出伏安法或者示波极谱法、电感耦合等离子体发射光谱法等。

双硫腙分光光度法的基本原理为:在 pH=4~5 的乙酸缓冲溶液中,锌离子与双硫腙反应,生成1:2红色螯合物(反应形式同汞),用三氯甲烷或四氯化碳萃取分离后,于535nm处测量吸光度,再用标准曲线法定量。该方法用于天然水和废水中镉的测定。

6.铜的监测

铜是人体必需的微量元素,缺铜会发生贫血、腹泻等,但过量摄入铜会产生危害。铜的主要污染源是电镀、五金加工、矿山开采、石油化工和化学工业等排放的废水。

铜的测定方法有萃取分光光度法、原子吸收分光光度法、阳极溶出伏安法、示波极谱法和电感耦合等离子体发射光谱法等。

(1)萃取分光光度法

萃取分光光度法[等效于《水质 铜的测定 二乙基二硫代氨基甲酸钠分光光度法》(HJ 485-2009)]的基本原理为:在 pH=9~10 的氨性缓冲溶液中,铜离子与二乙基二硫代氨基甲酸钠(铜试剂,DDTC)反应,生成1:2黄棕色胶体络合物,反应如下:

$$2(C_2H_5)_2N-\overset{\overset{\displaystyle S}{\|}}{C}-S-Na+Cu^{2+} \longrightarrow (C_2H_5)_2N-C\begin{smallmatrix}S\\\\S\\H\end{smallmatrix}Cu\begin{smallmatrix}H\\S\\\\S\end{smallmatrix}C-N(C_2H_5)_2 +2Na^+$$

DDTC   DDTC-Cu(黄棕色)

该络合物可被四氯化碳或三氯甲烷萃取,其最大吸收波长为440nm。

(2)2,9-二甲基-1,10-菲啰啉分光光度法

2,9-二甲基-1,10-菲啰啉分光光度法[等效于《水质 铜的测定 2,9-二甲基-1,10-菲啰啉分光光度法》(HJ 486-2009)]的基本原理为:用盐酸羟胺把 Cu^{2+} 还原为 Cu^+,在中性或微酸性溶液中,Cu^+ 与2,9-二甲基-1,10-菲啰啉反应生成1:2黄色络合物:

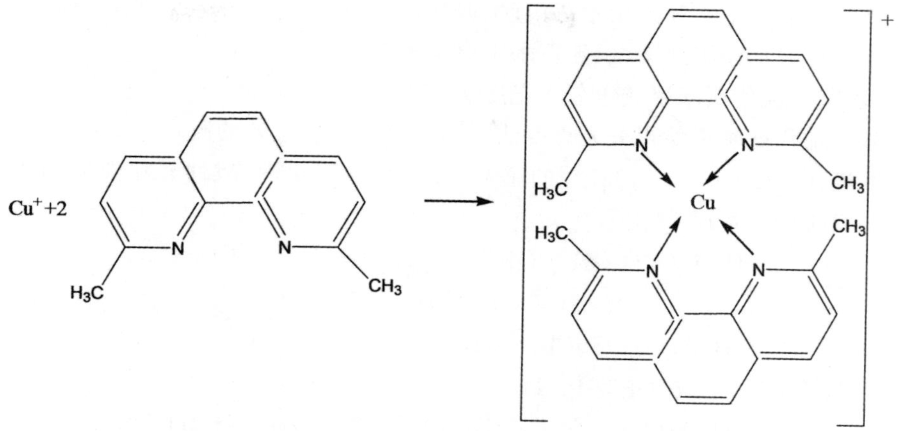

2,9-二甲基-1,10-菲啰啉　　　　　　　　黄色络合物

该络合物可被有机溶剂(包括氯仿-甲醇混合液)萃取,然后在波长 457nm 处测量吸光度。本方法适用于地表水、生活污水和工业废水中铜的测定。

7.银的监测

银是人体非必需的微量元素。银或银盐被人体摄入后,会在皮肤、眼睛及黏膜沉着,使这些部位产生一种永久性的、可怕的蓝灰色色度。由于银及其盐类具有很强的杀菌性,故被用作水的消毒剂。银的主要污染物来源于感光材料、胶片洗印、印刷制版、冶炼、金属及玻璃镀银等行业排放的废水。

银离子的检测方法有镉试剂 2B 法、3,5-Br$_2$-PADAP 法以及原子吸收分光光度法等。

3,5-Br$_2$-PADAP 法的基本原理为:有十二烷基硫酸钠存在时,在 pH=4.5～8.5 的醋酸-醋酸盐缓冲溶液中,银离子与 3,5-Br$_2$-PADAP([2-(3,5)-二溴-2-吡啶偶氮]-5-二乙氨基酚)反应形成稳定的 1:2 红色络合物。当反应介质控制在 pH=5 时,此络合物的最大吸收峰在 576nm 处,而试剂的最大吸收峰为 470nm。试剂和络合物均很稳定。

8.砷的监测

元素砷毒性极低,但砷的化合物均有毒,三价砷化合物比其他砷化合物毒性更强。砷化合物容易在人体内积累,造成急性或慢性中毒。砷污染主要来源于采矿、冶金、化工、化学制药、农药生成、玻璃、制革等工业废水。

测定水体中砷的方法有新银盐分光光度法、二乙氨基二硫代甲酸银分光光度法、原子吸收分光光度法、原子荧光法、ICP-AES 法等。

(1)新银盐分光光度法

新银盐分光光度法的基本原理为:硼氢化钾在酸性溶液中产生新生态氢。反应式为

$$KBH_4+3H_2O+H^+ \rightarrow H_3BO_3+K^++8[H]$$

将水样中的无机砷还原为砷化氢(AsH$_3$)气体:

$$3[H]+As^{3+}(As^{5+}) \rightarrow AsH_3 \uparrow$$

用硝酸-硝酸银-聚乙烯醇-乙醇溶液吸收,砷化氢将吸收液中的银离子还原成单质胶态银,使溶液呈黄色:

$$AsH_3+6AgNO_3+2H_2O \rightarrow 6Ag(黄色胶态银)+HAsO_2+6HNO_3$$

溶液的颜色强度与生成氢化物的量成正比。该黄色溶液对 400nm 光有最大吸收,且峰型

对称。对于清洁的地下水和地面水,可直接取样进行测定;对于被污染的水,要用盐酸-硝酸-高氯酸消解。该方法用于地面水、地下水中痕量砷的测定。

(2)二乙基二硫代氨基甲酸银分光光度法

二乙基二硫代氨基甲酸银分光光度法[等效于《水质　总砷的测定　二乙基二硫代氨基甲酸银分光光度法》(GB 7485-1987)]的基本原理为:在碘化钾、酸性氯化亚锡的作用下,五价砷被还原为三价砷。反应式为

$$H_3AsO_4 + 2KI + 2HCl \rightarrow H_3AsO_3 + I_2 + 2KCl + H_2O$$

$$I_2 + SnCl_2 + 2HCl \rightarrow SnCl_4 + 2HI$$

$$H_3AsO_4 + SnCl_2 + 2HCl \rightarrow H_3AsO_3 + SnCl_4 + H_2O$$

与新生态氢反应,生成气态砷化氢:

$$H_3AsO_3 + 3Zn + 6HCl \rightarrow AsH_3 \uparrow + 3ZnCl_2 + 3H_2O$$

被吸收于二乙基二硫代氨基甲酸银(AgDDC)-三乙醇胺的三氯甲烷溶液中,生成红色的胶体银:

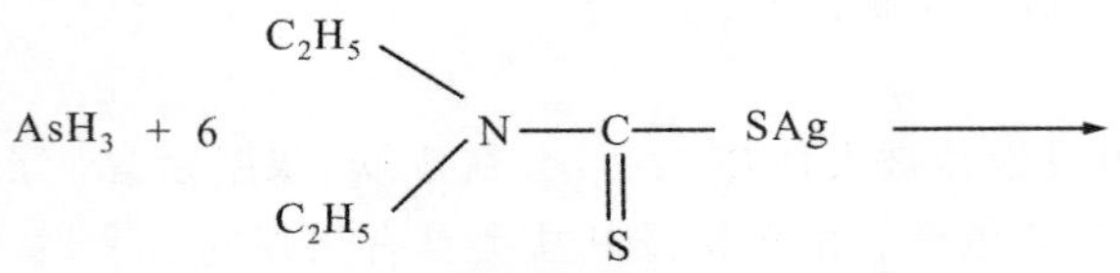

二乙氨基二硫代甲酸银

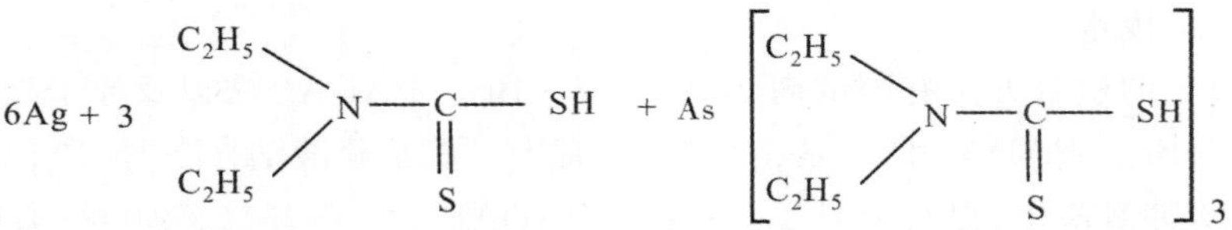

在 510nm 波长处,以三氯甲烷为参比测定吸光度,再用标准曲线法定量。清洁水样可直接取样加硫酸后测定;含有机物的水样,要用硝酸-硫酸消解。

9. 钙、镁的监测

钙广泛存在于各类天然水中,主要来源于含钙岩石的风化溶解,是构成水中硬度的主要成分,也是构成动物骨骼的主要元素之一。镁是天然水中的一种常见成分,主要是含碳酸镁的白云岩以及其他的分化溶解产物。镁是动物体内所必需的元素之一。

钙、镁的测定方法有 EDTA 络合滴定法、火焰原子吸收法、等离子发射光谱法等。

(1)钙、镁总硬度 EDTA 络合滴定法

钙镁总硬度 EDTA 络合滴定法[等效于《水质　钙和镁总量的测定　EDTA 滴定法》(GB 7477-1987)]的基本原理:在 pH=10 的 EDTA 氨性缓冲溶液中,用 EDTA 溶液络合滴定钙、镁离子。反应式为

$$EDTA + Ca^{2+} \rightarrow EDTA - Ca^{2+}$$

$$EDTA + Mg^{2+} \rightarrow EDTA - Mg^{2+}$$

用铬黑 T 作指示剂,与钙、镁生成紫红色或紫色溶液:

$$铬黑\ T + Ca^{2+} \rightarrow 铬黑\ T - Ca^{2+}$$

$$铬黑\ T + Mg^{2+} \rightarrow 铬黑\ T - Mg^{2+}$$

到达终点时,溶液的颜色由紫色变为天蓝色:

$$铬黑\ T-Ca^{2+}+EDTA\rightarrow EDTA-Ca^{2+}+铬黑\ T$$
$$铬黑\ T-Mg^{2+}+EDTA\rightarrow EDTA-Mg^{2+}+铬黑\ T$$

本方法适用于地下水和地表水中钙、镁离子总量的测定。

(2)钙的 EDTA 络合滴定法

钙的 EDTA 络合滴定法[等效于《水质　钙含量的测定　EDTA 滴定法》(ISO 6058－1984)]基本原理:在 pH＝12～13 碱性缓冲溶液中,用 EDTA 滴定钙离子。反应式为

$$EDTA+Ca^{2+}\rightarrow EDTA-Ca^{2+}$$

以钙羧酸(钙指示剂、钙红)为指示剂与钙形成红色络合物:

$$钙羧酸+Ca^{2+}\rightarrow 钙羧酸-Ca^{2+}$$
亮蓝色　　　　　　　　红色

到达滴定终点时,溶液的颜色由红色变为亮蓝色:

$$钙羧酸-Ca^{2+}+EDTA\rightarrow EDTA-Ca^{2+}+钙羧酸$$
红色　　　　　　　　　　　　　　　　亮蓝色

钙羧酸指示剂也可用紫脲酸铵替代。指示终点时,溶液由红色变为紫色。

5.2.5　有机污染物监测

5.2.5.1　溶解氧的监测

溶解在水中的分子态氧称为溶解氧。天然水中溶解氧的饱和含量和空气中氧的分压、大气压力、水温有密切关系。大气压力下降、水温升高、含盐量增加,都会导致溶解氧含量降低。清洁地表水中的溶解氧含量接近饱和。当有大量藻类繁殖时,溶解氧可能过饱和;当水体受到有机物质、无机还原物质污染时,会使溶解氧含量降低,甚至趋于零,此时厌氧细菌繁殖活跃,水质恶化。水中溶解氧低于 $3\sim4mg/dm^3$ 时,许多鱼类呼吸困难;继续减少,鱼类则会窒息死亡。一般规定水体中的溶解氧含量至少在 $4mg/dm^3$ 以上。

测定水中溶解氧常采用碘量法[等效于《水质　溶解氧的测定　碘量法》(GB 7489－1987)]及其修正法和氧电极法。清洁水可直接采用碘量法测定。在此介绍碘量法的基本原理。

在水样中加入硫酸锰和碱性碘化钾,反应式为

$$MnSO_4+2NaOH\rightarrow Na_2SO_4+Mn(OH)_2\downarrow$$

水中溶解氧将低价锰氧化成高价锰,生成四价锰的氢氧化物棕色沉淀:

$$2Mn(OH)_2+O_2\rightarrow 2MnO(OH)_2\downarrow(棕色)$$

加酸后,氢氧化物沉淀溶解,并与碘离子反应而释出游离碘:

$$MnO(OH)_2(棕色)+2H_2SO_4\rightarrow Mn(SO_4)_2+3H_2O$$
$$Mn(SO_4)_2+3KI\rightarrow MnSO_4+K_2SO_4+I_2$$

以淀粉作指示剂(蓝色至无色为终点),用硫代硫酸钠滴定释出碘,可计算溶解氧的含量。滴定反应为

$$2Na_2S_2O_3+I_2\rightarrow Na_2S_4O_6+2NaI$$

终点指示剂的反应为

$$淀粉-I_2(蓝色)+2Na_2S_2O_3\rightleftharpoons 淀粉(无色)+I^-+Na_2S_4O_6$$

5.2.5.2 化学需氧量的监测

化学需氧量(Chemical Oxygen Demand,COD)是指在一定条件下,用强氧化剂重铬酸钾处理水样时所消耗氧化剂的量,以氧的浓度(mg/dm³)来表示。化学需氧量反映了水中受还原性物质污染的程度。水中还原性物质包括有机物、亚硝酸盐、亚铁盐、硫化物等。水被有机物污染是很普遍的,因此化学需氧量也作为有机物相对含量的指标之一。

测定废水中的化学需氧量,我国规定用重铬酸钾法,其他方法有库仑滴定法、快速密闭催化消解法、氯气校正法等。在此介绍重铬酸钾法的基本原理。重铬酸钾为强氧化剂,在酸性溶液中的反应为

$$Cr_2O_7{}^{2-} + 14H^+ + 6e^- = 2Cr^{3+} + 7H_2O \qquad E^\ominus = 1.33V$$

重铬酸钾具有纯度高、热稳定性和化学稳定性高、可以直接配制、氧化性适中、选择性好等优点,可以测定废水中可被其氧化的有机物。

重铬酸钾法测定 COD 的原理为,在强酸性溶液中,一定量的重铬酸钾氧化水样中还原性物质,例如有机质,反应如下:

$$2K_2Cr_2O_7 + 3C(有机碳) + 8H_2SO_4 = 2K_2SO_4 + 2Cr_2(SO_4)_3 + 3CO_2\uparrow + 8H_2O$$

过量的重铬酸钾用 $Fe(NH_4)_2(SO_4)_2$ 溶液回滴,根据用量算出水样中还原性物质消耗氧的量。氧化还原滴定反应为

$$6Fe(NH_4)_2(SO_4)_2 + K_2Cr_2O_7 + 7H_2SO_4 =$$

$$3Fe_2(SO_4)_3 + Cr_2(SO_4)_3 + K_2SO_4 + 6(NH_4)_2SO_4 + 7H_2O$$

滴定终点以试亚铁灵(1,10 -邻二氮菲)作指示剂,溶液颜色由黄色($K_2Cr_2O_7$ 颜色)经蓝绿色(Fe^{2+} 被消耗完毕,Cr^{3+} 为绿色)至红褐色(Fe^{3+},试亚铁灵的颜色)即为终点。指示剂形成配合物的反应为

$$Fe^{2+} + 3\,C_{12}H_8N_2 \rightarrow [Fe(C_{12}H_8N_2)_3]^{2+}$$

$$红色 \qquad\qquad\qquad 浅蓝色$$

该方法适用于测定废(污)水中的化学需氧量。

5.2.5.3 高锰酸钾指数的监测

以高锰酸钾溶液为氧化剂测得的化学需氧量,称为高锰酸钾指数,以氧的浓度(mg/dm³)来表示。水中的亚硝酸盐、亚铁盐、硫化物等还原性无机物和在此条件下能被氧化的有机物均可消耗高锰酸钾,因此该指数常被作为地表水受有机物和还原性无机物污染程度的综合指标。

高锰酸钾在不同介质中氧化能力不同,标准电极电位如下。

强酸性(pH≤1)溶液中:

$$MnO_4{}^- + 8H^+ + 5e^- = Mn^{2+} + 4H_2O,E^\ominus = 1.51V$$

pH=4~7,在 $P_2O_7{}^{4-}$ 或 F^- 存在下:

$$MnO_4{}^- + 3H_2P_2O_7{}^{2-} + 8H^+ + 4e^- = Mn(H_2P_2O_7)_3{}^{3-} + 4H_2O,E^\ominus = 1.7V$$

弱酸性、中性、弱碱性溶液中:

$$MnO_4{}^- + 2H_2O + 3e^- = MnO_2\downarrow + 4OH^-,E^\ominus = 0.59V$$

强碱性(pH>14)溶液中:

$$MnO_4{}^- + e^- = MnO_4{}^{2-},E^\ominus = 0.56V$$

因为在碱性条件下高锰酸钾的氧化能力比酸性条件下稍弱,此时不能氧化水中的氯离子,

故常用于测定氯离子浓度较高(不超过 $300mg/dm^3$)的水样。基本原理为:取水样加入已知量的 H_2SO_4 和 $KMnO_4$ 溶液,并在沸水浴中加热 $30min$;$KMnO_4$ 将样品中的某些有机物和无机还原性物质氧化,反应后加入过量的 $Na_2C_2O_4$ 溶液还原剩余的 $KMnO_4$,再用 $KMnO_4$ 溶液回滴过量的草酸钠,溶液变粉红($KMnO_4$ 颜色)为终点。滴定反应为

$$2MnO_4^- + 5C_2O_4^{2-} + 16H^+ \xrightarrow{70 \sim 80℃} 2Mn^{2+} + 10CO_2\uparrow + 8H_2O$$

高锰酸钾指数是一个相对的条件性指标,其测定结果与溶液的酸度、高锰酸钾浓度、加热温度和时间有关。

在规定条件下,水中有机物只能部分被氧化,因此高锰酸钾指数并不是理论上的需氧量,也不是反映水体中总有机物含量的尺度。

5.2.5.4　生化需氧量的监测

生化需氧量(Biochemical Oxygen Demand,BOD)是指在有溶解氧的条件下,好氧微生物在分解水中有机物的生物化学氧化过程中所消耗的溶解氧量。

生化需氧量的测定采用稀释与接种法(五日培养法),等效于《水质　五日生化需氧量(BOD_5)的测定　稀释与接种法》(GB 4788-1987),其原理为:将水样或稀释水样充满溶解氧瓶,密闭后在暗处于 $(20\pm1)℃$ 条件下培养 $5d\pm4h$ 或 $(2\pm5)d\pm4h$[先在 $0\sim4℃$ 暗处培养 $2d$,接着在 $(20\pm1)℃$ 暗处培养 $5d$],求出培养前后水样中的溶解氧含量,根据二者的差值计算每升水样消耗的溶解氧量。

本方法适用于测定 BOD_5 大于或等于 $2mg/dm^3$,最大不超过 $6\,000mg/dm^3$ 的水样。

5.2.5.5　总有机碳的监测

总有机碳(Total Organic Carbon,TOC)是以碳的含量表示水体中有机物含量的综合指标。由于 TOC 的测定采用燃烧法,因此可将有机物全部氧化,它比 BOD_5 或 COD 更能直接表示有机物的总量,常被用来评价水体中有机物污染的程度。

总有机碳的测定方法分为燃烧氧化-非分散红外吸收法、电导法、气相色谱法、湿法氧化-非分散红外吸收法等。其中燃烧氧化-非分散红外吸收法只需一次性转化,流程简单,重现性好,灵敏度高,广为国内外采用,本节介绍该方法的基本原理。

1.差减法

水样分解有两种方法。

一是水样经高温催化氧化,将有机化合物和无机碳酸盐(钙、镁)全部转化为 CO_2:

$$C(有机) + O_2 \rightarrow CO_2$$
$$MCO_3 \rightarrow CO_2 + MO$$
$$2MHCO_3 \rightarrow CO_2 + 2MO + H_2O$$

在一定波长下,用非分散红外检测器检测生成的 CO_2 对红外线的吸收强度,其吸收强度与 CO_2 浓度成正比,测得的碳为总碳(Total Carbon,TC)。

二是水样若经过低温反应管酸化,则仅无机碳酸盐被分解为 CO_2:

$$MCO_3 + 2H^+ \rightarrow CO_2 + MO + H_2O$$
$$MHCO_3 + H^+ \rightarrow CO_2 + MO + H_2O$$

测得的碳为无机碳(Inorganic Carbon,IC)。

总碳与无机碳的差值为总有机碳:

$$TOC(mg/dm^3) = TC(mg/dm^3) - IC(mg/dm^3) \tag{5-8}$$

2.直接法

将水样酸化

$$MCO_3 + 2H^+ \rightarrow CO_2 + MO + H_2O$$
$$MHCO_3 + H^+ \rightarrow CO_2 + MO + H_2O$$

然后曝气,将无机碳酸盐分解生成的 CO_2 驱除(IC),再在高温燃烧管中催化氧化,测得的碳为总有机碳:

$$TOC(mg/dm^3) = TC(mg/dm^3) \tag{5-9}$$

上述方法适用于工业废水、生活污水及地表水中总有机碳的测定。

5.3 土壤质量监测

5.3.1 土壤污染

5.3.1.1 土壤污染的危害

土壤不但能为植物生长提供机械支撑能力,还能为植物生长发育提供所需要的水、肥、气、热等肥力要素。固体废物在土壤表面的堆放和倾倒,有害废水向土壤中的渗透,大气中的有害气体及飘尘随雨水降落在土壤中,都会导致土壤污染。土壤污染物大致可分为无机污染物和有机污染物两大类。无机污染物主要包括酸、碱、重金属,盐类,放射性元素铯、锶的化合物,含砷、硒、氟的化合物等,有机污染物主要包括有机农药、酚类、氰化物、石油、合成洗涤剂、3,4-苯并芘以及由城市污水、污泥和厩肥带来的有害微生物等。当土壤中含有害物质过多、超过土壤的自净能力时,就会引起土壤的组成、结构和功能发生变化,使微生物活动受到抑制,有害物质或其分解产物在土壤中逐渐积累,造成土壤污染,污染物最终通过食物链危害人体健康。因此,对土壤进行质量监测是非常必要的。

5.3.1.2 土壤质量标准

土壤质量标准规定了土壤中污染物的最高允许浓度或范围,是判断土壤质量的依据。我国颁布的标准有《土壤环境质量标准》(GB 15618—1995)、《农产品安全质量无公害蔬菜产地环境要求》(GB/T 18407.1—2001)、《无公害农产品种植业产地环境条件》(NY/T 5020—2016)等。

5.3.2 土壤监测概述

5.3.2.1 突然监测目的

土壤环境监测是了解土壤环境质量状况的重要措施,是以防治土壤污染危害为目的,对土壤污染程度、发展趋势的动态分析测定。

土壤监测目的包括:

1)土壤质量现状监测,判断土壤是否被污染及污染状况,并预测发展变化趋势。

2)土壤污染事故监测。由于废气、废水、废渣、污泥对土壤造成污染使土壤结构与性质发生明显变化,造成对农作物伤害,需要进行调查、分析,确定主要污染物、来源、范围及程度等。

3)污染物土地处理的动态监测。

4)土壤背景值调查等。

5.3.2.2　土壤监测项目

土壤环境监测项目根据监测目的确定。我国《土壤环境质量标准》规定监测重金属类、农药类及 pH 等 11 个项目。《农田土壤环境质量监测技术规范》(NY/T 395—2012)将土壤监测项目分为常规项目、特定项目和选测项目三类。

1)常规项目:原则上为《土壤环境质量标准》(GB 15618—1995)中所要求控制的污染物。

2)特定项目:《土壤环境质量标准》中未要求控制的污染物,但根据当地环境污染状况,确认在土壤中积累较多、对环境危害较大、影响范围广、毒性较强的污染物,或者污染事故对土壤环境造成严重不良影响的物质,具体项目由各地自行确定。

3)选测项目:一般包括新纳入的在土壤中积累较少的污染物、由于环境污染导致土壤性状发生改变的土壤性状指标以及生态环境指标等,由各地自行选择测定。其中必测项目和选测项目包括铁、锰、总钾、有机质、总氮、有效磷、总磷、水分、总砷、有效硼、氟化物、氯化物、矿物油及全盐量等。

5.3.2.3　土壤监测方法

土壤监测方法包括样品的预处理和分析测定方法两部分。

土壤样品的预处理是指采来的土壤样品应及时进行风干,以免发霉而引起性质的改变。其方法是将土壤样品弄成碎块平铺在干净的纸上,然后摊成薄层放于室内阴凉通风处风干,期间经常加以翻动,以加速干燥。切忌阳光直接曝晒,风干后的土样再进行磨细过筛处理。

土壤样品的分析测定方法包括原子吸收光谱法、分光光度法、原子荧光光度法、气相色谱法、电化学法及化学分析法等。本节仅就土壤样品的分析测定方法进行阐述。

5.3.3　土壤样品的监测

5.3.3.1　酸度的监测

土壤 pH 是重要的土壤理化参数,对土壤微量元素的有效性和肥力有重要影响。pH 为 6.5～7.5 的土壤,磷酸盐的有效性最大。土壤酸性增强时会导致所含许多金属化合物的溶解度增大,其有效性和毒性也增大。土壤 pH 过高或过低,均会影响植物的生长。

pH 为水中氢离子活度的负对数,可间接地表示水的酸碱程度。天然水的 pH 一般在 6～9 范围内。由于 pH 随水温变化而变化,测定时应在规定的温度下进行,或者对温度进行校正。

土壤 pH 的测定有以下两种方法。

1.混合指示剂比色法

混合指示剂比色法的基本原理为:利用指示剂在不同 pH 的溶液中显示不同颜色的特性,确定溶液的 pH。

pH 为 4～11 时,混合指示剂的 pH 变化范围如下。

pH:	4	5	6	7	8	9	10	11
颜色:	红	橙	黄(稍带绿)	草绿	绿	暗蓝	紫	蓝紫

2.玻璃电极法

玻璃电极法[等效于《森林土壤 pH 值的测定》(LY/T 1239－1999)]的基本原理为:玻璃电极法是以玻璃电极为指示电极,饱和甘汞电极为参比电极组成的工作电池。此电池可表示为

$$(-)Ag,AgCl|HCl|玻璃膜|水样\|KCl(饱和溶液)|Hg_2Cl_2,Hg(+)$$

饱和甘汞电极的电极反应为

$$Hg_2Cl_2(s)+2e^- \rightleftharpoons 2Hg+2Cl^-, \quad E_{Hg_2Cl_2/Hg}=E^{\ominus}_{Hg_2Cl_2/Hg}-0.059\lg[Cl^-]$$

玻璃电极在水溶液中浸泡,形成一个三层结构。由于玻璃膜与外部被测试液和内部参比溶液接触,存在两个液体接界电位,从而使玻璃膜内外两侧之间产生膜电位,玻璃膜产生的膜电位与待测溶液的 pH 有关。

$$E_{玻璃}=E_{AgCl/Ag}+E_{膜}=E_{AgCl/Ag}+K'-0.059\lg[H^+]$$

在一定条件下,上述电池的电动势与水样的 pH 成直线关系,可表示为

$$E=K+0.059pH(25℃) \tag{5-10}$$

在实际工作中,不可能用式(5-10)直接计算 pH,而是用一个确定的标准缓冲液作基准,并比较包含水样和包含标准缓冲溶液的两个工作电池的电动势来确定水样的 pH。这种方法与 5.2.3.1 水质的 pH 玻璃电极法的监测原理相同。

5.3.3.2 水分的监测

土壤水分是土壤生物及作物生长必需的物质,不是污染组分。但无论用新鲜土样还是风干土样测定污染组分时,都需要测定土壤含水量,以便计算以烘干土为基准的测定结果。吸湿水是风干土样中水分的含量,是各项分析结果计算的基础。

土壤含水量[等效于《森林土壤含水量的测定》(LY/T 1213－1999)]测定的采用减重法。对于风干土壤样品,用感量为 0.001g 天平称取适量通过 1mm 孔径筛的土样,置于恒重的铝盒中;对于新鲜土样,用感量为 0.01g 天平称取适量土样,放于已恒重的铝盒中。然后将样品放入(105±2)℃的烘箱中烘干,从而可求出土壤失水重量占烘干后土重的百分数。在此温度下,自由水和吸湿水都被烘干,然而土壤有机质不能被分解。

5.3.3.3 有机质的监测

土壤有机质既是植物矿质营养和有机营养的源泉,又是土壤中异养型微生物的能源物质,同时也是形成土壤结构的重要因素。测定土壤有机质含量的多少在一定程度上可说明土壤的肥沃程度,因为土壤有机质直接影响着土壤的理化性质。

有机质监测[等效于《森林土壤有机质的测定及碳氮比的计算》(LY/T 1237－1999)]的基本原理为:在加热的条件下,用过量的重铬酸钾-硫酸($K_2Cr_2O_7-H_2SO_4$)溶液氧化土壤有机质中的碳,$Cr_2O_7^{2-}$ 被还原成 Cr^{3+},剩余的重铬酸钾($K_2Cr_2O_7$)用硫酸亚铁($FeSO_4$)标准溶液滴定,根据消耗的重铬酸钾量计算出有机碳量,再乘以常数 1.724,即为土壤有机质量。

重铬酸钾-硫酸溶液与有机质作用:

$$2K_2Cr_2O_7+3C+8H_2SO_4=2K_2SO_4+2Cr_2(SO_4)_3+3CO_2\uparrow+8H_2O$$

硫酸亚铁滴定剩余重铬酸钾的反应:

$$K_2Cr_2O_7+6FeSO_4+7H_2SO_4=K_2SO_4+Cr_2(SO_4)_3+3Fe_2(SO_4)_3+7H_2O$$

本方法适用于森林土壤有机质的测定。

5.3.3.4　氮的监测(全氮、水解性氮)

土壤含氮量的多少及其存在状态常在某一条件下与作物的产量有一定的正相关。从目前我国土壤肥力状况看,80％左右的土壤都缺乏氮素。因此,了解土壤全氮量可作为施肥的参考,以便指导施肥,使其达到增产效果。

1.土壤全氮量的测定

土壤全氮量的测定采用重铬酸钾-硫酸消化法,等效于《森林土壤全氮的测定》(LY/T 1228−1999),其原理为:土壤与浓硫酸及还原性催化剂共同加热,将有机氮转化成氨。反应式为

$$NH_2 \cdot CH_2CO \cdot NH-CH_2COOH+H_2SO_4 \rightarrow 2NH_2-CH_2COOH+SO_2+[O]$$
土壤有机氮　　　　　　　　　　　　　　　　氨基酸

$$NH_2-CH_2COOH+3H_2SO_4 \rightarrow NH_3+2CO_2\uparrow+3SO_2\uparrow+4H_2O$$
氨基酸　　　　　　　　　氨氮

无机的氨氮转化成硫酸铵:

$$2NH_3+H_2SO_4 \rightarrow (NH_4)_2SO_4$$

极微量的硝态氮在加热过程中产生逸出损失,有机质被氧化成 CO_2:

$$2NH_2-CH_2COOH+2K_2Cr_2O_7+9H_2SO_4 \rightarrow (NH_4)_2SO_4+2K_2SO_4+2Cr_2(SO_4)_3+4CO_2\uparrow+10H_2O$$

样品消化后再用浓碱蒸馏,使硫酸铵转化成氨逸出,并被硼酸所吸收:

$$(NH_4)_2SO_4+2NaOH \rightarrow Na_2SO_4+2H_2O+2NH_3\uparrow$$

$$NH_3+H_3BO_3 \rightarrow H_3BO_3 \cdot NH_3$$

最后用标准盐酸溶液滴定,反应式为

$$H_3BO_3 \cdot NH_3+HCl \rightarrow H_3BO_3+NH_4Cl$$

本方法适用于森林土壤全氮的测定。

2.土壤水解性氮的测定

土壤水解性氮包括矿质态氮和有机态氮中比较易于分解的部分,其测定结果与作物氮素吸收有较好的相关性。测定土壤中水解性氮的变化动态能及时了解土壤肥力,指导施肥。

土壤水解性氮的测定采用碱解扩散法,等效于《森林土壤水解性氮的测定》(LY/T 1229−1999),其原理为:在密封的扩散皿中,用浓度为 $1.8mol/dm^3$ 的氢氧化钠(NaOH)溶液水解土壤样品,在恒温条件下使有效氮碱解转化为氨气(NH_3),并不断地扩散逸出。反应式为

$$NH_4^++OH^-=NH_3\uparrow+H_2O$$

之后,由硼酸(H_3BO_3)吸收,再用标准盐酸滴定,反应同 1,最后计算出土壤水解性氮的含量。

旱地土壤硝态氮含量较高,需加硫酸亚铁使之还原成铵态氮:

$$NO_3^-+8Fe^{2+}+4H_2O=8Fe^{3+}+NH_4^++4OH^-$$

由于硫酸亚铁会中和部分氢氧化钠,故需提高碱的浓度($1.8mol/dm^3$,使碱保持 $1.2mol/dm^3$ 的浓度)。水稻土壤中硝态氮含量极微,可以省去加硫酸亚铁,直接用 $1.2mol/dm^3$ 的氢氧化钠水解。该方法适用于森林土壤水解性氮的测定。

5.3.3.5　磷的监测(全磷、有效磷)

1.土壤全磷的测定

土壤全磷的测定采用硫酸-高氯酸消煮法,等效于《森林土壤全磷的测定》(LY/T 1232−

1999),其原理为:在高温条件下,土壤中含磷矿物及有机磷化合物与高沸点的硫酸和强氧化剂高氯酸作用,使之完全分解,全部转化为正磷酸盐而进入溶液,然后用钼锑抗比色法测定,参见5.2.4.2小节。

本方法适用于森林土壤全磷的测定。

2.土壤有效磷的测定

了解土壤中有效磷的供应状况,对于施肥有着直接的指导意义。土壤有效磷的测定方法很多,由于提取剂的不同所得的结果也不一致。提取剂的选择主要根据各种土壤性质而定,一般情况下,石灰性土壤和中性土壤采用碳酸氢钠来提取,酸性土壤采用酸性氟化铵或氢氧化钠-草酸钠法来提取。

石灰性土壤由于大量游离碳酸钙存在,不能用酸溶液来提取有效磷,可用碳酸盐的碱溶液。由于碳酸根的同离子效应,碳酸盐的碱溶液会降低碳酸钙的溶解度,从而降低溶液中钙的浓度,这样就有利于磷酸钙盐的提取。同时由于碳酸盐的碱溶液也降低了铝和铁离子的活性,有利于磷酸铝和磷酸铁的提取。此外,碳酸氢钠碱溶液中存在着 OH^-,HCO_3^-,CO_3^{2-} 等阴离子,有利于吸附态磷的交换。因此,碳酸氢钠不仅适用于石灰性土壤,也适用于中性和酸性土壤中有效磷的提取。

土壤中有效磷的测定采用碳酸氢钠法,等效于《森林土壤有效磷的测定》(LY/T 1233—1999),其原理为:将待测液用钼锑抗混合显色剂在常温下进行还原,使黄色的锑磷钼杂多酸还原成为磷钼蓝,然后进行比色,参见 5.2.4.2 中方法 1。

本方法适用于森林土壤有效磷的测定。

5.3.3.6 可溶性盐分的监测

土壤水溶性盐是盐碱土的重要属性,是限制作物生长的障碍因素。分析土壤中可溶性盐分的阴、阳离子含量,和由此确定的盐分类型和含量可以判断土壤的盐渍化状况和盐分动态,作为盐碱土分类和利用改良的依据。

可溶性盐分的测定方法等效于《森林土壤水溶性盐分分析》(LY/T 1251—1999)。测定前,先将土壤样品和水按一定的水土比例混合,经过一定时间振荡后,将土壤中可溶性盐分提取到溶液中,然后将水土混合液进行过滤,滤液可作为土壤可溶盐分测定的待测液。本方法适用于森林土壤水溶性盐分分析。

1.水溶性盐分总量的测定

水溶性盐分总量的测定采用重量法,其原理为:取一定量的待测液蒸干后,再在 $105\sim110℃$ 烘干,称至恒重,称为"烘干残渣总量",它包括水溶性盐类及水溶性有机质等的总和。用 H_2O_2 除去烘干残渣中的有机质后,即为水溶性盐分的总量。

2.碳酸根和重碳酸根的测定

碳酸根和重碳酸根测定的基本原理为:在待测液中碳酸根(CO_3^{2-})和重碳酸根(HCO_3^-)同时存在的情况下,用标准盐酸进行滴定,反应为

$$Na_2CO_3 + HCl = NaHCO_3 + NaCl \tag{5-11}$$

$$NaHCO_3 + HCl = NaCl + H_2CO_3 \tag{5-12}$$

当式(5-11)反应完毕时,酚酞指示剂指示终点,溶液由红色变为无色,pH 为 8.2,CO_3^{2-}滴定生成 HCO_3^-。当式(5-12)反应完毕时,甲基橙指示剂指示终点,溶液由黄色变成桔红

色,pH 为 3.8。

3.氯离子的测定

氯离子的测定采用硝酸银滴定法,其原理为:生成氯化银比生成铬酸银所需的银离子浓度小得多,利用分级沉淀的原理,用 $AgNO_3$ 滴定氯离子,以 K_2CrO_4 作指示剂,银离子首先与氯离子生成氯化银的白色沉淀:

$$NaCl + AgNO_3 = NaNO_3 + AgCl \downarrow$$

当待测溶液中的 Cl^- 被 Ag^+ 沉淀完全后,多余的 $AgNO_3$ 能与 K_2CrO_4 作用生成砖红色沉淀,即达滴定终点。反应如下:

$$K_2CrO_4 + 2\,AgNO_3 \rightarrow 2KNO_3 + Ag_2CrO_4 \downarrow$$
$$\text{硝酸银} \qquad\qquad \text{(砖红色)}$$

由消耗的标准硝酸银的用量即可计算出氯离子的含量。

4.硫酸根离子的测定

硫酸根离子的测定采用容量法,其原理为:先用过量的氯化钡将溶液中的硫酸根沉淀完全。

$$BaCl_2 + SO_4^{2-} = BaSO_4 \downarrow (\text{白色沉淀}) + 2Cl^-$$

过量的钡在 $pH=10$ 时连同浸出液中原有的钙镁离子,用 EDTA 二钠盐溶液滴定,用铬黑 T 为指示剂指示终点,滴定反应为

$$Ba^{2+} + EDTA = Ba - EDTA$$

为了使终点明显,应添加一定量的镁。用加入钡镁所耗 EDTA 的量(用空白方法求得)减去沉淀 SO_4^{2-} 剩余钡、镁所耗的 EDTA 量,即可算出消耗 SO_4^{2-} 的钡量,从而求出 SO_4^{2-} 量。

5.钙和镁离子的测定

EDTA 能与多种金属阳离子在不同的 pH 条件下形成稳定的配位物,而且反应与金属阳离子的价态无关。用 EDTA 滴定钙、镁时,应首先调节待测液的酸度,然后加钙、镁指示剂进行滴定。

在 $pH=10$ 并有大量铵盐存在时,将指示剂加入待测液后,首先与钙、镁离子形成红色配位物,使溶液呈红色或紫红色:

$$\text{指示剂} + Ca^{2+}(Mg^{2+}) = Ca\text{-指示剂}(Mg\text{-指示剂})$$
$$\quad \text{蓝色} \qquad\qquad\qquad\qquad \text{红色}$$

用 EDTA 进行滴定时,滴定反应为

$$Ca^{2+} + EDTA = Ca - EDTA$$
$$Mg^{2+} + EDTA = Mg - EDTA$$

由于 EDTA 对钙、镁离子的配位能力远比指示剂强,因此在滴定过程中,原先为指示剂所配位的钙、镁离子即开始为 EDTA 所夺取,当溶液由红色变为蓝色时,即达到滴定终点,钙、镁离子全部被 EDTA 配位。

指示剂变色反应为:

$$Ca\text{-指示剂}(Mg\text{-指示剂}) + EDTA = Ca\text{-EDTA}(Mg - EDTA) + \text{指示剂}$$
$$\qquad \text{红色} \qquad\qquad\qquad\qquad\qquad\qquad \text{蓝色}$$

在 $pH=12$ 且无铵盐存在时,待测液中 Mg^{2+} 将沉淀为 $Mg(OH)_2$。

$$Mg^{2+} + OH^- = Mg(OH)_2 \downarrow$$

故可用 EDTA 单独滴定钙,仍用酸性铬蓝 K-萘酚绿 B 作指示剂,终点由红色变为蓝色。

5.3.3.7 微量元素的监测

科学研究和生产实践证明微量元素为有机体正常生命活动所必需,在有机体的生活中起着重要作用。土壤和植物中的微量元素含量都很低,并且这些微量元素在植物体中的缺乏量、适量及致毒量范围很窄,因此微量元素的分析测定工作较常量元素要求更加严格。

1.土壤有效硼的测定

土壤有效硼的测定采用姜黄素比色法,其原理为:土样经沸水浸提 5min,浸出液中的硼用姜黄素比色法测定。姜黄素是以姜中提取的黄色色素,以酮型和稀醇型存在。姜黄素不溶于水,但能溶于甲醇、酒精、丙酮和冰醋酸中而呈黄色。在酸性介质中,姜黄素与硼结合成玫瑰红色的配位物,即玫瑰花青苷。它由两个姜黄素分子和一个硼原子配位而成,检出硼的灵敏度是所有比色测定硼的试剂中最高的(摩尔吸收系数 $\varepsilon_{550}=1.80\times10^5\,L/mol\cdot cm$),最大吸收峰在 555nm 处。在比色测定硼时应严格控制显色条件,以保证玫瑰花青苷的形成。玫瑰花青苷溶液的浓度为 0.001 4~0.06mg/dm³ 时,硼的浓度范围符合朗伯-比尔定律。玫瑰花青苷溶于酒精后,在室温下 1~2h 内稳定。

本方法适用于森林微量元素分析中有效硼的测定。

2.土壤有效钼的测定

土壤有效钼的测定采用硫氰化钾(KCNS)比色法,等效于《森林土壤有效钼的测定》(LY/T 1259-1999),其基本原理为:在酸性溶液中,KCNS 与五价钼在有还原剂存在的条件下形成橙红色络合物 $Mo(CNS)_5$ 或 $[MoO(CNS)_5]^{2-}$。

$$Mo^{5+}+5CNS^-\rightarrow Mo(CNS)_5$$

橙红色络合物

然后用有机溶剂(异戊醇等)萃取后比色测定。此络合物最大吸收峰在波长 470nm 处。

由于反应条件不同,可能形成颜色较深的其他组成的络合物,因此,必须严格遵守显色的条件。溶液的酸度和 KCNS 的浓度都会影响颜色强度和稳定性。HCl 浓度应小于 4mol/dm³,KCNS 浓度应至少保持在 6g/L。

本方法适用于森林微量元素分析中有效钼的测定。

第6章　化学推进剂的质量检测

6.1　推进剂的分类

推进剂是火箭、导弹、航天飞船、卫星的动力能源。化学推进剂按其形态可分为固体推进剂、液体推进剂、混合推进剂、凝胶或膏体推进剂等。

液体推进剂可分为单组元液体推进剂、双组元液体推进剂、三组元液体推进剂、多组元液体推进剂等。单组元液体推进剂是指通过分解或自身燃烧提供能量和工质的均相推进剂,如硝酸异丙酯、鱼推-3、过氧化氢-甲醇、单推-3等。双组元液体推进剂是由液体氧化剂和液体燃料两个组元组合成的推进剂,氧化剂有液氧、红烟硝酸、四氧化二氮等,液体燃料有液氢、偏二甲肼、无水肼、甲基肼、酒精、烃类燃料、混胺-50等。双组元液体推进剂是目前液体火箭推进剂系统中使用最多的推进剂。三组元液体推进剂的是由液体氧化剂、液体燃料和第三个组元组合而成的推进剂,简称"三组元推进剂"。例如液氧、液氢和烃类燃料组成推进剂,或者由液氧、液氢、轻金属或其氢化物粉末组成的推进剂等。

在通常条件下所呈现的物理状态为固态的推进剂称为固体推进剂,多用于兵器、航天领域。与液体推进剂相比,固体推进剂发动机结构简单,没有贮箱和喷注系统,一般不用冷却系统。固体推进剂可分为均质固体推进剂和异质复合固体推进剂。均质推进剂常用的为双基推进剂,主要成分为硝化甘油和硝化纤维素。异质复合推进剂一般是由高分子黏合剂、氧化剂、金属添加剂及少量其他添加剂组成。常用的异质推进剂包括沥清推进剂、天然橡胶推进剂、聚氯乙烯推进剂、聚硫橡胶推进剂、端羧基聚丁二烯推进剂(CTPB)、端羟基聚丁二烯推进剂(HTPB)、聚丁二烯-丙烯酸共聚物(PBAA)推进剂、聚丁二烯-丙烯酸-丙烯腈三聚物(PBAN)推进剂等,近年来又发展出了以缩水甘油叠氮聚醚(GAP)为黏合剂的高能推进剂和以硝酸甘油为增塑剂的NEPE推进剂等。

6.2　推进剂的性质简介

本节对常用的液体推进剂(肼类和硝基氧剂)及固体推进剂中的氧化剂和黏合剂的性质进行简单介绍。

6.2.1　液体推进剂的性质

肼类推进剂是最常用的液体推进剂,通常包括肼、甲基肼、偏二甲肼、混肼、油肼和胺肼。三肼(肼、甲基肼、偏二甲肼)均是无色、透明的液体,有鱼腥味,具有毒性,皆可经注射、吸入、皮肤染毒和消化吸收引起急性中毒。按化学品急性毒性分级标准,甲基肼属高毒中偏低毒性物质,肼、偏二甲肼属中等毒性物质。无论是短期内反复染毒还是慢性染毒,三肼中以肼的蓄积毒性较高,甲基肼次之,偏二甲肼最小。肼为确定的致突变物和动物致癌物。

6.2.2.1　肼类的性质

1.偏二甲肼的性质

偏二甲肼的分子式为$(CH_3)_2NNH_2$,相对分子质量为 60.08,沸点为 63.1℃,冰点为 $-57.2℃$,闪点为 1.1℃,密度为 0.791 1g/cm³(20℃时)。偏二甲肼是一种易燃且具有类似氨的强烈鱼腥味的无色、透明、有毒液体。偏二甲肼是极性分子,可溶于水、肼、二乙烯三胺等,又能与非极性的汽油产品互溶。偏二甲肼是一种弱有机碱,它与水作用生成共轭酸和碱,与多种有机酸反应生成盐。偏二甲肼与水反应的方程式为

$$(CH_3)_2NNH_2+H_2O \rightarrow (CH_3)_2NNH_3^+ +OH^-$$

偏二甲肼与空气中的二氧化碳作用生成白色的碳酸盐沉淀,其反应方程式为

$$2(CH_3)_2NNH_2+CO_2 \rightarrow (CH_3)_2NNHCOOH \cdot H_2NN(CH_3)_2 \downarrow$$

偏二甲肼是还原剂,在常温下蒸汽能被空气缓慢氧化,其氧化产物主要是甲醛二甲腙(即偏腙)、水和氮,反应式为

$$3(CH_3)_2NNH_2+2O_2 \rightarrow 2(CH_3)_2NN=CH_2+4H_2O+N_2$$

该反应比较复杂,除以上主要产物外,还有少量的氨、二甲胺、亚硝基二甲胺、重氮甲烷、氧化亚氮、甲烷、二氧化碳、甲醛等。因此,偏二甲肼长期暴露于空气中时,会逐渐变成一种黏度较大的黄色液体,容器底部存在少量白色固体沉淀物。

偏二甲肼与许多氧化物的水溶液能发生强烈反应并放出热量,如次氯酸钠、高锰酸钾、漂白粉、漂粉精(俗名三合二)等。

偏二甲肼与卤素反应生成四甲基四氮烯,反应式为

$$2(CH_3)_2NNH_2+2I_2 \rightarrow (CH_3)_2NN=(CH_3)_2+4HI$$

偏二甲肼与盐酸的反应式为

$$(CH_3)_2NNH_2+HCl \rightarrow (CH_3)_2NNH_2HCl$$

偏二甲肼与亚硝酸的反应式为

$$(CH_3)_2NNH_2+HNO_2 \rightarrow (CH_3)_2NNHNO+H_2O$$

偏二甲肼是易燃液体,常温下与硝酸、四氧化二氮、高浓度过氧化氢等强氧化剂接触后能自燃,作为推进剂在航天工业上被广泛应用。

2.甲基肼的性质

甲基肼的分子式为 CH_3NHNH_2,相对分子质量为 46.08,冰点为 $-52.5℃$,沸点为87.5℃,密度为 0.874 4g/cm³。甲基肼是易燃、有毒、具有类似氨臭味的无色、透明液体。甲基肼的性质介于肼与偏二甲肼之间,其物理性质与偏二甲肼相似,具有较强的吸湿性,在潮湿空气中因吸收水蒸气而冒白烟。甲基肼是极性物质,能溶于水、低级醇和某些碳氢化合物中。

甲基肼是一种强还原剂,能与许多氧化物发生强烈的化学反应,与强氧化剂接触时能瞬时自燃,与某些金属氧化物接触时会发生分解。甲基肼具有弱碱性,与酸作用生成盐,与醛或酮反应生成腙。它在空气中极易发生氧化反应,生成叠氮甲烷、氨、甲胺等。

甲基肼可以单独使用,也可与肼或偏二甲肼,或与肼和硝酸肼组成混合燃料使用。

３.无水肼的性质

无水肼是一种高能可贮存燃料,分子式为 N_2H_4,相对分子质量为 32.05,冰点为 1.53℃,沸点为 113.5℃,闪点为 52.2℃,密度为 1.008 3g/cm³。无水肼常温下为无色、透明、有毒液体,具有类似氨的臭味。在肼中加入硝酸肼、硼氢化肼、硼氢化锂等可降低其冰点。肼可溶于水、低级醇、氨、脂肪胺等,但不溶于非极性溶剂,微溶于极性小的溶剂,如一元醇、多元醇、卤代烃和其他有机溶剂。

无水肼具有很强的吸湿性,其蒸气可在大气中与水蒸气结合而冒白烟。肼与大气中的二氧化碳作用可生成盐。

肼具有比氨稍弱的碱性,能与各种无机酸和有机酸生成盐。除硫酸盐和草酸盐以外,其他盐均可溶于水。

肼是一种还原剂,能与许多氧化物发生激烈反应,如高锰酸钾、次氯酸盐等。肼与液氧、过氧化氢、硝基氧化剂(如红烟硝酸、四氧化二氮)、卤素(如液氟等)、卤代氧化剂(如三氟化氯、五氟化氯等)等强氧化剂接触可瞬时自燃。肼与硝酸的反应如下:

$$2N_2H_4 + 2HNO_3 \rightarrow 5H_2O + 2N_2 \uparrow + N_2O \uparrow$$

肼与金属氧化物、合金氧化物接触时,可能会发生催化分解反应:

$$2N_2H_4 \xrightarrow{MO} 2NH_3 + N_2 \uparrow + H_2 \uparrow$$

$$N_2H_4 \xrightarrow{MO} N_2 \uparrow + 2H_2 \uparrow$$

肼暴露于空气会发生氧化,生成 N_2,NH_3 和 H_2O。

无水肼可以单独作为燃烧剂使用,也可与偏二甲肼或甲基肼等量混合作为燃烧剂使用。50％的无水肼与 50％的偏二甲肼混合,就是称为混肼 50(即 A－50)的火箭燃烧剂;50％的无水肼与 50％的甲基肼混合,就是称作 M－50 的火箭燃烧剂。同时,肼或肼的混合物还可作为火箭姿态控制的单元推进剂。

6.2.2.1　硝基氧化剂的性质

硝基氧化剂包括红烟硝酸和四氧化二氮,都是红棕色液体,在空气中冒红棕色烟雾(即二氧化氮气体),有强烈刺激臭味。

１.红烟硝酸

红烟硝酸就是在硝酸中溶解一定比例的四氧化二氮,分子式为 HNO_3,相对分子质量为63.02,冰点为－41.6℃,沸点为82.6℃,密度为 1.513g/cm³。随着四氧化二氮的增加,红烟硝酸凝固点降低(最高可降至－64℃),沸点降低,密度增加(最大值为 1.645g/cm³,15.4℃时)。

红烟硝酸在 50℃以上会发生分解:

$$2HNO_3 \rightarrow H_2O + 2NO_2 \uparrow + 0.5O_2 \uparrow$$

N_2O_4 或 H_2O 的增加会降低硝酸的分解速度。

碱性物质[例如 NaOH,$CaCO_3$,$Ca(OH)_2$ 等]均可与红烟硝酸反应:

$$NaOH + HNO_3 \rightarrow NaNO_3 + H_2O$$

$$CaCO_3 + 2HNO_3 \rightarrow Ca(NO_3)_2 + H_2O + CO_2 \uparrow$$

$$Ca(OH)_2 + 2HNO_3 \rightarrow Ca(NO_3)_2 + 2H_2O$$

红烟硝酸具有强氧化作用,一般物质与它接触均会遭破坏。红烟硝酸对金属具有强腐蚀性,例如与 Al,Fe 的反应为

$$6HNO_3 + Al \rightarrow 3H_2O + Al(NO_3)_3 + 3NO_2$$

$$6HNO_3 + Fe \rightarrow 3H_2O + Fe(NO_3)_3 + 3NO_2$$

$$4HNO_3 + Fe \xrightarrow{\triangle} 2H_2O + Fe(NO_3)_2 + 2NO_2$$

2.四氧化二氮

四氧化二氮分子式为 N_2O_4,相对分子质量为 92.016,冰点为 $-12.2℃$,沸点为 21.15℃,密度为 1.446 0g/cm³。纯 N_2O_4 实际上是无色的。在常温下,N_2O_4 部分离解为 NO_2:

$$N_2O_4 \rightleftharpoons 2NO_2(红色) \xrightarrow{2NO} 2N_2O_3(暗蓝色)$$

N_2O_4 中混有 NO 后,会变成绿色,因为生成了 N_2O_3。

N_2O_4 能与碱反应生成盐:

$$2NaOH + N_2O_4 \rightarrow NaNO_3 + NaNO_2 + H_2O$$

$$Na_2CO_3 + N_2O_4 \rightarrow NaNO_3 + NaNO_2 + CO_2$$

四氧化二氮遇偏二甲肼、无水肼等会着火燃烧。四氧化二氮也具有强烈腐蚀性,能腐蚀大部分金属,也能腐蚀人的皮肤。四氧化二氮和发烟硝酸都属于中等毒性的化工产品。

四氧化二氮和发烟硝酸主要通过呼吸道吸入导致中毒,会损伤呼吸道,引起肺水肿和化学性肺炎。由于氮氧化物在水中溶解较慢,可达下呼吸道,引起细支气管及肺泡上皮组织广泛性损伤,易并发细支气管闭塞症。氮氧化物和发烟硝酸可腐蚀皮肤、黏膜、牙釉质和眼,引起局部化学性烧伤。

6.2.3 固体推进剂的性质

6.2.3.1 氧化剂

1.高氯酸铵

高氯酸铵（NH_4ClO_4）又称过氯酸铵,相对分子质量为 117.49,熔点为 350℃,密度为 1.95g/cm³,是无色或白色正交或针状结晶,有潮解性。高氯酸铵加热可分解,超过 150℃分解并释放氧,能促进燃烧;易溶于水和丙酮,微溶于醇,不溶于醋酸乙酯、乙醚;有潮解性,折光率为 1.482;受剧热或猛烈撞击能引起爆炸;属强氧化剂,与有机物或可燃物研磨则发生爆炸,生成氮气、氯气和水等。高氯酸铵用作固体火箭推进剂和炸药中的氧化剂,也可用于制造烟火、人工防冰雹的药剂和分析试剂等。

高氯酸铵属低毒类化合物,大白鼠口服高氯酸铵的 LD_{50} 为 4 000mg/kg,小白鼠口服的 LD_{50} 为 1 900mg/kg。

高氯酸铵粉末接触眼和上呼吸道黏膜时可引起角膜灼伤、结膜刺激和上呼吸道黏膜刺激,进入口腔、食道、接触皮肤时均可引起灼伤。

2.硝酸铵

硝酸铵（NH_4NO_3）,相对分子质量为 80.043 4,熔点为 169.6℃,沸点为 210℃,密度为 1.72g/cm³,在常温下为无色单斜结晶或结晶颗粒,易溶于水,极易吸收水分。硝酸铵在 230℃时可迅速分解,生成水和一氧化二氮（N_2O）。硝酸铵随分解和爆炸条件的不同,分解产物也不同,但几乎所有的分解反应产物中都含有氮的氧化物:

$$NH_4NO_3 \xrightarrow{110℃} NH_3\uparrow + HNO_3$$

$$NH_4NO_3 \xrightarrow{180 \sim 200℃} N_2O\uparrow + 2H_2O$$

$$2NH_4NO_3 \xrightarrow{>230℃(弱光)} 2N_2\uparrow + O_2\uparrow + 4H_2O$$

$$4NH_4NO_3 \xrightarrow{>400℃} 3N_2\uparrow + 2NO_2\uparrow + 8H_2O$$

硝酸铵属中等毒性的化合物,其吸收途径主要是吞入或吸入,可引起尿过多症和酸液过多症。大剂量吸入硝酸铵会引起酸中毒和高铁血红蛋白症。它能刺激眼睛和黏膜,并对擦伤的皮肤产生化学性烧伤。

6.2.3.2　黏合剂

1.端羧基聚丁二烯

端羧基聚丁二烯(CTPB)又名丁羧胶,为棕色胶状液体,微带芳香气味,可溶于吡啶、苯、甲苯、石油醚、环乙烷、四氯化碳、加氢煤油等,不溶于水和乙醇,数均相对分子质量为 1 000～5 200,羟值(mol/100g 胶)为 16.8～28。端羧基聚丁二烯制备方法一般为自由基乳液聚合、自由基溶液聚合和负离子聚合。影响端羧基聚丁二烯黏度的最主要因素是相对分子质量、微观结构和聚合物链支化。当相对分子质量小于 5 800 时,黏度与相对分子质量存在线性关系。聚合物微观结构对黏度的影响程度为顺式＜反式＜乙烯基。

端羧基聚丁二烯属低毒物质,对人体的影响主要是其低分子聚合物和未聚合单体的作用,动物口服毒性极微,对皮肤的毒性极微,且 72h 后即可恢复,不能看作是原发性皮肤刺激;对眼黏膜的刺激也不大,无致敏作用。长期接触端羧基聚丁二烯,可有中枢神经及呼吸道等方面的损害,出现嗜睡、神经衰弱、失眠、记忆力减退、食欲不振等症状。

2.端羟基聚丁二烯

端羟基聚丁二烯(HTPB)又名丁羟胶,为无色或浅黄色透明胶状液体,有刺激气味,化学性能稳定,可溶于苯、石油醚、四氯化碳等有机溶剂,密度为 0.95g/cm³。美国 Sinclair Research Inc.最早研制出了 HTPB,1965 年美国开始工业化生产端羟基聚丁二烯。端羟基聚丁二烯的相对分子质量一般在 200～10 000 之间,由阴离子聚合所得,一般相对分子质量分布较窄。黏度是端羟基聚丁二烯的重要表征参数,直接影响其加工时的工艺性能。端羟基聚丁二烯的黏度主要依赖相对分子质量和微观结构,相对分子质量越大,1,2 -乙烯基结构含量越高,黏度越大。端羟基聚丁二烯的微观结构是由其合成方法决定的,主要合成方法有自由基聚合、阴离子活性聚合和阴离子配位聚合。一般来说,利用自由基聚合时,1,4 -加成结构占 75%～80%,其中 1,4 -加成反应约占 60%;1,2 -乙烯基结构占 20%～25%。利用阴离子配位聚合时,分子中几乎全部是 1,4 -加成结构,而且顺式 1,4 -加成结构的比例较高。端羟基聚丁二烯有较高的生成焓(-315kJ/kg),黏度低(4～6Pa·s),力学性能好,贮存期长。用这种黏合剂制成的复合固体推进剂性能优良,在各类火箭发动机中得到了广泛的应用。

端羟基聚丁二烯本身的毒性很低,其毒性主要取决于低分子物质和未聚合的单体及某些杂质。动物试验口服毒性极微,无皮肤、黏膜反应,无致敏作用;人长期接触时会出现嗜睡、神经衰弱、失眠、记忆力减退和食欲不振等症状。

3.丁腈橡胶

丁腈橡胶又名布纳－N,呈淡黄色,具有耐油、耐热、耐磨、耐辐射等性能,溶于苯等多种有机溶剂。丁腈橡胶由丁二烯和丙烯腈在水乳液中共聚而得,主要采用低温乳液聚合法生产。

丁腈橡胶为高聚物,自身毒性极低,其毒性主要取决于可挥发的低分子物质或未聚合的单体,本身无致癌作用。

4.聚硫橡胶

聚硫橡胶又名液态胶或聚硫丁二烯,为琥珀色液体,化学性能稳定,不溶于油类和多种有机溶剂。

聚硫橡胶为大分子聚合物,本身毒性很小,其毒性主要是未聚合单体对皮肤的刺激作用,可致接触性皮炎。它的单体有四硫化钠、五硫化钠、二氯乙烷、二氯丙烷、二氯乙醚、二氯乙基缩甲醛等,其中只有二氯乙醚毒性较大,具有强烈刺激性。大鼠口服的 LD_{50} 为 105mg/kg,小鼠口服的 LD_{50} 为 136mg/kg,兔口服的 LD_{50} 为 126mg/kg。

6.3　推进剂的质量检测

6.3.1　液体推进剂的质量检测

6.3.1.1　酸碱滴定法

酸碱反应及酸碱滴定法在液体推进剂质量检测中有很多实例,偏二甲肼、二甲胺、肼、磷酸、四氧化二氮、燃油酸值等均可以采用酸碱滴定法实现定量测定。

1.偏二甲肼、偏腙和二甲胺的含量测定

(1)偏二甲肼的含量测定

偏二甲肼是一种优良的火箭燃料,常与液氧、四氧化二氮、硝酸等组成双组元推进剂使用。偏二甲肼纯度是指偏二甲肼和偏腙的含量总和,是产品的主要质量指标。二甲胺是偏二甲肼生产的原料,所以偏二甲肼中通常含有一定量的二甲胺。

偏二甲肼的含量测定可以采用返滴定法,其原理为:在偏二甲肼试样中加入过量的盐酸和盐酸羟胺,则偏二甲肼形成偏二甲肼盐酸盐。反应式为

$$(CH_3)_2NNH_2 + HCl \rightarrow (CH_3)_2NNH_2 \cdot HCl$$

偏二甲肼　　　　　　　偏二甲肼盐酸盐

偏二甲肼与盐酸及盐酸羟胺的反应如下:

$$(CH_3)_2NNH_2 + NH_2OH \cdot HCl \rightarrow (CH_3)_2NNH_2 \cdot HCl + CH_2NOH$$

盐酸羟胺　　　　　偏二甲肼盐酸盐　　　甲醛肟

溶液中过量的盐酸用标准氢氧化钠溶液滴定:

$$HCl + NaOH \rightarrow NaCl + H_2O$$

采用茜素红-溴酚蓝混合指示剂,指示终点为溶液由黄色变为淡蓝紫色。

(2)偏腙的含量测定

偏腙与盐酸羟胺作用生成偏二甲肼的盐酸盐和甲醛肟,反应式为

$$(CH_3)_2NNCH_2 + NH_2OH \cdot HCl \rightarrow (CH_3)_2NNH_2 \cdot HCl + CH_2NOH$$

偏腙　　　　　　　　　　偏二甲肼盐酸盐　　　甲醛肟

被偏腙作用后剩余的盐酸羟胺再与丙酮作用,反应式为

$$(CH_3)_2CO + NH_2OH \cdot HCl \rightarrow (CH_3)_2CNOH + HCl + H_2O$$

丙酮　　　　　盐酸羟胺　　　　丙酮肟

(3)二甲胺的含量测定

要测试试样中的二甲胺，可以采用水杨醛使其与试样中的偏二甲肼、偏腙缩合成为中性化合物腙，二甲胺则用盐酸标准溶液滴定，滴定终点用溴甲酚绿-甲基红混合指示剂，指示终点为由绿色变为黄色，反应式为

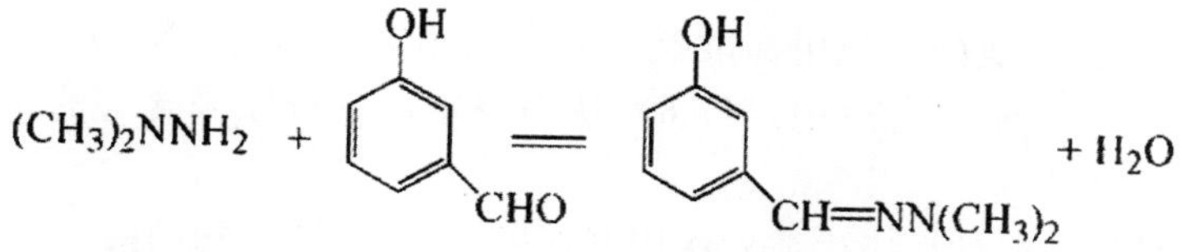

偏二甲肼　　　　水杨醛腙

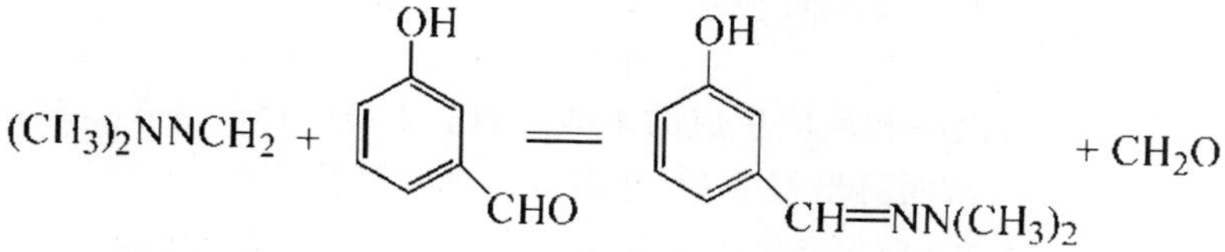

偏腙　　　　水杨醛腙

$$(CH_3)_2NH + HCl \rightarrow (CH_3)_2NH \cdot HCl$$

二甲胺　　　　二甲胺盐酸盐

采用的混合指示剂为溴甲酚绿-甲基红混合指示剂配比为 5∶1 的 0.1%乙醇溶液，茜素红-溴酚蓝混合指示剂的配比为 7∶13 的 0.2%乙醇溶液，各指示剂的变色范围见表 6-1。

表 6-1　本方法采用的指示剂

指示剂	溴甲酚绿	甲基红	茜素红	溴酚蓝
指示剂的变色范围	3.8～5.4	4.4～6.2	3.7～5.7	3.1～4.6
指示剂的 $pK_a^{\ominus}$	4.9	5.2	4.8	3.9
指示剂的变色	黄色→蓝色	红色→黄色	黄色→紫色	黄色→蓝色

2.单推-3 中肼、硝酸肼和氨含量的测定

单推-3 是我国自行研制的一种单组元液体推进剂，由肼、硝酸肼、水和氨四种物质按照一定比例混合而成。

单推-3 中的肼、氨与过量的稀硝酸溶液 V_0 进行中和反应，生成硝酸肼和硝酸铵：

$$HNO_3 + N_2H_4 \rightarrow N_2H_5NO_3$$

肼　　　　硝酸肼

$$NH_3 + HNO_3 \rightarrow NH_4NO_3$$

氨　　　　硝酸铵

用氢氧化钠标准溶液返滴过量的硝酸至溶液由红色变为橙红色(pH=3)为终点。通过实际消耗的硝酸与氢氧化钠的体积 V_1，可以算出单推-3 中肼和氨的量之和，滴定反应为

$$HNO_3 + NaOH \rightarrow NaNO_3 + H_2O$$

硝酸肼与丙酮生成腙、嗪及硝酸：

$$N_2H_5NO_3 + CH_3-\underset{\underset{O}{\|}}{C}-CH_3 \rightarrow \overset{\overset{CH_3}{|}}{\underset{\underset{CH_3}{|}}{C}}=N-NH_2 + H_2O + HNO_3$$

硝酸肼　　　　腙

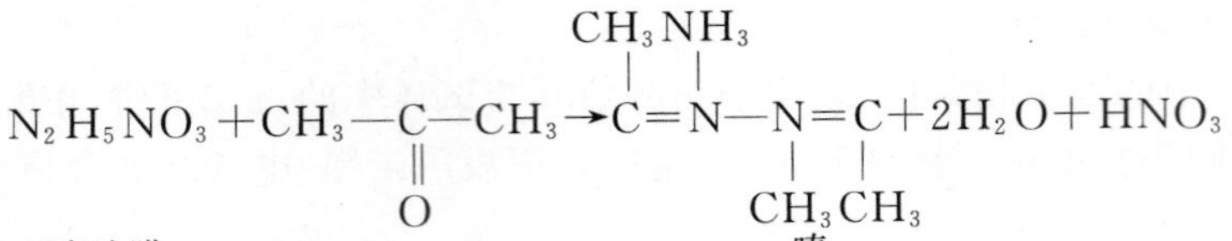

$$N_2H_5NO_3+CH_3-\underset{\underset{O}{\|}}{C}-CH_3 \rightarrow C=N-N=C+2H_2O+HNO_3$$

（结构式含 CH_3NH_3 及 CH_3CH_3 取代基）

硝酸肼　　　　　　　　　　　　　　　嗪

加入足量的丙酮，生成的硝酸用标准氢氧化钠溶液滴定，消耗 NaOH 体积为 V_2，溶液由红色至黄色再转为蓝绿色为终点（pH＝7.6），从而测定出试样原来含有的硝酸肼及肼与硝酸反应生成的硝酸肼总量。

最后利用甲醛与硝酸铵反应生成六次甲基四胺、水和等摩尔的硝酸：

$$6HCHO+4NH_4NO_3 \rightarrow 4HNO_3+(CH_2)_6N_4+6H_2O$$

甲醛　　　　　　硝酸　　　六次甲基四胺

再用氢氧化钠标准溶液中和反应生成的硝酸，消耗 NaOH 体积为 V_3，终点由红色变为黄色再变为蓝色（pH＝7.9），从而得出氨的量，并由以上两步计算出肼、硝酸肼的量。

将溴甲酚绿（0.08％）、酚红（0.05％）、甲基红（0.05％）、溴百里香酚蓝（0.05％）全部溶于浓度为95％的乙醇中，各种指示剂的变色范围见表6-2。

表6-2　采用的混合指示剂的变色范围

指示剂	溴甲酚绿	酚红	甲基红	溴百里香酚蓝	混合指示剂
指示剂的变色范围	3.8～5.4	6.7～8.4	4.4～6.2	6.0～7.6	
指示剂的 $pK_a^{\ominus}$	4.9	8.0	5.2	7.3	
指示剂的变色	黄色→蓝色	黄色→红色	红色→黄色	黄色→蓝色	
pH＝8.0	蓝色	橙红	黄色	蓝色	蓝色
HNO₃ 溶液 V_0	黄色	黄色	红色	黄色	红色
NaOH 溶液 V_1	黄色	黄色	红色	黄色	红色→橙黄（pH＝3）
NaOH 溶液 V_2	蓝色	橙色	橙色	蓝色	红色→黄色→蓝绿（pH＝7.6）
NaOH 溶液 V_3	黄色	黄色	红色	黄色	红色→蓝色（pH＝7.9）

3.硝酸-27S 中磷酸含量的测定

红烟硝酸是指在硝酸中溶解一定比例的四氧化二氮，因其在空气中冒红烟（二氧化氮）而得名。硝酸-27S 是红烟硝酸的一种，是一种优良的可贮存液体推进剂。

硝酸-27S 中的磷酸是缓蚀剂，测定的原理为：根据红烟硝酸中氮氧化物、硝酸、氢氟酸和磷酸沸点的不同，在水浴上加热，赶出试样中大部分的氮氧化物、硝酸、氟化氢等；余下的磷酸及少量的酸性物质先用碱溶液中和，然后利用磷酸的第二步解离特性进行测定。磷酸是中强酸，其解离过程如下：

$$H_3PO_4 \rightleftharpoons H_2PO_4^- +H^+ \qquad K_{a1}^{\ominus}=7.6\times10^{-3} \quad 磷酸的一级解离$$
$$H_2PO_4^- \rightleftharpoons HPO_4^{2-}+H^+ \qquad K_{a2}^{\ominus}=6.3\times10^{-8} \quad 磷酸的二级解离$$
$$HPO_4^{2-} \rightleftharpoons PO_4^{3-}+H^+ \qquad K_{a3}^{\ominus}=4.4\times10^{-13} \quad 磷酸的三级解离$$

由上述解离过程可知，滴定磷酸时，可以滴定至第二级解离，而三级解离由于解离常数很小，依据弱酸能被准确滴定的条件 $cK_{a3}^{\ominus}\geqslant10^{-8}$，无法滴定。

测定磷酸的基本原理为:取一定体积(V)的试样放入铂金蒸发皿,置于 70℃ 恒温水浴上;待 N_2O_4 挥发完毕后,继续加热至铂蒸发皿中剩有 0.5mL 左右残液,取下铂蒸发皿;将铂蒸发皿中的残液洗入锥形瓶中,加入酚酞指示剂,用氢氧化钠标准溶液滴定至溶液由无色变为微红色(pH＝9),滴定反应为

$$H_3PO_4 + 2NaOH \rightarrow NaHPO_4 + 2H_2O$$

然后用盐酸标准溶液滴定至红色刚刚褪去(pH＝8.0),不计体积;再向锥形瓶中加入甲基红-次甲基蓝混合指示剂,用盐酸标准溶液滴定至紫红色,即为终点。滴定反应为

$$NaHPO_4 + HCl \rightarrow NaH_2PO_4 + NaCl$$

采用的混合指示剂为甲基红-次甲基蓝,配制方法为将 0.12g 的甲基红和 0.08g 的次甲基蓝溶于 100cm³ 乙醇中,变色范围见表 6-3。

表 6-3　本方法采用的指示剂的变色范围

指示剂	酚酞	甲基红	次甲基蓝	混合指示剂
指示剂的变色范围	8.0～9.6	4.4～6.2		
指示剂的 $pK_a^\ominus$	9.1	5.2		5.4
指示剂的变色	黄色→蓝色	红色→黄色	无色(还原态)→天蓝色(氧化态)	红紫色→绿色 / pH＝5.2,红紫 / pH＝5.4,暗蓝 / pH＝5.6,绿色

4.四氧化二氮含量的测定

四氧化二氮(N_2O_4)也是一种硝基氧化剂。N_2O_4 在一般环境温度下具有良好的热稳定性和贮存性能,在空气中冒红棕色烟雾并具有强烈刺激性气味,具有强腐蚀性。N_2O_4 实际上是 N_2O_4 与 NO_2 的平衡混合物,随着温度下降,NO_2 在 N_2O_4 中含量减少,颜色变浅,到凝固点(−11.23℃)时,NO_2 全部聚合为 N_2O_4,成为无色结晶;反之,随着温度升高,N_2O_4 解离为 NO_2,红棕色加深,一个大气压力下,140℃时,N_2O_4 完全解离为 NO_2。N_2O_4 与肼类燃料组合使用的比推力较硝酸-27S 高,因此用它与偏二甲肼作为大型火箭的推进剂。

检测 N_2O_4 含量的基本原理为:NO_2 和 N_2O_4 在中性过氧化氢溶液中被氧化,氮氧化物全部转化成硝酸,反应为

$$N_2O_4 + H_2O_2 \rightarrow 2HNO_3$$
$$2NO_2 + H_2O_2 \rightarrow 2HNO_3$$

加热后过量的过氧化氢因分解而被除去:

$$2H_2O_2 \rightarrow 2H_2O + O_2\uparrow$$

然后用氢氧化钠标准溶液滴定硝酸,用甲基红和溴甲酚绿混合指示剂指示终点,滴定反应为:

$$NaOH + HNO_3 \rightarrow NaNO_3 + H_2O$$

混合指示剂的配制方法为:将 0.1g 溴甲酚绿溶于 95％ 乙醇中,并用 95％的乙醇稀释至 100cm³;将 0.2g 甲基红溶于 95％ 乙醇中,并用 95％乙醇稀释至 100cm³,两者按照 3:1 的体积比混匀后为混合指示剂。采用的指示剂的变色范围见表 6-4。

表 6-4 本方法采用的混合指示剂的变色范围

指示剂	溴甲酚绿	甲基红	混合指示剂
指示剂的变色范围	3.8~5.4	4.4~6.2	
指示剂的 $pK_a^\ominus$	4.9	5.2	5.1
指示剂的变色	黄色→蓝色	红色→黄色	酒红色→暗绿色

5.燃油总酸值的测定

燃油属于烃类燃料,主要有航空煤油、航天煤油、高密度烃类燃料及甲烷、丙烷等饱和烃。煤油由石油中沸点为 150~280℃ 的烃组成,其碳原子数为 9~20,包括烷烃(包括正构烷烃与异构烷烃)、环烷烃(占 80%~90%)及芳香烃(占 10%~20%),环烷烃、芳香烃环上均有侧链。煤油中既含有单环烃,又含有少量双环烃,还有含硫化合物(硫醚、二硫化物、环硫醚、噻吩)、含氧化合物(有机酸、酚类)、含氮化合物(吡啶、吡咯及其同系物等)。

燃油的总酸值是由有机酸等物质引起的总酸度,测定的基本原理为非水溶液中的酸碱滴定法,方法为:将试样溶解在含有少量水的甲苯和异丙醇混合物中,向所得的均相溶液中通入氮气,并用氢氧化钾异丙醇标准滴定溶液进行滴定,滴定反应为

$$KOH+RCOOH \rightarrow RCOOK+H_2O$$
$$\text{有机酸} \qquad \text{有机酸钾}$$

用对萘酚苯做指示剂,其终点颜色变化为酸式橙色变为碱式绿色,反应如下:

$$\text{对萘酚苯指示剂酸式(橙色)} \Longleftrightarrow \text{对-萘酚苯指示剂碱式(绿色)}+H^+$$

另外,燃油总酸值也可以用电位滴定法来测定,同样用氢氧化钾异丙醇标准滴定溶液进行滴定,以电位变化指示滴定终点。

滑油总酸值的测定同样采用本方法。

6.3.1.2 氧化还原反应

氧化还原反应是有电子得失的一类化学反应,在液体推进剂质量控制中应用也很广泛,例如水分的测定、肼纯度的测定、四氧化二氮含量的测定及一氧化氮含量的测定等,均利用的是氧化还原反应。

1.偏二甲肼中水分含量的测定

偏二甲肼中水分的测定是利用氧化还原反应进行的,其原理是利用氢化钙与偏二甲肼中的水分发生化学反应放出氢气,然后测量氢气体积,按照 H_2 与 H_2O 的摩尔比为 1:1 换算出水分含量。

氢化钙与水的反应为

$$2H_2O+CaH_2 \rightarrow Ca(OH)_2+2H_2 \uparrow$$
$$\text{氢化钙}$$

依据气体状态方程,计算出标准状态下氢气的体积:

$$V_0 = \frac{V_t}{p_0 T}(p-p_t)T_0 \qquad (6-1)$$

式中:V_t 为温度 t℃ 时测得的氢气的体积,单位为 cm^3;p_0 为一个标准大气压,$p_0=$

760mmHg；T 为测试时室温，单位为 K；p 为测试时的大气压力，单位为 K；p_t 为试验温度下氯化钠饱和溶液的蒸气压，单位为 mmHg；T_0 为 273.16K；V_0 为标准状态下气体的体积，单位为 cm^3。

偏二甲肼中水分含量的计算公式为

$$X = \frac{0.000\ 804 \times (V_0 - V_{01})}{V\rho_t} \times 100 \qquad (6-2)$$

式中：X 为水分含量，单位为%；0.000 804 为标准状态下 $1cm^3$ 氢气相当于水的质量，单位为 g/cm^3；V_{01} 为空白试验的体积，V_{t1}（V_{t1} 为温度为 t 时空白试验测得的 H_2 体积）需换算为 V_{01}，单位为 cm^3；V 为试样的体积，单位为 cm^3；ρ_t 为试样的密度，单位为 g/cm^3。

2.无水肼中肼纯度的测定

无水肼也称为联氨（N_2H_4），是一种能量较高的可贮存燃料，可以作为单元推进剂使用。但无水肼的安定性不好，冰点偏高（1.5℃），冬季易结冰，结冰时体积收缩，不会导致容器破裂，给使用和贮存带来不便，因此通常在肼中加入硝酸肼、硼氢化肼、硼氢化锂等降低其冰点。肼在常温下是具有类似氨臭味的、无色透明液体。

肼是一种还原剂，能与许多氧化剂发生剧烈反应，因此可利用氧化还原反应测定无水肼的含量，基本原理为：在酸性介质（浓盐酸）中，肼的半反应为

$$N_2H_4 \rightarrow N_2 \uparrow + 4H^+ + 4e^-$$
$$\text{肼}$$

用碘酸钾标准溶液进行滴定，碘酸钾的半反应为

$$IO_3^- + 6H^+ + 5e^- \rightarrow 3H_2O + 0.5\ I_2$$
$$\text{碘酸根} \qquad\qquad\qquad\qquad \text{碘}$$

$$0.5I_2 + Cl^- \rightarrow ICl + e^-$$

总反应为

$$N_2H_4 + KIO_3 + 2HCl \rightarrow KCl + ICl + N_2 \uparrow + 3H_2O$$
$$\text{肼} \qquad \text{碘酸钾} \qquad\qquad\qquad \text{氯化碘}$$

以四氯化碳为显示终点的溶剂，滴定终点的确定方法为：四氯化碳从水相中萃取生成的碘，生成玫红色的四氯化碳。

3.硝酸-27S 中 N_2O_4 含量的测定

红烟硝酸中的 N_2O_4，实际上是 NO_2 与 N_2O_4 的平衡混合物：

$$2NO_2 \rightarrow N_2O_4 + 58.16kJ$$

温度升高，NO_2 含量增高，红烟硝酸的蒸气压随之升高；反之，温度降低，红烟硝酸的蒸气压也降低。因此 N_2O_4 的含量很重要。

测定红烟硝酸中 N_2O_4 含量的基本原理为：在酸性介质中，用过量高锰酸钾标准溶液定量地把红烟硝酸中的 N_2O_4 转化为硝酸。高锰酸钾的半反应为

$$MnO_4^- + 8H^+ + 5e^- \rightarrow Mn^{2+} + 4H_2O, \quad E^\ominus = 1.51V$$

N_2O_4 的半反应为

$$2NO_3^- + 4H^+ + 2e^- \rightarrow N_2O_4 + 2H_2O, \quad E^\ominus = 0.80V$$

N_2O_4 与高锰酸钾所发生的氧化还原反应为

$$5N_2O_4 + 2KMnO_4 + 3H_2SO_4 + 2H_2O \rightarrow 2MnSO_4 + K_2SO_4 + 10HNO_3$$

过量的高锰酸钾用硫酸亚铁还原,硫酸亚铁的半反应为

$$Fe^{3+}+e^- = Fe^{2+}, \quad E^\ominus = 0.77V$$

硫酸亚铁滴定高锰酸钾的滴定反应为

$$2KMnO_4 + 10FeSO_4 + 8H_2SO_4 \rightarrow 5Fe_2(SO_4)_3 + 2MnSO_4 + K_2SO_4 + 8H_2O$$

高锰酸钾红色消失为滴定终点。

4.燃油中水分含量的测定

卡尔·费休法测水分含量是由德国科学家卡尔·费休(Karl Fischer)于 1935 年提出的,有滴定法与库仑电量法两种方法,适用于许多无机化合物和有机化合物中含水量的测定,是世界公认的测定物质水分含量的经典方法。卡尔·费休法可快速测定液体、固体、气体中的水分含量,是最专一、最准确的化学方法,为世界通用的行业标准分析方法,广泛应用在石油、化工、电力、医药、农药等行业。国际标准化组织把该方法定为测微量水分的国际标准,我们国家也把该方法定为测微量水分的国家标准,适用于固体、液体和气体样品。

(1)滴定法

滴定法是按照卡尔·费休反应进行的,其基本原理是:I_2 氧化 SO_2 时,需要定量的 H_2O。碘、二氧化硫和水的定量化学反应方程式为

$$I_2 + SO_2 + 2H_2O \rightarrow 2HI + H_2SO_4$$

利用此反应可以测定很多有机物或无机物中的 H_2O。但上述反应是可逆的,要使反应向右进行,需要加入适当的碱性物质以中和反应后生成的酸。采用吡啶可满足此要求,其反应为

$$H_2O + I_2 + SO_2 + 3C_5H_5N \rightarrow 2C_5H_5N \cdot HI + C_5H_5N \cdot SO_3$$

吡啶　　　　　氢碘酸吡啶　　　　硫酸吡啶

生成的 $C_5H_5N \cdot SO_3$ 也能与水发生反应,干扰测定,可加入甲醇避免发生副反应:

$$C_5H_5N \cdot SO_3 + CH_3OH \rightarrow C_5H_5N \cdot HSO_4CH_3$$

硫酸吡啶　　　　甲醇　　　　甲基硫酸吡啶

在卡尔·费休试剂中,碘与试样中的水反应生成硫酸吡啶,硫酸吡啶进一步与甲醇反应生成甲基硫酸吡啶,反应终点是溶液颜色由红棕色(游离碘的颜色)变为无色(碘离子),或可通过双铂电极指示。根据消耗的卡尔·费休试剂的体积,计算试样中水分的含量。

卡尔·费休试剂是一种特殊的试剂,其配制方法如下。

1)甲液:将 50g 碘溶于 80mL 吡啶中,加入 250mL 无水甲醇,溶液出现橙色结晶物。

2)乙液:在 55mL 吡啶中通入干燥后的二氧化硫气体 35g(约 25mL),溶液呈黄色。

3)在冷浴中将乙液缓慢滴入甲液,甲液中结晶物逐渐溶解,得深褐色的卡尔·费休试剂,稳定 24h 后方可使用。

(2)库仑电量法

库仑电量法的基本原理是采用卡尔·费休水分测定仪测定燃油中水分的含量,属于电化学方法。在水分测定仪电解池中的卡尔·费休试剂达到平衡时,注入含水的样品;水参与碘、二氧化硫的氧化还原反应,在吡啶和甲醇存在的情况下下,生成氢碘酸吡啶和甲基硫酸吡啶,反应同滴定法;消耗了的碘在阳极电解产生,从而使氧化还原反应不断进行,直至水分消耗完毕为止。依据法拉第电解定律,电解产生的碘同电解时耗用的电量成正比关系,而碘与水分有等量关系,从而可以定量测定样品中的水分。

在电解过程中,电极反应如下:

阳极反应为

$$2I^- \rightarrow 2e^- + I_2$$

阴极反应为

$$I_2 + 2e^- \rightarrow 2I^- , 2H^+ + 2e^- \rightarrow H_2$$

5.硝酸-27S中水分含量的测定

红烟硝酸中,N_2O_4 含量和水分含量不同时,其氧化还原电位也不同。因此可以制成 N_2O_4 - H_2O -电位三元对应表,测定样品的氧化-还原电位和 N_2O_4 含量,即可确定其水分含量。测定时采用水分测定仪,其原理是氧化还原滴定反应。测定电位使用的原电池为红烟硝酸浓差电池,其组成如下:

$(-)Pt|HNO_3 \cdot N_2O_4 \cdot H_2O|HNO_3 \cdot N_2O_4 \cdot H_2O|HNO_3 \cdot N_2O_4 \cdot H_2O \cdot H_3PO_4 \cdot HF|Pt(+)$

参比电极　　　　　　　　　　连通液　　　　　　　　　　　指示电极

在放置和使用过程中,参比电极中红烟硝酸化学组成的变化会引起电位的变化。所以需采用已知电位值的红烟硝酸标准溶液,在每次测定样品前确定参比电极的电位;再通过指示电极与硝酸参比电极电位的比较,确定样品的氧化还原电位;然后按照样品中 N_2O_4 的含量,从表 6-5 N_2O_4 - H_2O 体系电位表中查出水分含量。

表 6 - 5　N_2O_4 - H_2O 体系电位表

单位:mV

N_2O_4 含量/(%)	H_2O 含量/(%)						
	1.0	1.1	1.2	1.3	1.4	1.5	1.6
27.0	−31.2	−35.0	−38.5	−41.7	−44.7	−47.5	−50.3
27.1	−31.7	−35.6	−39.1	−42.3	−45.3	−48.1	−50.9
27.2	−32.2	−36.1	−39.6	−42.8	−45.8	−48.7	−51.5
27.3	−32.7	−36.6	−40.1	−43.3	−46.3	−49.2	−52.1
27.4	−33.2	−37.1	−40.6	−43.8	−46.8	−49.7	−52.6
27.5	−33.7	−37.6	−41.1	−44.3	−47.3	−50.2	−53.1
27.6	−34.2	−38.1	−41.6	−44.8	−47.8	−50.7	−53.6
27.7	−34.7	−38.6	−42.1	−45.3	−48.3	−51.2	−54.1
27.8	−35.2	−39.1	−42.6	−45.8	−48.8	−51.7	−54.6
27.9	−35.7	−39.6	−43.1	−46.3	−49.3	−52.2	−55.1
28.0	−36.2	−40.1	−43.6	−46.8	−49.8	−52.7	−55.6
28.1	−36.7	−40.7	−44.2	−47.4	−50.4	−53.3	−56.2
28.2	−37.2	−41.2	−44.8	−48.0	−51.0	−53.9	−56.8
28.3	−37.7	−41.7	−45.3	−48.6	−51.6	−54.5	−57.4
28.4	−38.2	−42.2	−45.8	−49.1	−52.1	−55.0	−57.9
28.5	−38.7	−42.7	−46.3	−49.6	−52.6	−55.5	−58.4
28.6	−39.2	−43.2	−46.8	−50.1	−53.1	−56.0	−58.9
28.7	−39.7	−43.7	−47.3	−50.6	−53.6	−56.5	−59.4
28.8	−40.2	−44.2	−47.8	−51.1	−54.1	−57.0	−59.9
28.9	−40.7	−44.7	−48.3	51.6	54.6	−57.5	−60.4
29.0	−41.2	−45.2	−48.8	−52.1	−55.1	−58.0	−60.9
29.1	−41.8	−45.8	−49.4	−52.6	−55.6	−58.5	−61.4

操作分两步完成:

1)第一步是参比电极的标定。将水分测定仪上下倒置和摇动几次,使硝酸参比电极内红烟硝酸浓度一致;然后把已经确定电位值的红烟硝酸标准溶液加入水分测定仪中,用滤纸擦干磨口,迅速盖上塞子,使铂丝电极(B)和铂丝电极(A)分别与电位差计的正、负相连接,测量其电池的电动势。

硝酸参比电极电位的计算公式为

$$E_{硝} = E_{标} - E_{标电池} \qquad\qquad (6-3)$$

式中:$E_{硝}$ 为硝酸参比电极电位(mV);$E_{标}$ 为红烟硝酸标准溶液电位(mV);$E_{标电池}$ 为红烟硝酸标准溶液与硝酸参比电极组成的电池的电动势(mV)。

2)第二步是试样电位的测定。将试样注入水分测定仪中,测量试样与硝酸参比电极组成的电池电动势。试样电位的计算公式为

$$E_{样} = E_{硝} + E_{样电池} \qquad\qquad (6-4)$$

式中:$E_{样}$ 为试样的电位(mV);$E_{硝}$ 为硝酸参比电极电位(mV);$E_{样电池}$ 为试样与硝酸参比电极组成的电池的电动势(mV)。

如果测量温度超出(20±5)℃范围,应按下式把在温度 t℃时的试样与硝酸参比电极电位组成的电池的电动势换算成 20℃时的电动势:

$$E_{20} = E_t + (K_1 + K_2)(20 - t) \qquad\qquad (6-5)$$

式中:E_{20} 为 20℃时,试样与硝酸参比电极组成的电池电动势(mV);E_t 为 t℃时,试样与硝酸参比电极组成的电池的电动势(mV);K_1 为试样电位的温度系数(mV/℃);K_2 为硝酸参比电极的温度系数(mV/℃);t 为测量电位时的温度数值。

6.3.1.3 配位反应

在元素周期表中,几乎所有的元素都可以通过配位反应形成有色离子,然后利用配位滴定法或者分光光度法进行测定。液体推进剂中 Cl^- 和 Fe^{2+} 的测定就是重要的例子。

1.绿色四氧化二氮中氯离子含量的测定

氯离子含量的测定采用分光光度法,基本原理是基于配位反应,绿色四氧化二氮中氯离子与硫氰酸汞反应,生成与 Cl^- 等量的硫氰酸根,反应如下:

$$2Cl^{-1} + Hg(SCN)_2 \rightarrow HgCl_2 + 2SCN^{-1}$$

硫氰酸根再与 Fe^{3+} 离子作用,生成橙色的硫氰酸铁:

$$Fe^{3+} + 3SCN^{-1} \rightarrow Fe(SCN)_3$$

用分光光度计测定溶液在最大吸收波长处(460nm)的吸光度值,从而测定绿色四氧化二氮中氯离子的含量。

2.绿色四氧化二氮中铁离子含量的测定

邻菲罗啉(又称邻二氮菲)是 NN 型螯合显色剂,是目前测定 Fe^{2+} 的较好的试剂。

铁离子含量的测定采用基于配位反应的分光光度法,其基本原理为:用盐酸羟胺将铁 Fe^{3+} 还原为 Fe^{2+}。反应式为

$$2Fe^{3+} + 2NH_2OH \cdot HCl \rightarrow 2Fe^{2+} + N_2 \uparrow + 2H_2O + 4H^+ + 2Cl^-$$

在乙酸－乙酸钠缓冲溶液中,Fe^{2+} 与邻菲罗啉结合生成稳定的橙红色配位物 $[Fe(C_{12}H_8N_2)_2]^{2+}$,摩尔吸收系数为 1.1×10^4 L/(mol·cm),配位反应如下:

$$\underset{\text{邻二氮菲}}{Fe^{2+} + 3C_{12}H_8N_2} \rightarrow \underset{\text{铁(Ⅱ)-邻二氮菲配位物}}{[Fe(C_{12}H_8N_2)_3]^{2+}}$$

用分光光度计测定其在最大吸收波长(510nm)下的吸光度值,从而获得绿色四氧化二氮中铁离子的含量。

该方法既可测定 Fe^{2+} 的含量,也可测定 Fe^{3+} 和总铁的含量。

6.3.1.4　重量分析法

重量分析法是将被测组分与试样分离后转化成称量形式,称重后计算得出被测组分的含量。根据被测组分与其他试样分离方法的不同,重量法可分为沉淀法、气化法和电解法等。在推进剂质量控制中,重量分析法应用十分广泛,主要用于测定绿色四氧化二氮中的一氧化氮含量、挥发性和非挥发性残渣、灼烧残渣、颗粒物等。

1.绿色四氧化二氮中一氧化氮含量的测定

液体四氧化二氮中加入一定量的一氧化氮构成混合氧化氮,二者发生如下反应:

$$\underset{\text{四氧化二氮}}{N_2O_4} \rightleftharpoons \underset{\text{二氧化氮}}{2NO_2} \overset{2NO}{\rightleftharpoons} \underset{\text{三氧化二氮}}{2N_2O_3}$$

N_2O_3 呈暗蓝色,N_2O_4 呈红棕色,因此 $N_2O_4 - NO$ 体系呈绿色,故称绿色四氧化二氮。绿色四氧化二氮是一种强氧化剂,与偏二甲肼、无水肼、单推-3 燃料相遇可燃烧。无水绿色四氧化二氮对金属的腐蚀性很小,随着含水量的增加,腐蚀性增强。

重量法(增量法)测定 NO 含量的基本原理为:绿色四氧化二氮中一氧化氮与氧气反应生成二氧化氮,通过反应后增加的质量计算出四氧化二氮中一氧化氮的含量。反应为

$$2NO + O_2 \rightarrow 2NO_2$$

2.绿色四氧化二氮中非挥发性残渣含量的测定

减量法测定非挥发性残渣含量的基本原理为:将绿色四氧化二氮试样加热挥发,使试样中轻组分挥发,与残渣完全分离;然后将残渣烘干至恒重,称取残渣质量即可得到非挥发性残渣的含量。

3.四氧化二氮中颗粒物含量的测定

增量法测定四氧化二氮中颗粒物含量的基本原理为:利用滤膜使固液分离的方法,将四氧化二氮中的颗粒物过滤出来,称量滤膜过滤前(m_1)和过滤后(m_2)的质量之差($m_2 - m_1$),再除以试样体积(V),即可获得四氧化二氮中颗粒物的含量(g/cm^3)。

绿色四氧化二氮中颗粒物含量的测定也采用滤膜法,方法与四氧化二氮中颗粒物含量的测定方法相同。

4.偏二甲肼中颗粒物含量的测定

增量法测定偏二甲肼颗粒物中含量的基本原理为:称量滤膜在过滤之前(m_1)和过滤之后(m_2)质量之差($m_2 - m_1$),再除以试样体积(V),即可获得颗粒物的含量(g/cm^3)。

偏二甲肼中的颗粒物系指留在孔径为 $10\mu m$ 滤膜上不溶于偏二甲肼的固体。无水肼、甲基肼中颗粒物含量的测定原理相同,颗粒物系指留在孔径为 $1\mu m$ 聚四氟乙烯过滤膜上不溶于无水肼、甲基肼的固体,在此不赘述。

5.单推-3 中颗粒物含量的测定

增量法测定单推-3 中颗粒物含量的基本原理为:采用过滤法,称量漏斗过滤前(m_1)和过

滤后(m_2)的质量之差(m_2-m_1),再除以试样体积(V),即可获得单推-3中颗粒物的含量(g/cm^3)。

6.其他残渣和颗粒物含量的测定方法

除了用上述称重法(增量法、减量法)测定颗粒物含量之外,还可以用燃烧法测定残渣含量,例如单推-3中残渣的测定就可以采用燃烧法,将其中的肼、氨缓慢燃烧,使其中的水分蒸发。在此过程中,硝酸肼也会分解,不能燃烧和分解的残渣便留在坩埚内,通过称重即可测定出其残渣含量。

硝酸中残渣含量的测定采用高温灼烧法,将其中的易挥发物质等全部高温灼烧完全,剩余的金属氧化物即为灼烧残渣。

6.3.2 固体推进剂质量检测

6.3.2.1 酸碱滴定法

1.高氯酸铵含量的测定

高氯酸铵含量的测定是高氯酸铵质量检测中的主要项目之一,其基本原理为:试样经水溶解后加入NaOH溶液,使高氯酸铵中的NH_4^+形成NH_3,从溶液中蒸发后被硫酸水溶液吸收:

$$NH_4ClO_4+NaOH \rightarrow NH_3+H_2O+NaClO_4$$
$$2NH_3+H_2SO_4 \rightarrow (NH_4)_2SO_4$$

用氢氧化钠标准溶液滴定剩余的硫酸,滴定反应为

$$H_2SO_4+2NaOH \rightarrow Na_2SO_4+2H_2O$$

用甲基红-亚甲基蓝混合指示剂作为指示剂,颜色由紫色变为绿色即为指示终点。本方法适用于高氯酸铵含量的测定。

2.端羟基聚丁二烯羟值的测定

端羟基聚丁二烯是一种丁二烯聚合物,两端各有一个羟基官能团,化学结构为

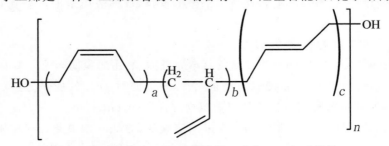

顺式1,4-加成结构　1,2-加成结构　反式1,4-加成结构

端羟基聚丁二烯质量检测的主要项目有羟值、水分、过氧化物、相对分子质量和黏度。

端羟基聚丁二烯羟值的测定采用直接滴定法,等效于《端羟基聚丁二烯规范》(GJB 1327A－1991),其原理为:过量的乙酸酐在对甲苯磺酸的催化下与试样作用,反应式为

$$(CH_3CO)_2O+ROH \rightarrow (CH_3CO)_2OR+H_2O$$
$$乙酸酐 \qquad HTPB$$

反应完毕后水解剩余的乙酸酐:

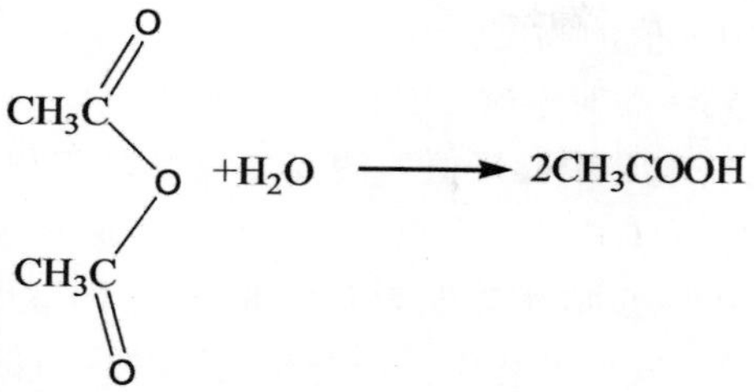

$$CH_3C \cdots O \cdots CCH_3 + H_2O \longrightarrow 2CH_3COOH$$

用氢氧化钾乙醇标准溶液滴定生成的乙酸：

$$KOH + CH_3COOH \rightarrow CH_3COOK + H_2O$$

用酚酞作指示剂,溶液由无色变为粉红色为终点。用空白试验所消耗的氢氧化钾量减去试样消耗的氢氧化钾量即可知试样的羟值。该方法适用于用自由基溶液聚合工艺制得的端羟基聚丁二烯羟值的测定。

3.聚乙二醇羟值的测定

聚乙二醇(PEG)是一种高分子聚合物,化学式是 $HO(CH_2CH_2O)_nH$,无刺激性,味微苦,具有良好的水溶性,并与许多有机物组分有良好的相溶性。聚乙二醇由环氧乙烷与水或乙二醇逐步加成聚合而成,其化学结构如下：

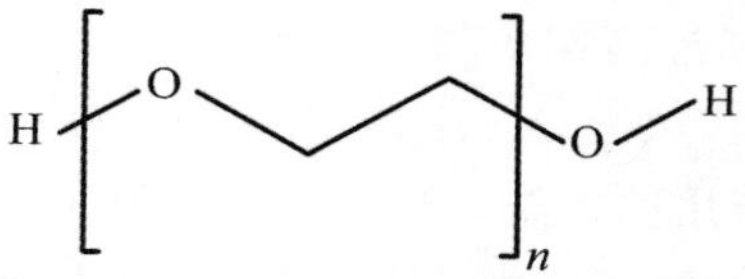

$$H-\left[O-CH_2CH_2\right]_n O-H$$

非水溶液中聚乙二醇羟值的测定采用直接滴定法,等效于《聚乙二醇规范》(GJB 5264—2003),其原理为：在(98 ± 2)℃回流条件下,样品中的羟基经酰化液中的咪唑催化,与酰化液中的邻苯二甲酸酐进行酰化反应。反应式为

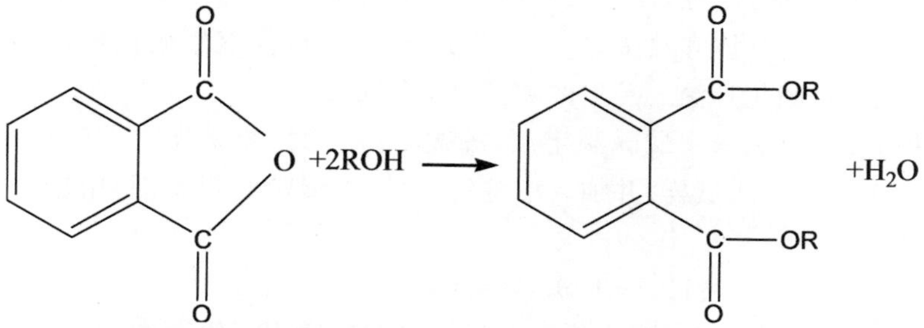

过量的邻苯二甲酸酐用氢氧化钠标准溶液滴定。

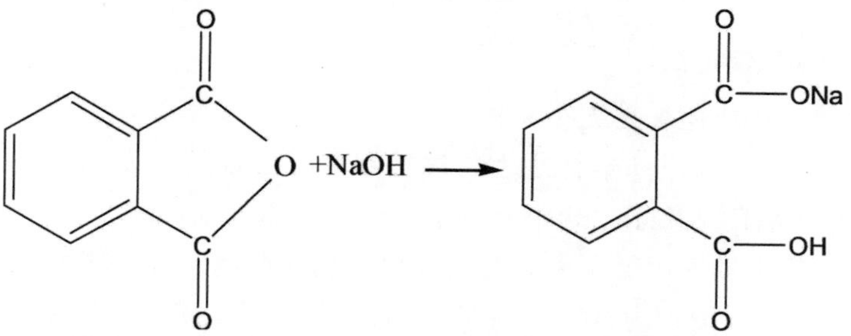

用酚酞作指示剂,溶液由无色变为桃红色为终点。利用空白试验所消耗的氢氧化钠量减去试样消耗的氢氧化钠量即可知试样的羟值。该方法适用于用二元醇与环氧乙烷进行阴离子

开环聚合制得的聚乙二醇中羟值的测定。

4.端羟基环氧乙烷-四氢呋喃共聚醚(PET)羟值的测定

端羟基环氧乙烷-四氢呋喃共聚醚羟值的测定采用邻苯二甲酸酐法,等效于《塑料聚醚的元醇 第3部分:羟值的测定》(GB/T 12008.3-2009),其原理为:试样中的羟基在邻苯二甲酸酐的吡啶溶液中回流被酯化,反应用咪唑为催化剂,过量的酸酐用水水解,生成的邻苯二甲酸用氢氧化钠标准溶液滴定。其中的化学反应与聚乙二醇羟值的测定相同,不再赘述。

本方法适用于由多元醇与环氧乙烷、环氧丙烷在催化剂作用下开环聚合制得的聚氨酯泡沫塑料用聚醚多元醇中羟值的测定。

5.聚乙二醇酸值的测定

聚乙二醇酸值的测定采用直接酸碱滴定法,等效于《聚乙二醇规范》(GJB 5264-2003),其原理为:试样溶解于乙醇水溶液中,以酚酞乙醇为指示液,用氢氧化钠标准溶液滴定。反应式为

$$RCOOH + NaOH \rightarrow RCOONa + H_2O$$

滴定终点时,酚酞指示剂由酸式酚酞变为碱式酚酞,即溶液由无色变为微红色。

该方法适用于用二元醇与环氧乙烷进行阴离子开环聚合制得的聚乙二醇中酸值的测定。

端羟基环氧乙烷-四氢呋喃共聚醚(PET)酸值的测定也采用此方法,等效于《端羟基环氧乙烷-四氢呋喃共聚醚(PET)规范》(GJB 5395-2005)。

6.硝化甘油碱度的测定

硝化甘油是甘油与硝酸作用的产物,分子式为 $C_3H_5(ONO_2)_3$,是无色或淡黄色油状液体,能与一些有机溶剂互溶。硝化甘油是一种高威力的液体炸药,对机械振动和冲击作用非常敏感,易爆,但不易自燃。它在双基推进剂中是硝化纤维素的主要溶剂和主要能源,因为它可与硝化棉形成固态溶液。硝化甘油充填于硝化棉的大分子之间,削弱了大分子间的作用力,增强了硝化棉的柔顺性和可塑性,便于加工成型,并使推进剂具有一定的力学性能。另外,硝化甘油燃烧时可产生大量气体和热量,生成一部分自由氧,可供氧给硝化棉,因此硝化甘油又称有机氧化剂。碱度是硝化甘油产品生产和验收中的重要指标。

硝化甘油碱度的测定采用酸碱滴定法,等效于《硝化甘油规范》(GJB 2012-1994),其原理为:向新煮蒸馏水中加入试样,并加入甲基红-溴甲酚绿混合指示剂,用盐酸标准溶液滴定。反应式为

$$2HCl + CO_3^{2-} = 2Cl^- + H_2O + CO_2 \uparrow$$

滴定终点时,指示剂由绿色变为淡玫瑰色。本方法适用于火药和炸药硝酸甘油的制造和验收。

6.3.2.2 氧化还原滴定法

1.端羟基聚丁二烯中过氧化氢含量的测定

过氧化物(H_2O_2)是自由基聚合法生产端羟基聚丁二烯的引发剂,HO·自由基是 H_2O_2 分解产生的,因此在端羟基聚丁二烯中有少量残留(<0.05%)。

端羟基聚丁二烯中过氧化氢含量的测定采用氧化还原滴定法,等效于《端羟基聚丁二烯规范》(GJB 1327-1991),其原理为:在一定条件下,过氧化氢可与碘离子反应,生成碘。反应式为

$$H_2O_2 + 2I^- + 2H^+ \rightarrow 2H_2O + I_2$$

用硫代硫酸钠标准溶液滴定生成的碘:

$$I_2 + 2Na_2S_2O_3 \rightarrow 2NaI + Na_2S_4O_6$$

加入淀粉指示剂,滴定终点由蓝色变为无色。

2.辛基二茂铁中铁的质量分数测定

二茂铁及其衍生物是一类应用较广、提高推进剂燃速幅度较大的燃速催化剂,辛基二茂铁是其中的一种。

辛基二茂铁中铁的质量分数的测定采用氧化还原滴定法,等效于《辛基二茂铁规范》(GJB 5970－2007),其基本原理为:试样用硝酸和高氯酸分解后,在盐酸介质中用氯化亚锡将三价铁离子还原为二价铁离子。反应式为

$$2Fe^{3+} + SnCl_2 + 2HCl \rightarrow 2Fe^{3+} + SnCl_4 + 2H^+$$

用氯化汞氧化过量的氯化亚锡:

$$SnCl_2 + HgCl_2 \rightarrow SnCl_4 + Hg_2Cl_2 \downarrow$$

用重铬酸钾标准溶液滴定溶液中的二价铁离子:

$$Cr_2O_7^{2-} + 6Fe^{2+} + 14H^+ \rightarrow 2Cr^{3+} + 7H_2O + 6Fe^{3+}$$

以二苯胺磺酸钠为指示剂,溶液由无色变为紫色即为终点。该方法适用于由二茂铁直接烷基化合成的辛基二茂铁中铁的质量分数的测定。

3.硝化棉含氮量的测定

硝化棉是双基推进剂的主要成分,化学式为$[C_6H_7O_2(OH)_{3-x}(ONO_2)_x]_n$,它是棉纤维或木纤维大分子$[C_6H_7O_2(OH)_3]_n$与硝酸反应的生成物。硝化纤维素被酯化的程度用含氮量表示,即其中氮的质量百分数。硝化纤维素在双基推进剂中起着主要能源和保证机械强度的作用,这是因为硝化纤维素提供了燃烧所需的 C,H 和部分 O,同时硝化纤维素被硝化甘油塑化后,其分子成为推进剂的基体和骨架,赋予药柱一定的物理机械性能。

硝化棉含氮量的测定采用亚铁-氯化亚钛法,等效于《火药分析实验方法　硝化棉含氮量的测定　亚铁-氯化亚钛法》(GJB 770.308－1990),其原理为:试样在惰性气体保护下与硫酸亚铁溶液进行氧化还原反应,即

$$NO_3^- + 3Fe^{2+} + 4H^+ \rightarrow 3Fe^{3+} + NO\uparrow + 2H_2O$$

之后用氯化亚钛标准溶液滴定生成的 Fe^{3+}:

$$Ti^{2+} + 2Fe^{3+} \rightarrow 2Fe^{2+} + Ti^{4+}$$

用硫氰酸铵溶液作指示剂:

$$Fe^{3+} + 3SCN^- \rightarrow [Fe(SCN)_3]^{3+}（红色）$$

溶液红色消失(即溶液中 Fe^{3+} 消耗完毕)为滴定终点,计算硝化棉含氮量。本方法适用于硝化棉含氮量的测定。

6.3.2.3　重量分析法

1.HTPB 中挥发物质量分数的测定

《端羟基聚丁二烯产品规范》(GJB 1327－1991)中规定 HTPB 中的挥发物的质量分数采用气体挥发减量法测定,其基本原理为:在真空条件下,加热使试样中的挥发性组分逸出,然后根据试样质量的减少计算出试样中挥发物的含量。

2.HTPB 中灰份的测定

《端羟基聚丁二烯规范》(GJB 1327－1991)中规定 HTPB 中的灰分采用灼烧减量法测定,

其基本原理为:低温加热瓷坩埚和试样,碳化后放入马弗炉中,850℃灼烧直至恒重后,根据瓷坩埚中的残留质量计算试样中灰分的含量。

6.3.3　固体推进剂成分检测

6.3.3.1　酸碱滴定法

1.HTPB,CTPB 固体推进剂中高氯酸铵含量的测定

(1)甲醛吸收法

HTPB,CTPB 固体推进剂中高氯酸铵含量测定的基本原理为:试样经水或硫酸钠水溶液提取后过滤,滤液与甲醛作用生成酸。反应式为

$$4NH_4ClO_4 + 6H_2CO \rightarrow (CH_2)_6N_4 + 6H_2O + 4HClO_4$$

用氢氧化钠标准溶液滴定生成的高氯酸,滴定反应为

$$4HClO_4 + NaOH \rightarrow NaClO_4 + H_2O$$

用酚酞作指示剂,终点由无色变微红色。本方法适用于推进剂中高氯酸铵的测定。

(2)硫酸吸收法

试样用水溶解后,加入 NaOH 溶液,使高氯酸铵中的 NH_4^+ 形成 NH_3,从溶液中蒸发后被硫酸水溶液吸收:

$$NH_4ClO_4 + NaOH \rightarrow NH_3 \uparrow + H_2O + NaClO_4$$
$$2NH_3 + H_2SO_4 \rightarrow (NH_4)_2SO_4$$

用氢氧化钠标准溶液滴定剩余的硫酸,滴定反应为

$$H_2SO_4 + 2NaOH \rightarrow Na_2SO_4 + 2H_2O$$

用甲基红-亚甲基蓝混合指示剂作指示剂,颜色由紫色变为绿色即为滴定终点。本方法适用于 HTPB,CTPB 推进剂中高氯酸铵含量的测定。

6.3.3.2　氧化还原滴定法

1.安定剂二苯胺的测定

化学安定剂可减缓和抑制硝化甘油和硝化棉的分解,其作用是吸收由硝化棉和硝化甘油等分解出来的并具有催化分解作用的 NO,NO_2,以提高双基推进剂的化学安定性,有利于长期贮存,通常用量都在 4% 以下。二苯胺就是一种常用的安定剂。

二苯胺碘量法测定的基本原理为:试样经皂化蒸馏后,分离出二苯胺。二苯胺与 Br_2 定量反应生成溴化二苯胺:

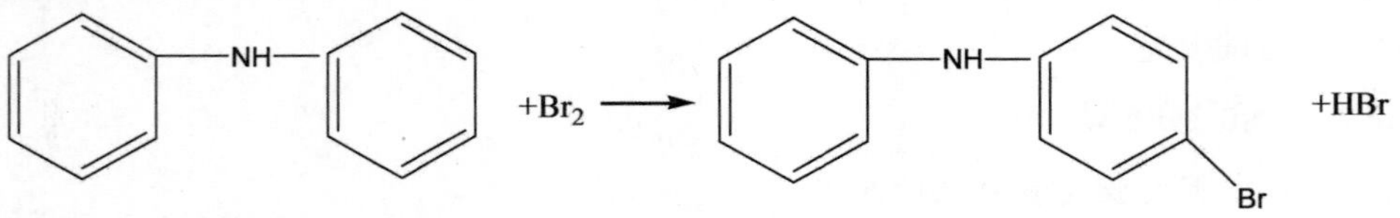

过量的溴与碘化钾反应:

$$KI + Br_2 \rightarrow KBr + I_2$$

用硫代硫酸钠标准溶液滴定生成的碘:

$$I_2 + 2Na_2S_2O_3 \rightarrow 2NaI + Na_2S_4O_6$$

接近终点时,加入淀粉指示剂,滴定至蓝色消失为终点。本方法适用于单基药中二苯胺的

测定。

2.固体推进剂中活性铝的测定

铝（Al）是复合固体推进剂中常用的金属燃料，可用普通的铝粉和纳米铝粉。铝粉燃烧热较高（30 480kJ/kg），但其耗氧量低（每克耗氧 0.88g），密度高（2.7g/cm³），因此推进剂中较高的铝粉含量，对提高比冲的作用相当显著，在固体推进剂中广泛使用。

活性铝的测定采用气体容量法，等效于《铝粉化学分析方法　气体容量法测定活性铝》（GB 3169.1－1982），其原理为：铝试样与氢氧化钠反应，其中活性铝置换出等量的氢气。反应式为

$$2Al+2NaOH+2H_2O \rightarrow 2NaAlO_2+3H_2 \uparrow$$

根据氢气体积计算活性铝的含量。本方法适用于铝粉中大于 80％活性铝含量的测定。

6.3.3.3　配位滴定法

配位滴定法可用于对火药（包括推进剂）中的金属离子及其化合物的含量进行测定，其基本原理为：试样用高氯酸或硝酸分解，在选定的条件下，用乙二胺四乙酸二钠（EDTA）标准溶液滴定溶液作为配位试剂，以直接滴定、返滴定和置换滴定的方法，用消耗的标准滴定溶液的量计算被测金属离子或其化合物的含量。本方法适用于火药中金属离子及其化合物含量的测定。

1.硫酸钾含量的测定

单基药、双基药及三基药中硫酸钾含量的测定可采用配位滴定法，其原理为：试样经预处理后，硫酸钾进入溶液中，经过滤后测定。在溶液中加入硝酸和硝酸铅：

$$SO_4^{2-}+Pb^{2+} \rightarrow PbSO_4 \downarrow$$

过滤液中加入乙酸-乙酸钠缓冲溶液，用 EDTA 标准溶液滴定：

$$Pb^{2+}+EDTA \rightarrow Pb-EDTA$$

采用二甲酚橙为指示剂，溶液由无色变为黄色为终点。

也可采用相同方法测定出硫酸铅沉淀中的硫酸根含量。

2.铅化合物含量的测定

用吸管吸取溶液，加水及抗坏血酸，再加入六次甲基四胺缓冲溶液，使溶液 pH 为 5～6；然后加入二甲酚橙指示剂，用氢氧化钠溶液滴定至溶液呈紫红色；最后用 EDTA 标准溶液滴定至溶液呈亮黄色为终点。滴定反应为

$$Pb^{2+}+EDTA \rightarrow Pb-EDTA$$

滴定终点时，指示剂颜色变化反应为

$$二甲酚橙-Pb^{2+}+EDTA \rightarrow 二甲酚橙+Pb-EDTA$$
$$\qquad 紫红色 \qquad\qquad\qquad\qquad 亮黄色$$

另外，试样中的铝粉、氧化镁、二氧化钛、碳酸钙等均可用配位滴定法测定含量。

3.HTPB,CTPB固体推进剂中铝粉含量的测定

铝粉含量测定的基本原理为：试样用浓硝酸、高氯酸溶解至出现白色结晶，即

$$Al+6HNO_3 \rightarrow Al(NO_3)_3+3NO_2 \uparrow +3H_2O$$

加入 NaOH 和盐酸调节溶液 pH 至 4.6～5.5，加入过量 EDTA 溶液，使铝充分反应：

$$EDTA+Al^{3+} \rightarrow Al-EDTA$$

之后加入六次甲基四胺溶液，用二甲酚橙作指示剂，用 Pb(NO_3)_2 标准溶液滴定至溶液由

黄色变为微紫色即为终点：

$$EDTA + Pb^{2+} \rightarrow Pb - EDTA$$

本方法适用于不含能在 pH＝4.0～6.0 时与 ETDA 形成配位化合物的金属元素或化合物的复合推进剂中铝粉含量的测定。

6.3.3.4 重量分析法

1.复合固体推进剂中苯提取值的测定

苯提取值即可溶于溶剂苯的组分质量。采用气体挥发差减法原理，用苯提取出复合固体推进剂试样中可溶性苯的组分，用增量法（提取后滤杯质量－提取前滤杯质量）测定苯提取值。本方法适用于复合固体推进剂苯提取值的测定。

2.单基药中硫酸钾含量的测定

采用沉淀重量法测定硫酸钾含量的基本原理为：试样用丙酮溶解后用水提取硫酸钾，再用氯化钡将硫酸钾沉淀：

$$BaCl_2 + K_2SO_4 \rightarrow BaSO_4 \downarrow + 2KCl$$

通过称量 $BaSO_4$ 的质量换算出试样中硫酸钾的质量，测定出硫酸钾的含量。本方法适用于单基药中硫酸钾含量的测定。

第7章 化学推进剂的污染监测及治理技术

化学推进剂具有燃烧或助燃的性质,可能在生产、运输、研究、贮存、使用等过程中发生泄漏、着火甚至爆炸等危险。研究结果表明,国内外所使用过的固、液推进剂中,除液氢、液氧之外,都具有不同程度的毒性,给操作人员和环境带来不同程度的危害,因此研究其污染特点、在环境中的行为、污染监测及治理对保护环境及保障人员健康具有重要的意义。本章介绍推进剂的污染种类、来源、污染特点,着重阐述液体推进剂在大气、水环境中的转移行为、污染监测及治理技术。

7.1 推进剂污染简介

7.1.1 推进剂污染源

依据推进剂的存在状态,推进剂污染源有液体推进剂污染源和固体推进剂污染源。

1.液体推进剂污染源

目前,国内外常用的液体推进剂有液氢、液氧、肼、甲基肼、偏二甲肼、三乙胺、二乙烯三胺、四氧化二氮、混胺一号、混胺二号、混胺三号、混胺四号、胺肼十号、烃类等。这些双元或三元的火箭燃料在各自的贮存、运输、转注、加注过程中均可能造成污染,例如,推进剂库房中贮罐和管道的跑、冒、滴、漏,贮罐和管道的洗刷冲洗,槽罐检修的洗消,均可能造成污染。

另外,火箭发射过程中的污染也是一个重要的污染源。以推进剂偏二甲肼和四氧化二氮为例,火箭发射时,偏二甲肼和四氧化二氮通过各自的控制和输送系统同时进入火箭发动机推力室进行燃烧。高温火焰经过尾喷管向下高速喷射,使火箭产生巨大的推力而飞向太空。此时,偏二甲肼与四氧化二氮的燃烧产物通过消防冷却水而进入导流槽中,构成了推进剂污水。火箭升空的瞬间,其尾喷管也将大量的推进剂燃烧产物释放到大气中,造成大气污染。

综上所述,液体火箭推进剂的主要污染源是双元或三元火箭燃料在常温混合反应或高温燃料状态的产物释放到冷却水或洗消水中而形成的。

2.固体推进剂污染源

固体推进剂目前在国外应用比较广泛,我国对其应用研究也非常重视。

固体推进剂污染源主要有三个方面:一是火箭发射过程中,推进剂燃烧产物对大气的污染;二是固体推进剂生产、加工过程中产生的粉尘和气溶胶;三是固体推进剂发生燃烧、爆炸事故时造成的污染。

7.1.2　推进剂的环境污染

火箭推进剂的污染涉及面比较广,既有推进剂生产制造过程的污染,又有运输、转注、贮存环节的污染,同时还存在火箭推进剂加注、转注以及发射过程中的污染等。

7.1.2.1　大气污染

1.火箭发动机试车或发射废气对大气的污染

火箭发动机试车或发射时,在几秒钟内燃烧掉几十吨甚至几百吨的推进剂,产生大量的高温燃气。这种高温燃气直接排入大气,对大气环境造成污染。例如,美国在"大力神Ⅱ"发动机实验的燃气团中,测得肼的最高浓度为 $620cm^3/m^3$,偏二甲肼的最高浓度为 $168cm^3/m^3$,二氧化氮的最高浓度为 $416cm^3/m^3$。我国某型发动机实验室,在发动机火焰两侧 $40\sim124m$ 范围内,测得偏二甲肼最高浓度为 $17.3mg/m^3$,二氧化氮的最高浓度为 $55mg/m^3$,氰根的最高浓度为 $0.69mg/m^3$。

火箭发动机试车或发射过程中产生的大量高温燃气在目前的经济技术水平下还无法收集和处理,只能选择合适的气象条件,使燃气易于稀释和扩散。

2.火箭发动机试车增压废气对环境的污染

试车台的容器在加注推进剂之前充有氮气,在加注时,容器内的氮气排空,会带走少量推进剂蒸气。试车时,容器需要用氮气增压,试车后会利用此压力将剩余推进剂压回仓库贮罐或加注车,然后将剩余气体排空。

所排放的废气中含有推进剂蒸气,本应将推进剂回收或处理后排放,但是在实际操作中往往直接排入大气,造成环境污染。

3.推进剂的渗漏

红烟硝酸和四氧化二氮是强氧化剂,对金属材料和非金属材料都有比较强的腐蚀破坏作用;肼类燃料对非金属材料的溶胀作用也很强烈。因此,法兰连接处的密封、阀门和泵的填函部位的密封都不是绝对可靠的,有时出现滴漏现象,使推进剂蒸气散发到库房等地的空气中。

4.槽车、贮罐、管道残液的吹出

推进剂槽车、贮罐、管道及阀体检修时,通常采用清洗液洗消,然后用水清洗。但是,有时冲洗完后,仍需用氮气将残留的废液或污水吹出,或者用氮气吹出而不用水冲洗,使氮气中所含的推进剂废气进入大气中。

5.推进剂泄露事故

鉴于航天工业的重要性,其工作的每个环节都应做到万无一失。但是由于种种原因,在推进剂的管理工作中,曾发生过泄露事故,对环境和操作人员造成了不同程度的伤害。例如:曾发生过波纹管断裂致使大量四氧化二氮喷出,造成人员受伤和环境污染;也发生过因有人偷锯管道造成大量偏二甲肼泄露;还发生过由于工作人员不负责任,将数以吨计的四氧化二氮和偏二甲肼随意排放,造成对工作现场和周围大气的严重污染。

6.推进剂生产车间的空气污染

无论是液体推进剂还是固体推进剂,在生产过程中,由于其自身的物理性质不同,均会以气态、蒸气和气溶胶的形式存在于车间空气中,造成对生产车间空气的污染。

生产车间的气态污染物是指在常温、常压下以气态形式分散在空气中的物质,常见的气态污染物有二氧化硫、一氧化碳、氮氧化物、氯化氢、氟化氢、丁二烯等。

生产车间的蒸气污染物是指在常温、常压下的液体或固体,由于其沸点或熔点低,挥发性大,因而以蒸气形式挥发到车间空气中。常见的蒸气污染物有偏二甲肼、肼、甲级肼、三乙胺、二乙烯三胺、苯、苯乙烯、醛类物质等。

生产车间的气溶胶污染物,是指悬浮在空气中的液体和固体颗粒的均匀分散体系,主要是固体推进剂生产中产生的污染物,如高氯酸铵、铝粉、铍粉、聚丁二烯丙烯腈、聚硫化物、聚丙二醇、三乙二醇二硝酸脂、有机脂、聚硫化物固化混合物等。

生产车间空气中的推进剂污染物会直接损害工作人员的身体,有时还会引发典型职业病症。

7.1.2.2　水污染

1.火箭发动机试车产生的污水

火箭发动机点火试车时,由于氧化剂和燃料不可能同时进入发动机,因此在发动机点火前总会有一些推进剂过剩,过剩的推进剂将随发动机燃气排入大气。发动机试车结束时,供应推进剂的阀门关闭,阀门到发动机之间一段管道内的推进剂会被水挤入发动机。这部分推进剂前一部分燃烧了,后一部分因被水稀释而未燃烧,随消防水进入导流槽,产生推进剂污水。

2.火箭发射产生的污水

火箭点火发射后,几百吨的推进剂在很短时间内燃烧掉,产生大量的燃气,燃烧温度可达1 000℃。为了防止高温对火箭发动机尾喷管、地面发射配属设备及导流槽的烧蚀,在发射架的下部安装有多环冷却水喷管,在火箭点火的同时,冷却水环管喷水形成水幕,不仅能保护发射设备,而且能够吸收部分高温燃气,缓解燃气对大气的污染。

由于冷却水中溶解了部分燃气,污水中含有氧化剂与燃烧剂的高温燃烧产物和未完全燃烧的剩余推进剂残物。这种污水成分比较复杂,经检测分析得知,其主要成分有偏二甲肼、硝基甲烷、亚硝基二甲胺、甲醛、四甲基四氮烯、氢氰酸、有机腈、氰酸、二甲胺、偏腙等。

3.液体推进剂槽车、贮罐、管道的洗消污水

推进剂槽车、贮罐、加注管道以及阀件在检修前均需对其进行洗消,洗消时会产生大量废水。

(1)四氧化二氮槽车、贮罐、管道的洗消污水

四氧化二氮槽车、贮罐、管道及阀件的洗消采用浓度为3%～5%的碳酸纳溶液中和处理后,再用自来水冲洗三次,其化学反应产物如下:

$$N_2O_4+H_2O \rightarrow HNO_3+HNO_2$$
$$2HNO_3+Na_2CO_3 \rightarrow 2NaNO_3+H_2CO_3$$
$$2HNO_2+Na_2CO_3 \rightarrow 2NaNO_2+H_2CO_3$$

从方程式可以看出,四氧化二氮槽车、贮罐、管道及阀件洗消污水中主要存在的物质有硝酸钠($NaNO_3$)、亚硝酸钠($NaNO_2$)、硝酸(HNO_3)、碳酸(H_2CO_3)、碳酸钠(Na_2CO_3)等。

以上物质中,亚硝酸钠毒性较大,应严格控制和处理。亚硝酸钠在地面水中的最高容许浓度为$0.2mg/dm^3$。

(2)偏二甲肼槽车、贮罐、管道的洗消污水

偏二甲肼槽车、贮罐、管道及阀件的洗消采用浓度为5%的醋酸(HAc)溶液中和处理,排出后再用自来水对容器及管道冲洗至少三次。

偏二甲肼是一种弱有机减,而醋酸是一种弱有机酸,二者的反应为有机酸碱中和反应,反

应产物为偏二甲肼醋酸盐：

$$(CH_3)_2NNH_2+CH_3COOH \rightarrow (CH_3)_2NNHC_2H_3O+H_2O$$

从以上反应可以看出，这种污水中的物质有偏二甲肼、醋酸、偏二甲肼醋酸盐，其中偏二甲肼为有毒物质。

4.液体推进剂库房地面的清洗污水

由于液体推进剂的腐蚀作用，有时造成阀件、泵、法兰等密封部件密封不严，发生滴漏现象。对于推进剂的少量滴漏，通常采用自来水冲洗。推进剂种类不同，会产生不同种类的推进剂库房污水。

5.推进剂泄露事故的洗消污水

推进剂一旦发生泄漏事故，为防止其对操作人员的危害和对环境的污染，最常采用的措施是用自来水冲洗。这种处理方法国内外均有实例报，其冲洗过程如下：①首先用自来水冲洗。②然后用10％的过氧化氢或漂白粉水溶液洗消。也可用5％的高锰酸钾溶液清洗。如用高锰酸钾溶液洗消，还需用草酸溶液再冲洗一次；严禁用固体高锰酸钾处理，以免发生火灾。③最后再用自来水冲洗。以上冲洗水及冲洗液均收集于推进剂污水处理贮存池中，以便集中净化处理。

7.1.3 推进剂的污染特点

推进剂污染的主要形式包括推进剂气态污染物和推进剂废水，废水是推进剂的主要污染源。因为当推进剂发生跑、冒、滴、漏或事故时，采取的措施往往是用大量的自来水冲洗。

7.1.3.1 污染物成分的复杂性

以双元液体推进剂偏二甲肼与四氧化二氮为例，由于污染来源不同，其中污染物成分差异很大。某单位发动机试车废水中毒物含量见表7－1。

表7－1 某单位发动机试车废水中毒物含量

单位：mg/L

序号	UDNH	NO²⁻	CN⁻	CH₃OH	TMTA	CH₃NO₂	二甲基亚硝铵	偏腙	氰甲烷
1	极微	6.0	2.7	27	0.10	0.50	0.080	3.3	0.8
2	0.15	0.12	—	0.06	1.40	0.04	0.010	—	—
3	2.23	9.11	—	1.20		0.50	0.020	—	—
4	1.83	8.5	—	1.12		0.54	0.020	—	—
5	10.75	11.87	—	4.40		2.11	0.031	—	—
6	0.53	20.00	—	0.26		0.05	0.021	—	—
7	2.46	16.85	—	0.26	—	0.05	0.028	—	—

中国科学院化学研究所曾对航空航天工业部某试车台试车废水进行了检测分析，该种废水中的主要有毒成分有偏二甲肼、亚硝基二甲胺、硝基甲烷、四甲基四氮烯、氢氰酸、有机腈、氰酸、甲酸、二甲胺、偏腙、胺类等，其中亚硝基二甲胺是世界卫生组织公认的致癌物质。表7－2中列出了推进剂污水中的毒物性质、排放标准、毒物症状等。

表 7-2 推进剂污水中的毒物性质、排放标准、毒物症状

毒物名称	室温状态	密度/(g·cm^{-3})	熔点/℃	沸点/℃	水溶性	地面水最高容许浓度/(mg·L^{-1})	毒性症状
偏二甲肼	无色液体,有鱼腥味	0.795	-58	63.3	混溶	0.5	损害肝脏,破坏红血球,刺激呼吸道、肺、眼等
亚硝基二甲胺	黄色液体	0.004 8	—	151~153	溶	应查不出	损害肝脏,最终导致肝癌、肾癌、肺癌
偏腙	液体,有吡啶臭味	0.004 8	—	69~73	—	0.5	—
四甲基甲氮烯	黄色液体,有爆炸性	—	—	130	微溶	—	抑制肝脏胺氧化酶作用,阻止酪胺脱氮
二甲胺	无色液体,有特殊臭味	0.680	-96	7.4	易溶	—	刺激皮肤和黏膜,腐蚀性强,特别是对眼、呼吸器官
硝基甲烷	无色液体	1.132 2	-17	101.2	微溶	0.5	刺激人眼、呼吸道
氢氰酸	—	0.687 6	13.24	26	混溶	0.05	剧毒,引发头痛、恶心、呕吐、气喘、痉挛,直至死亡
氰酸	液体(三聚体为固体)	1.156	-86	23.5	溶	—	强烈刺激皮肤、黏膜、呼吸道,有催泪性、发泡性,毒性类似氢氰酸
二甲基甲酰胺	无色液体	—	-61	152.8	混溶	—	有刺激毒性
甲醛	无色气体	0.815	-92	-21	易溶	0.5	刺激眼、呼吸道,引起厌食、失眠

推进剂槽车、贮罐、加注管道和库房的洗消废水中成分比较单一,视其贮存介质而定。但是,当偏二甲肼与四氧化二氮废水混合于一个污水处理池时,其成分就比较复杂了。除了含有偏二甲肼和四氧化二氮外,还含有二者的常温氧化产物,如甲醛、甲胺、二甲胺、亚硝胺等一系列中间产物。这一系列中间产物的毒性有时超过偏二甲肼的毒性。因此,在确定该种污水处理方案时,应给予充分注意。

7.1.3.2 污染物浓度的宽泛性

推进剂的污染量和浓度与废物的来源有直接关系。大量的统计数字表明,一般大型试车台每次试车产生的废水量为1 000~2 000t,废水中偏二甲肼的浓度为50~200mg/L;小型试车台每次试车产生污水 10t 左右,污水中偏二甲肼的浓度为1 500~2 000mg/L。

某卫星发射中心试验场在历次发射任务中的污水排放量和污水浓度,由于发射任务不同,差异较大。据有关人员统计,每次发射产生的污水量为 300~600t。污水中偏二甲肼含量波动,有时为几毫克每立方米,有时为几十、几百毫克每立方米,最高含量达到2 105mg/L。

影响污水中偏二甲肼浓度的因素主要与发射冷却用水量和残留在加注管道中的偏二甲肼的处理方式有关。若不回收,直接将其倾泄于污水池中,其浓度必然偏高。应该说,正常情况

下,推进剂污水中偏二甲肼的浓度为 $50\sim100\text{mg/L}$。

7.1.3.3 污染源的随机性

由于有时推进剂的应用、运输及贮存场合不能事先确定,另外,推进剂的使用与军事行动密切相关,因此推进剂污染源具有不确定性和随机性。

7.2 大气中液体推进剂的迁移规律

在液体推进剂的生产和使用中,排放的大量污染气体都有很强的毒性,例如,偏二甲肼被空气氧化会生成二甲基亚硝胺,属致癌物;硝基氧化剂放出的二氧化氮与多种癌症及肺水肿、心脏病有关。推进剂排放到大气中以后,随着气体扩散稀释的同时,大气中的各种组分与推进剂组分也会发生一系列复杂的化学反应,产生一系列反应产物。本节着重阐述肼类燃料和氮氧化物在大气中的化学转移规律。

7.2.1 大气中肼类燃料的迁移规律

肼类燃料是指以偏二甲肼为代表的一类火箭液体燃烧剂,是常用的一种双组元燃烧剂。迄今为止,国内外所使用过的液体推进剂中,除液氢、液氧外,都具有不同程度的毒性,尤其是肼类燃料毒性较大,如果摄入或操作不当会给人员和环境带来不同程度的危害和污染。肼类燃料包括肼(N_2H_4,又称 HZ)、一甲基肼(CH_3NHNH_2,又称 MMH)、偏二甲肼[$(CH_3)_2NNH_2$,又称 UDMH]。肼类燃料在大气中的变化很复杂,如能被大气中的氧气氧化,能与二氧化碳反应生成盐,能与水作用生成水化物,与臭氧、氮氧化物、二氧化硫等也可发生反应。肼类燃料还可在小于 290nm 的紫外光照射下发生光解,与 NO_x 发生光化学反应,与 O_3 或 OH 基发生反应。肼在 OH 基存在的情况下衰变加快,半衰期小于 1h;在有臭氧存在时,半衰期小于 10min。一甲基肼和偏二甲肼在 O_3 或 OH 基存在时,半衰期比肼还小 1 个数量级。肼类燃料在大气中的半衰期分别是:肼 $1\sim10\text{h}$,一甲基肼 $2\sim7\text{h}$,偏二甲肼 100h。在室温下,低浓度偏二甲肼不稳定,分解最快。表 7－3 是肼类燃料在大气中的衰变产物。

表 7－3　肼类燃料在大气中的衰变产物

燃料	反应类型	主要反应物	微量产物
肼	$N_2H_4+O_2$	N_2,H_2O	NH_3,N_2O,$HN\!=\!NH$
	$N_2H_4+O_3$	N_2,H_2O	H_2,N_2O,H_2O_2,$HN\!=\!NH$
	$N_2H_4+NO_x+O_2$ 光化学反应	N_2,H_2O	NO_2,O_3,$HN\!=\!NH$,N_2H_4,HNO_3
一甲基肼	$CH_3N_2H_3+O_2$	N_2,CH_4	CH_3OH,NH_3,$CH_3N\!=\!NCH_3$,$CH_3N\!=\!NH$,$CH_3N\!=\!NCH_2$(一甲腙),CH_2NNH_2(肼腙),二甲基呱嗪的二个异构体,三甲基呱嗪,三甲肼,N_2O,H_2
	$CH_3N_2H_3+O_3$	N_2,CH_4	过氧甲酸,CH_3-NH,CH_3NHNCH_2,$HCHO$,CH_3OH,H_2O_2,CH_3NNO
	$CH_3N_2H_3+NO_x+O_2$ 光化学反应	N_2,CH_4	HNO_2,$CH_3N\!=\!NH$,O_3,$HCOOH$,CH_3ONO_2,CH_3N-NH_2,HNO_2,NH_3,N_2O,$CH_3\!=\!NH$

续表

燃料	反应类型	主要反应物	微量产物
偏二甲肼	$(CH_3)_2N_2H_2+O_2$	偏腙	二甲基亚硝胺
	$(CH_3)_2N_2H_2+O_3$		二甲基亚硝胺,HCHO,H_2O_2,NO_2,CH_3ONO_2
	$(CH_3)_2N_2H_2+NO_x+O_2$ 光化学反应		一甲基亚硝胺,二甲基亚硝胺,N_2O,HCHO,HCOOH,HNO_2,HNO_3,O_3,未知物

7.2.1.1　肼类燃料与大气中氧气的相互作用

1.肼与氧气的反应

Bowen 和 Birley 发现在 373~423K 时,肼与氧气气相反应的主要产物是 N_2 和 H_2O,反应速率与反应容器的表面积有关,反应级数随时间变化。Stone 研究了人工合成空气(20% O_2,80%He)中肼蒸气的自动氧化反应。他们用气相色谱和红外光谱仪对肼浓度进行了连续监测,得到了肼的氧化历程:

$$N_2H_4+O_2 \rightarrow N_2+H_2O$$

氧气的减少服从一级反应动力学,在 13.3kPa O_2 中,1.0×10^{-4} dm^3 肼的半衰期为19.5min;而当加入聚四氟乙烯改变反应容器的表面积/体积时,半衰期降为 8.2min。这表明,肼的氧化不是均相的气相反应,而是表面催化反应。对不同反应室中的结果进行比较,发现表面积是速度控制因素,半衰期与表面积成正比。

2.一甲基肼与氧气的反应

一甲基肼在空气中氧化可生成氮气和甲烷。在玻璃容器中,一甲基肼的半衰期是 34min,在聚乙烯容器中 10min 可反应完全,表现出了表面催化作用。用红外光谱监测一甲基肼与氧气的反应产物,反应机理如下:

$$CH_3NHNH_2+O_2 \rightarrow H_2O_2+CH_3N{=}NH$$
$$H_2O_2+CH_3NHNH_2 \rightarrow 2H_2O+CH_3N{=}NH$$
$$CH_3N{=}NH \rightarrow CH_4+N_2\uparrow$$

Stone 研究了空气和氧气对一甲基肼的氧化作用,100min 内氧气被全部消耗掉,主要反应产物是氮气和甲烷;6h 后,红外光谱在 3 260cm^{-1} 处的 N—H 伸展谱减小,123h 后完全消失;6h 后在 3 080cm^{-1} 处出现一个新的光谱,23h 后加强。

一甲基肼在人工合成空气中的半衰期根据容器表面积和材料的不同在 2~7h 范围内,在高浓度时主要是多相反应历程,化学反应方程式为

$$8CH_3NHNH_2+6O_2 \rightarrow 3CH_3NHN{=}CH_2+CH_4+CH_3OH+5N_2+11H_2O$$

3.偏二甲肼在空气中的氧化

偏二甲肼暴露在空气中时可能转化为潜在的致癌物亚硝基二甲胺(NDMA)。在贮存的偏二甲肼中,也发现含有少量的 NDMA;而在偏二甲肼的生产、转运、使用等过程中,偏二甲肼和其中的 NDMA 可能通过各种途径进入大气环境,威胁人体健康。近年来,越来越多的公共卫生科学家认为,工业区癌症的高发率与大气环境中亚硝胺的含量较高可能存在着某种关系。环境中的二甲胺与亚硝酸反应可能生成亚硝胺,而二甲胺与亚硝酸或氮氧化物又可能是偏二甲肼在大气环境中的降解产物。因此,偏二甲肼在空气中的行为越来越引起人们的注意。

为了弄清偏二甲肼排入大气之后随时间和距离变化而发生的变化以及偏二甲肼和

NDMA 可能的浓度范围,美国空军的空间与导弹系统委员会(Space And Missile Systems Organization,SAMSO)推进剂办公室要求洛杉矶航天公司建立一种动力学扩散模式。为了确定这种模式,需要了解以下的情况:①偏二甲肼从排放点进入大气环境的总速度;②偏二甲肼在环境中发生反应后直接或间接生成 NDMA 的速度;③如果在环境中生成 NDMA,其可能发生降解的总速度。此外,还要考虑偏二甲肼和 NDMA 在环境中的迁移速度,以及它们发生光化学降解和非光化学反应的速度。

偏二甲肼的非光化学空气氧化反应包括:①偏二甲肼在空气中消耗速度,NDMA 的生成速度以及产物鉴定;②NDMA 在空气中的消耗速度;③在空气中,二甲胺和 NO_x(NO,NO_2,HONO)发生反应生成 NDMA 的速度;④甲醛二甲基腙和空气反应生成 NDMA 的速度。

4.肼类燃料的表面催化空气氧化

在肼类燃料的氧化过程中,其反应速率受反应器催化表面积的影响。Kilduff,Davis 和 Koontz 研究了肼类燃料在表面积为 $2\sim24m^2$ 的 Al/Al_2O_3、不锈钢、镀锌钢和钛板上的表面催化空气氧化反应,Al/Al_2O_3(表面积为 $23.8m^2$)作为催化剂时,肼的半衰期为 2h,中间产物有 N_2H_2 及少量氨;甲基肼的中间氧化产物是 $HN=NCH_3$ 及微量甲醇。Al/Al_2O_3 催化氧化肼和一甲基肼的速率常数与金属板的表面积的平方成正比,速率表达式为

$$速率=k[肼][表面积]^2$$

肼被金属表面催化氧化形成 $HN-NH$ 的反应历程为:肼蒸气通过氢键吸附到金属氧化物表面,通过 1 个六元环过渡态的脱氢作用生成 $HN-NH$ 和 1 个金属羟基化合物。同样,$HN=NH$ 也可在吸附/解吸后,通过同样的过渡态生成氮气和另一种表面羟基氢化物,氢化物分解被还原产生还原面和水,由于这是在空气中进行的,还原面会被再次氧化。

7.2.1.2 肼类燃料与臭氧的相互作用

1.反应产物

对于大多数释放至大气中的化合物而言,主要反应是光解、与 O_3 及 OH·反应。但对于肼类燃料,光解作用不是主要的反应过程,这是由于肼类燃料在光活性区(大于 290nm 处)不能吸收能量,与 O_3 及 OH·反应则较显著。Tuazon 和 Carter 用傅里叶红外光谱仪模拟了在大气环境中肼、一甲基肼和偏二甲肼的气相反应,反应是在 $3\,800\sim6\,400dm^3$ 的聚四氟乙烯反应箱中进行的,空气的相对湿度小于 25%,温度为 $20\sim25℃$,压力约为 740mmHg(1mmHg≈133Pa),反应物初始体积分数是 $4\times10^{-6}\sim2\times10^{-5}$。为研究 OH·基对 $O_3+N_2H_4$ 反应的作用,Tuazon 和 Carter 加入了自由基捕获剂和示踪剂。示踪剂数据表明,随着初始 $[O_3]/[N_2H_4]$ 的增加,OH·量增加。

肼和臭氧反应的主要产物是 H_2O_2,N_2H_2 及少量 NH_3。

甲基肼与臭氧反应的主要产物是 CH_3OOH,CH_2NNH,HCHO,CH_2N_2,H_2O_2,少量的 CH_3OH,CO,HCOOH 及微量的 NH_3 和 N_2O。

偏二甲肼与臭氧反应的主要产物是 $(CH_3)_2NNO$(NDMA),CH_3OOH,CH_3NNH,CH_3NNH 和 H_2O_2,少量 CH_3OH,CO,HCOOH,$HON-O$,NO_2,NH_3,以及微量的 CH_2N_2。

2.反应机理

肼(N_2H_4)和甲基肼(MMH)与 O_3 的反应机理相似,属于自由基反应,其机理如下。

链引发:

$$RNHNH_2 + O_3 \rightarrow \begin{cases} RNH - N \cdot H + OH \cdot + O_2 \\ RN \cdot - NH_2 + OH \cdot + O_2 \end{cases} (R = H \text{ 或 } CH_3)$$

$$CH_3O_2 + CH_3O_2 \rightarrow 2CH_3O \cdot + O_2$$

链增长：

$$RNHNH_2 + OH \cdot \rightarrow RNH - N \cdot H + H_2O$$

$$\left.\begin{array}{l} RNH - N \cdot H \\ RN \cdot - NH_2 \end{array}\right\} + O_2 \rightarrow RN = NH + \cdot HO_2$$

$$RN = NH + O_3 \rightarrow RN = N \cdot + OH \cdot + O_2$$

$$RN = N \cdot \rightarrow R \cdot + N_2$$

$$CH_3O \cdot + O_2 \rightarrow HCHO + \cdot HO_2$$

链终止：

$$RN = N \cdot + 2 \cdot HO \rightarrow RN = NH + H_2O$$

$$R \cdot + O_2 \xrightarrow{M} RO_2$$

$$\cdot HO_2 + \cdot HO_2 \rightarrow H_2O_2 + O_2$$

$$\cdot HO_2 + CH_3O_2 \rightarrow CH_3COOH + O_2$$

$$CH_3O_2 + CH_3O_2 \rightarrow HCHO + CH_3OH + O_2$$

偏二甲肼与其他肼类燃料的不同之处在于 $(CH_3)N$ 基不能与 O_3 反应生成二氮烯，最合理的机理是偏二甲肼与 O_3 反应生成 NDMA 和 H_2O_2。

偏二甲肼与 O_3 的反应机理如图 7-1 所示。

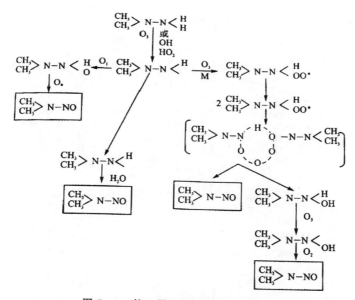

图 7-1　偏二甲肼与 O_3 的反应机理

7.2.1.3　肼类燃料与 NO_x 的相互作用

肼类燃料蒸气扩散到大气中后，可与大气中的氮氧化物发生反应。肼、一甲基肼和偏二甲

肼在气相中与 NO_2 反应迅速,其中肼速度最慢,偏二甲肼最快。肼与 NO_2 反应的主要产物是 $HONO$,$N_2H_4 \cdot HNO_2$,N_2H_2(肼过量时),N_2O 和 NH_3。一甲基肼与 NO_2 的反应产物与之类似,主要产物是 $HONO$,$CH_3NHNH_2 \cdot HNO_3$,CH_3NNH 及微量的 N_2O 和氨,还有 CH_3OOH,CH_3OH 和两种未知产物;在 NO 存在时,还有 $HOO-NO_2$ 及 HO_2 中间体。在 NO 存在时,偏二甲肼与 NO_2 反应的主要产物是 $HONO$ 和四甲基四氮烯(TMT),总的反应式为

$$UDMH + 2NO_2 \rightarrow 2HONO + \frac{1}{2}TMT$$

NO 存在时,TMT 和 HONO 产量降低,并有 N_2O,NDMA 和一种未知产物生成。

肼类燃料与 NO_2 反应最可能的历程始于 H 分离,形成亚硝酸和一个 $RNH-NH$ 基,后者(对于肼和一甲基肼而言)与氧气反应形成相应的二氮烯:

$$RNHNH_2 + NO_2 \rightarrow RNH-\dot{N}H + HONO$$

$$RNH-\dot{N}H + O_2 \rightarrow RN=NH + HO_2 (R = H \text{ 或 } CH_3)$$

偏二甲肼 $+NO_2$ 体系则要简单一些。在无 NO 时,主要产物是 HONO 和 TMT:

$$(CH_3)-\dot{N}N \cdot H + NO_2 \rightarrow HONO + (CH_3)_2 \overset{+}{N} = \overset{-}{N}$$

$$2(CH_3)_2 \overset{+}{N} = \overset{-}{N} \rightarrow (CH_3)_2N-N=N-N(CH_3)_2$$

当 NO 存在时,它可与 $RNH-NH$ 基反应生成亚硝基肼,亚硝基肼与 NO_2 反应生成 N_2O 和 N -亚硝基二甲胺。

偏二甲肼在大气环境中与 NO_x 和氧气在光作用下的反应机理如图 7-2 所示。

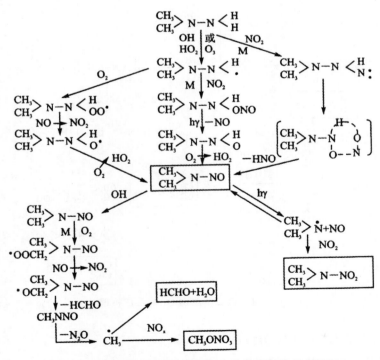

图 7-2　偏二甲肼与 NO_x 和氧气在光作用下的反应机理

7.2.2　大气中硝基氧化剂的迁移规律

硝基氧化剂中的四氧化二氮和红烟硝酸蒸气释放到大气中,分解的主要产物是 NO_2 和 NO。这种产物在大气中经过一系列反应,最终产物主要是硝酸和亚硝酸及相应盐。NO_2 和 NO 在大气中的转化规律可参见第 2 章第 3 节中的 2.3.2.4。

1.光化学反应

NO_2 在大气中会产生光化学烟雾,具体过程是 NO_2 吸收波长小于 420nm 的光后,发生光解反应:

$$NO_2 + h\nu \rightarrow NO + O\cdot$$
$$O\cdot + O_2 + M \rightarrow O_3 + M$$

式中:$h\nu$ 为光子;M 为保护气体,如空气中的 N_2。

随后 NO 与 O_3 发生反应:

$$NO + O_3 \rightarrow NO_2 + O_2$$

NO_2,O_2,O_3 和 NO 之间形成循环反应。由于碳氢化合物燃烧产生了大量 CO,排放到大气中,大气中 CO 和自由基 $OH\cdot$ 对 NO 转化为 NO_2 有促进作用,反应如下:

$$OH\cdot + CO \rightarrow CO_2 + H\cdot$$
$$H\cdot + O_2 + M \rightarrow HO_2\cdot + M$$
$$HO_2\cdot + NO \rightarrow HO\cdot + NO_2$$
$$HO_2\cdot + HO_2\cdot \rightarrow H_2O_2 + O_2$$
$$H_2O_2 \xrightarrow{h\nu} 2OH\cdot$$

在上述光化学反应中,NO_2 是光分解的基础,CO 起催化作用。碳氢化合物的存在使光化学反应更加复杂,碳氢化合物在可见光作用下可分解为自由基。自由基形成后通过一系列反应,生成过氧乙酰基硝酸酯(PAN)和醛等,这些物质是光化学烟雾中的强刺激物:

$$RRC=O \xrightarrow{h\nu} R\cdot + R\cdot CO$$

2.泄露试验

为研究推进剂蒸气的形成及扩散规律,美国劳伦斯·利弗莫尔国家实验室(Lawrence Livermore National Laboratory ,LLNL)在 1983 年为美国空军在能源部内华达试验场(Nerada Test Site,NTS)进行了系列化大规模($3 \sim 5m^3$)N_2O_4 泄漏试验,用来研究 N_2O_4 的蒸发速率和蒸气扩散规律。由于 N_2O_4 沸点低($21.15℃$),因此在 N_2O_4 泄漏至温暖的土壤上后,会迅速蒸发,并分解为 NO_2。整个试验的泄漏设备是一辆 N_2O_4 槽车和一辆氮气车,氮气车主要是为槽车提供将 N_2O_4 压至泄漏点的压力,并于每次泄漏试验后提供清洗气体,还可为操作系统提供所需压力。具体的试验步骤是:打开氮气车上的手动阀,设置所需压力;再打开 N_2O_4 槽车上的手动阀,使 N_2O_4 通过 1 个长为 30m、直径为 7.62cm 的 PVC(聚氯乙烯,Poly - Viny - Chlorid)管流至泄漏点,并记录 N_2O_4 在泄漏管中的温度以及不同地点的土壤温度。

在泄漏区的测量还包括大气边界层、风场、蒸气云温度和浓度、表面热量测量等,主要分为 3 个系列:气象系列、质量系列和扩散系列。其中,气象系列由 9 个风速计和 1 个 20m 高塔组成,风速和风向每 10s 测一次。风场数据被传至控制车,用于确定泄漏试验的最佳时间。大气边界层数据由安装于泄漏地点上风向 50m 处的 20m 高塔上的 4 个温度计和 3 个风速站测得,同时还可测地面热量、温度及当地气压。质量系列用于确定 N_2O_4 的蒸发速率或源强,通过 N_2O_4 的浓度、气相温度及速率而算得,得到的质量密度和速度在蒸气云截面上积分可得到瞬时通过的质量流率。质量系列捕获到的整个蒸气云的质量流率即为 N_2O_4 泄漏源的强度。质量流率由位于下风向 25m 处的 7 个蒸气测量站和 2 个风速站组成。扩散系列由位于泄漏点下风向 78.5m 处的 5 个 10m 高塔组成,用于记录泄漏 N_2O_4 蒸气的垂直截面范围。在试验中另有 2 个便携式 NO_2 气体传感器,用于监测试验中 2 800m 处的数据。摄像系统共包括 5 台摄像机,所有摄像机都是遥控操作,从泄漏阀一打开就开始摄像,摄像范围是泄漏点至上风向 20m 处。整个泄漏控制和数据的获得和贮存全部由位于泄漏点 1 000m 处的作战指挥控制车完成。

泄漏点的源强主要是由质量系列确定的,瞬时质量通量($\dot{m}$)由在整个蒸气云横截面上的密度和速度积分而得:

$$\dot{m} = \int_A \rho u \, dA \tag{7-1}$$

式中:ρ 为密度,单位为 kg/m^3;u 为气体速率,单位为 m/s;A 为蒸气云截面积,单位为 m^2。这种总质量汽化是假定没有 N_2O_4 渗入地面。

3.OB/DG 模型

OB/DG 模型是美国空军在佛罗里达州的卡纳维尔角(Cape Kennedy)(海风,Ocean Breeze)和加利福尼亚州的范登堡海军基地(Vandenbury Aif Force Base)(干燥峡谷,Dry Gulch)进行了一系列扩散试验,所有得到的数据经过相关性和归一化处理后,得出一个简单的扩散预测模型。该模型表示为 NO_2 的浓度(距地面 1.5m 处)c_p(mg/m^3)是源强 Q(kg/min)、距泄漏点的下风向距离 X(m)、水平风向上的垂直偏差 σ_θ(•)及在 16.5m 和 1.83m 处的大气边界层温度差 ΔT(℃)的函数:

$$c_p = 3.535 Q X^{-1.96} (1.8\Delta T + 10)^{4.33} \sigma_\theta^{-0.506} \tag{7-2}$$

将 N_2O_4 大规模泄漏试验结果与 OB/DG 模型作比较,首先需确定源强。由计算及测量可知,在泄漏试验中,源强为 23~2 030kg/min,每 10s 间隔 σ_θ 为 13.20,而 OB/DG 模型中要求的是 15s 间隔;泄漏试验中,ΔT 在高度为 16.19m 和 2.46m 处均为 0.5℃。用 OB/DG 模型预测源强为 23kg/min 和 2 030kg/min 时,NO_2 785m 和 2 800m 处的浓度值如表 7.3 所列。OB/DG 模型结果对 ΔT 和 σ_θ 的选择非常敏感,表 7.3 的计算结果准确度在 ±30% 之内。

表 7-3 NO_2 泄漏试验数据与 OB/DG 模型预测比较

下风向距离/m	OB/DG 预测体积分数		试验测得的体积分数
	$Q=23kg/min$	$Q=2 030kg/min$	
785	1.5×10^{-6}	1.3×10^{-6}	$>5\times10^{-4}$
2 800	1.2×10^{-7}	1.06×10^{-5}	$>9\times10^{-6}$

7.3 大气中液体推进剂的治理技术

液体推进剂气态污染物分为肼类和氮氧化物气态污染物,本节对这两种污染物治理技术进行阐述。

7.3.1　肼类气态污染物的治理技术

7.3.1.1　水吸收法

液体火箭发动机试车以及推进剂储存、转注等环节产生的液体推进剂废气一般采用水吸收法处理,该方法简单、易行,运行费用低。水吸收推进剂后产生的废水,再采用推进剂废水常用的方法处理。

要完成水对偏二甲肼废气的吸收,必须使偏二甲肼废气与水充分直接接触,在工程中通常采用填料塔,其结构形式如图 7-3 所示。从图 7-3 中可见,为增大水与废气的接触面积,塔的上部采用喷淋方式,让水呈雨滴形式与塔底送入的废气逆流接触,使尽量多废气溶于水中。目前,填料吸收塔在处理工业废气方面应用得比较广泛,使用填料的目的是增大气、液两相的接触面积。工业上填料塔所用的填料大致可分实体填料和网体填料两大类。实体填料包括拉西环、鲍尔环、鞍形填料、波纹填料等,网体填料则包括鞍形网、网环填料等由丝网体制成的各种填料。

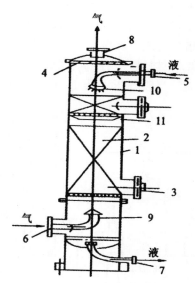

1—塔体;2—填料;3—支撑板;4—气液分离器;5—进液管;6—进气管;
7—出液管;8—出气管;9—气体分布器;10—液体分布器;11—导流管

图 7-3　填料塔结构图

1.水吸收法处理偏二甲肼废气的机理

偏二甲肼吸湿性较强,在大气中与水蒸气接触时会冒白烟。由于偏二甲肼在常温下能与水完全互溶,因此偏二甲肼废气易溶于水,溶解度系数大,液膜的阻力极小,可以忽略不计,吸收进行迅速。

水吸收偏二甲肼废气以物理吸收为主,其中也伴随化学吸收过程,反应式如下:

$$CCH_3)_2NNH_2 + H_2O \rightarrow (CH_3)_2NNH_3^+ + OH^-$$

2.水吸收法处理偏二甲肼废气的工艺流程

水吸收法处理偏二甲肼废气工艺对改善试验区的环境,保证试验人员的身体健康有明显的效果。偏二甲肼废气水吸收法处理装置分固定式和移动式两种。

(1)固定式

固定式水吸收法处理偏二甲肼废气的系统主要由填料塔、收集器及一级喷射泵等组成,工作原理如图 7-4 所示。

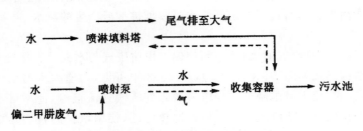

图 7-4 固定式水吸收法的工作原理

固定式水吸收法处理偏二甲肼废气的工艺流程如图 7-5 所示。由图 7-5 可见,偏二甲肼废气经过二级水吸收处理。第一级在喷射泵中完成。当高压水经过喷射泵时,偏二甲肼废气管与泵壳的连接部位形成负压,偏二甲肼废气被吸入泵内,然后与水混合喷出,使水与废气充分接触。第二级吸收在填料塔中完成。经过第一级吸收的废气经过填料塔时,与塔顶喷淋的水帘进行传质,使废气中的偏二甲肼进一步被水吸收。

该系统已实现全部程序控制。当废气压力低于 19.6kPa 时,由系统中电接点压力表控制自动关闭水、气阀门,停止处理。

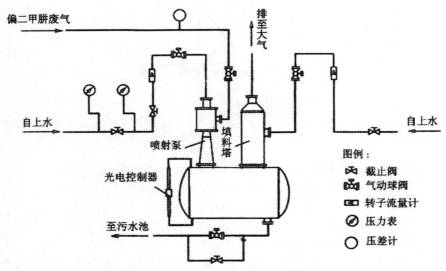

图 7-5 固定式水吸收法处理偏二甲肼废气的工艺流程

(2)移动式

移动式水吸收法处理偏二甲肼废气的工艺流程如图 7-6 所示。

由图 7-6 可见,该装置由两段组成,泵 1、容器 1、喷射泵 1、冷却器 1 为第一段,泵 2、容器 2、喷射泵 2、冷却器 2 为第二段。这套装置全部装在一辆汽车上,可根据需要开到工作现场。

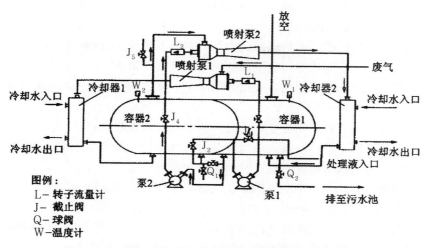

图 7-6　移动式水吸收法处理偏二甲肼废气的工艺流程

由于该装置为车载式净化系统,因而具有较大的灵活性,尤其是对于分散的污染源最具有适用性和经济性。

移动式废气处理装置的工作原理如图 7-7 所示。由图 7-7 可见,废气先经第一段进行喷射泵湍流强化吸收,后经容器 2 鼓泡吸收,再经第二段喷射泵及容器 1 鼓泡吸收,最后尾气经容器 1 顶部排至大气,含偏二甲肼的水溶液排到污水池集中处理。

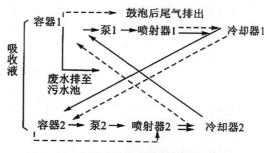

图 7-7　移动式废气净化装置的工作原理

7.3.1.2　高空排放法

采用高烟囱排放废气污染物是依靠排放的尾气流扩散实现的。尾气流的扩散取决于废气的性质、排出口离地面的高度、气象条件、地面特征和周围地区建筑物等因素。其中气象因素是一个变量,一年四季,昼夜都在发生变化。为此,科学家进行了大量的研究工作,建立了大气扩散理论,如湍流扩散的统计理论、K 理论和相似理论等,并依据不同理论相继推导出了关于烟囱高度、风速、排放率与空气浓度之间相互关系的公式。

在众多估算大气低层扩散的方法中,格雷厄姆·萨顿(Graham Sutto)的方法和赫-帕斯奎尔(Hay-Pasquill)的方法得到了比较广泛的应用。二者都是由统计理论推导出来的,采用高斯内插公式,把烟团下风浓度与水平和垂直浓度分布函数的关系表示成迁移时间或距离的函数。在这两种方法中,这些浓度分布函数是通过实际的示踪物释放试验求得的,并与烟云释放时所测得的气象参数联系起来。因此,只要通过简单的仪表设备测得必要的气象参数,就可进行扩散参数的计算,更具应用价值。

污染物在大气中的扩散主要被近地面大气层中的湍流所左右,大气湍流强或弱、是否会发展,取决于风速的大小、地貌地物和近地面的大气垂直温度结构。同时,污染物的成分、浓度和性质及其在大气和阳光作用下的化学变化等都决定了排放到大气中的污染物是否会对大气造成污染。

气态污染物排入大气后是如何变化的呢?通过实测和观察知道,废气从烟囱排出后,其运动大致可分为 3 个阶段。第一阶段为动力或热力上升阶段。这是由于废气通过烟囱排放都是由有组织的机械动力或压力排气实现的。烟囱排出的烟气都有一定温度,可借热力上升。第二阶段废气上升到一定的高度后,由于风的影响,气团破裂,发生较大的波动。第二阶段是废气的破裂上升阶段。第三阶段为废气扩散阶段。在大气湍流作用下,废气向上、下、左、右扩散。

我国某航天发射中心为了排放推进剂库房、燃料转注间的废气,建立了一套高烟囱排放推进剂废气系统。该系统自建成以来工作状况良好,经高烟囱排放的废气对地面环境未产生环境污染。两个金属烟囱高 90m 和 100m,分别排放偏二甲肼和四氧化二氮废气。

高空排放法简单、易行,但缺点是毒物未经化学处理,仍会污染大气。

7.3.1.3 活性炭吸附法

由于活性炭具有优良的吸附特性,不仅在肼类废水处理上得到应用,而且在肼类废气的处理工艺中也得到了广泛的应用。

活性炭吸附法处理肼类废气工艺是:将肼类废气通过活性炭吸附装置,使废气中的肼类物质吸附到活性炭的表面;净化后的废气可直接排放,含肼类物质的热水蒸气再经霍加拉特催化床进行进一步催化氧化处理。其处理流程详见图 7-8。

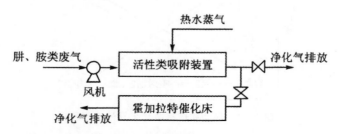

图 7-8　活性炭吸附法处理肼类废气的工艺流程

可根据废气浓度、性质设多级吸附装置,吸附设备级数及活性炭的再生周期可通过试验确定。

活性炭的再生采用热水蒸气吹脱。水蒸气的温度为 $100\sim150℃$,水蒸气用量与吸附质量比为 $1:3\sim1:5$。

活性炭吸附法的缺点是吸附剂需频繁再生,被吸附物质需再处理,设备投入产出较大,对高浓度增压废气效果不佳(主要问题是因吸附放热致使温度升高,吸附效率降低)。

7.3.1.4 催化氧化法

催化氧化法是常用的有害废气净化方法之一。该方法与前文介绍的吸收法和吸附法有根本的区别,它无须使污染物与主气流分离,而是在催化剂的作用下直接对废气进行无害化处理,使废气处理工艺更趋简单化、实用化。

　　火箭推进剂废气中所含的肼类物质均属于还原性物质。在有催化剂存在的条件下,可利用空气中的氧将其氧化分解,使肼类废气得以净化。典型的肼类废气催化氧化工艺流程详见图7-9。

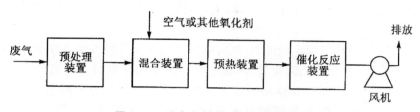

图7-9　肼类废气催化氧化工艺流程

　　图7-9中所示预处理装置的作用是去除废气中的固体颗粒及杂质。如废气中含有使催化剂中毒的物质,应在该装置中采用必要的处理手段将其除去。

　　混合装置的作用是使被处理废气与氧化剂充分混合。在肼类废气催化处理工艺中,采用的氧化剂是洁净的空气。

　　预热装置的作用是满足催化氧化作用的温度条件。在该装置中,将肼类废气与空气充分混合预热到250～300℃。

　　催化反应装置是肼类废气催化氧化处理的核心设备。在该设备中,肼类废气通过催化床氧化分解,达到净化的目的。

　　肼类废气催化氧化工艺中采用的催化剂有铁系、锰系、稀土系催化剂,载体多采用活性炭、硅藻土,一般最常用的催化剂是颗粒状的霍加拉特催化剂。稀土系催化剂是催化剂家族中较新的成员,价格低,来源丰富。我国是稀土元素贮量最大的国家,应大力开发稀土系催化剂的研究和应用,使其早日取代贵重金属催化剂。

　　采用催化氧化法处理肼类燃料废气耗时短,操作简单,易于实现自动化控制,但该法投资运行费用较高,日常管理、设备维修较复杂,电力消耗较大。

7.3.1.5　燃烧法

　　燃烧法是广泛采用的净化工业废气的方法之一。所谓燃烧法,是通过高温燃烧手段使有害气体、蒸气、烟气得到净化的处理方法。废气燃烧法可分直接燃烧法、热力燃烧法及催化燃烧法三类。

　　1.直接燃烧法

　　直接燃烧法是把可燃的有机有害废气直接当作燃料来燃烧的方法,通常在1 000℃以上的高温下进行。有机废气通常的燃烧产物是CO_2,NO_2和水蒸气,其工艺流程见图7-10。我们经常在油田或炼油厂看到整年在高烟囱出口燃烧的火炬,也是直接燃烧处理法的一种形式。

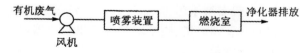

图7-10　直接燃烧法工艺流程

2.热力燃烧法

当需净化的有机废气中可燃有机物含量较低时,废气本身不能当作燃料持续燃烧,需要添加辅助燃料,然后再将需净化的废气进行燃烧。也就是说,这种燃烧方法需要有燃烧热源,这种净化废气的方法称为热力燃烧法。

直接燃烧法燃烧温度一般在 1 000℃以上,而热力燃烧法一般需维持燃烧温度在 500~800℃之间。

国内外的大量资料和工程实践证明,热力燃烧必须在充分供氧的条件下,并满足三个要素的要求,即反应温度、反应时间、湍流混合,这就是经常在国外资料上看到的"3T 条件"(Temperature,Time,Turbulance)。反应温度是实现热力燃烧法净化有机废气的重要条件。它依据废气中所含有机物质的种类不同而有所不同。对于大多数碳氢化合物来讲,通常温度在 590~650℃时,即可燃烧净化。但是,对于含一定浓度甲烷、甲苯、二甲苯的废气,其燃烧净化温度需 760℃以上。反应时间就是有机废气在燃烧炉中停留的时间。热力燃烧法需要的反应时间很短,一般在瞬间即可完成。湍流混合也是废气热力燃烧净化的必要条件。通过湍流混合这种方式达到废气与辅助燃气的充分混合燃烧。含有碳氢化合物的废气,热力燃烧所需的反应温度为 600~700℃,反应时间为 0.3~0.6s。

采用热力燃烧法处理肼类废气、废液及高浓度废水在国内外均有实例。美国马夸特公司生产的瞬时膨胀式焚烧炉,用天然气作燃料,每小时可焚燃 $500dm^3$ 的肼或 $380dm^3$ 的偏二甲肼,燃烧产物为 CO_2,H_2O 和 N_2。燃气中残留的燃烧物浓度低于 $2cm^3/m^3$,NO_x 浓度低于 $165cm^3/m^3$。

3.催化燃烧法

催化燃烧法是指采用催化剂使废气中的可燃物质在较低温度下氧化分解的净化方法,可参见 7.3.1.4 催化氧化法。

7.3.2 硝基氧化剂气态污染物的治理技术

硝基氧化剂的气态污染物为 NO_2 和 NO 等氮氧化物,因此本节介绍硝基氧化剂产生的氮氧化物气态污染物的治理技术。随着氮氧化物排放量的逐年增加及其危害程度的加重和污染范围的扩大,控制和治理氮氧化物的污染工作早已受到世界环境科学工作者的关注。目前对氮氧化物的治理技术有燃烧法、催化还原法、液体吸收法和固体吸收法等。其中,液体吸收法是中、小型化工企业处理氮氧化物废气常用的手段,如用硝酸氧化吸收硝基氧化剂是金属抛光加工企业废气处理的常用方法。另外,也可用氨气与氮氧化物反应,再用氢氧化钠溶液吸收的方法来处理氮氧化物。

7.3.2.1 液体吸收法

液体吸收法效果的好坏关键取决于吸收剂的选择和吸收设备的结构形式。吸收剂应具备良好的吸收性能和稳定性;吸收设备要求阻力小,气、液两相接触面积大,以提高系吸收效率。目前,最常用的吸收设备有填料塔、湍流塔、喷洒塔和文丘里吸收器等。下面简单介绍填料塔和湍流塔的结构形式及主要设计参数。

1.填料塔

填料塔是采用液体吸收法处理废气的常用设备,广泛用于中小型化工企业的废气回收和治理。

图 7-11 为常用的填料塔。塔中,在支撑板上放置填料,其作用是增大气、液两相的接触面积。液体吸收剂自塔上部向下喷淋,沿填料表面下降;被吸收的废气沿填料间隙上升,在填料表面完成液体对气体的吸收。

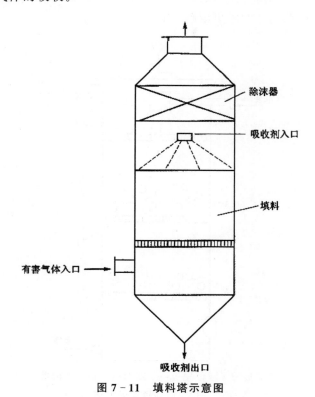

图 7-11　填料塔示意图

填料的种类很多,常用的有拉西环、鲍尔环、θ 环、波纹填料等。近年又研制出了一种网状隔板填料,效果良好。

该种填料塔一般要求液体喷淋密度在 $10m^3/(m^2 \cdot h)$ 以上。填料塔的空塔气速一般为 $0.3 \sim 1.5m/s$,压降通常为 $47.1 \sim 588.6Pa/m$,液气比为 $0.5 \sim 2.0$。

2.湍流塔

湍流塔是近年来发展出的一种新型吸收塔,它是填料塔的一种特殊形式,其结构形状见图 7-12。从图 7-12 中可见,湍流塔的填料是空心或实心的轻质塑料小球。当气流通过支撑栅板上升时,小球处于旋转、湍动状态,此时吸收液自塔顶向下喷淋;随着小球的湍动,气、液相充分接触,完成吸收过程。湍流塔的空塔流速一般为 $2 \sim 6m/s$。该塔气流速度高、处理能力大、设备体积小,是一种很有发展前途的废气吸收处理装置。

7.3.2.2　尿素吸收法工艺流程

1.尿素的性质

尿素化学名称为碳酰胺,分子式为 $CO(NH_2)_2$,相对分子质量为 60.06。尿素为已知含氮最高的化肥。纯尿素是一种无色、无味、无嗅的针状或棱柱状结晶,熔点为 132.7℃,沸点为 196.6℃

(标准大气压),水溶性为 1 080g/dm³(20℃),闪点为 72.7℃,20℃时密度为 1.33 kg/dm³。尿素呈微碱性,不能使一般指示剂变色,但能与酸结合生成盐。尿素在酸性、碱性或中性溶液中,60℃以下不发生水解;当温度升高到80℃时,1h 水解 0.5%;110℃时,1h 水解 3%,其水解产物为碳酸铵或其他铵盐。尿素有强烈的吸湿性,在水中溶解度很大,100g 溶液中,0℃时可溶解尿素 40g,20℃时可溶解 51g,40℃时可溶解 63g。

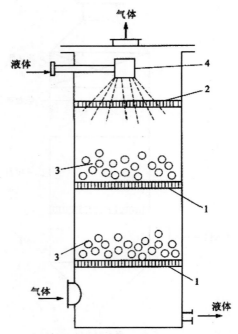

1—支撑栅板;2—限位栅板;3—球形填料;4—喷淋器

图 7-12　活动填料吸收器

尿素可与硝酸作用生成硝酸脲。硝酸脲是一种白色结晶体,熔点为 163℃,20℃的密度为 1.69kg/dm³。微溶于水,在硝酸中溶解度也不大。

尿素是一种还原剂,在酸性条件下可迅速将亚硝酸根还原成氮。因此,利用尿素水溶液吸收 NO_2 废气是可行的。美国有 3 家生产硝酸的工厂采用酸性尿素水溶液吸收氮氧化物废气,并被认为是比较经济的方法之一。

某部建立了一套酸性尿素水溶液吸收法处理 NO_2 废气的装置。实践证明,用酸性尿素水溶液吸收 NO_2 废气效果良好。在鼓泡接触条件下,吸收效率一般为 95% 左右,最高可达到 98%,吸收母液中含硝酸和硝酸铵,可以作肥料,不存在二次污染问题。

2.尿素吸收法的主要化学反应

无论采用何种吸收液,氮氧化物的吸收过程都是十分复杂的,这是因为氮氧化物气相本体就有多种反应平衡。氮氧化物与吸收液的反应也很复杂,气、液相间的反应也会影响传质过程。另外,废气浓度、温度变化、吸收设备的结构形式及特性、操作条件等都会给吸收过程的化学反应、吸收效果带来不同的影响。

氮氧化物吸收过程的化学反应过程如下。

吸收过程中的第一个反应是 NO_2 与水的反应：

$$2NO_2 + H_2O \rightarrow HNO_3 + HNO_2$$

$$N_2O_4 + H_2O \rightarrow HNO_3 + HNO_2$$

亚硝酸可以与尿素作用，也可自行分解：

$$HNO_2 + CO(NH_2)_2 + HNO_3 \rightarrow N_2 + CO_2 + NH_4NO_3 + H_2O$$

$$2HNO_2 + CO(NH_2)_2 \rightarrow 2N_2 + CO_2 + 3H_2O$$

$$3HNO_2 \rightarrow HNO_2 + 2NO + H_2O$$

亚硝酸分解过程中的 NO 可在空气中进一步氧化生成 NO_2：

$$2NO + O_2 \rightarrow 2NO_2$$

亚硝酸与尿素的反应存在以下中间反应：

$$HNO_2 + CO(NH_2)_2 \rightarrow N_2 + HNCO + 2H_2O$$

$$HNCO + HNO_2 \rightarrow N_2 + CO_2 + H_2O$$

$$HNCO + H_2O + HNO_3 \rightarrow NH_4NO_3 + CO_2$$

尿素吸收法的工艺流程见图 7-13。

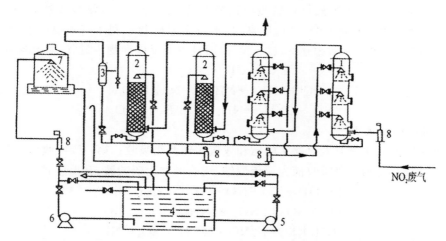

1—废气洗涤塔；2—废气填料洗涤塔；3—气液分离器；4—尿素水溶液贮箱；
5—尿素水溶液提速泵；6—尿素水溶液循环冷却水泵；7—冷却塔；8—转子流量计

图 7-13　尿素吸收法处理 NO_2 废气的工艺流程

7.3.2.3　其他处理方法

随着科学技术的发展、治理技术的研究以及工程实践，氮氧化物废气的治理技术日益完善，而且可供选择实施的方法也比较多。这里对其处理方法作简要介绍。

1. 水–硫酸亚铁两段吸收法

氮氧化物废气常采用水吸收法进行处理，其反应式如下：

$$2NO_2 + H_2O \rightarrow HNO_3 + HNO_2$$

$$2HNO_2 \rightarrow H_2O + NO + NO_2 \uparrow$$

水吸收 NO_2 后生成硝酸和亚硝酸，而亚硝酸分解放出 NO 和 NO_2。由于水吸收 NO 的效率低，该方法有局限性。但是，硫酸亚铁对 NO 具有较好的吸收率，生成不稳定的络合物

$Fe(NO)SO_4$，其反应式如下：

$$FeSO_4 + NO \rightarrow Fe(NO)SO_4$$

因此，对于氮氧化物废气可采用水-硫酸亚铁两段喷淋吸收法进行处理。

2.氨-碱溶液两级吸收法

氨-碱溶液两级吸收法是依据氨、碱两种溶液均可吸收 NO_2 废气而发展出来的。第一级采用氨溶液吸收，其反应式如下：

$$2NH_3 + 2NO_2 \rightarrow NH_4NO_3 + N_2 + H_2O$$

第二级采用 NaOH 作为吸收液，其反应式如下：

$$2NaOH + 2NO_2 \rightarrow NaNO_3 + NaNO_2 + H_2O$$

该方法的吸收产物为 NH_4NO_3，$NaNO_3$，$NaNO_2$，经两级吸收处理后废气即可排放。吸收液氢氧化钠可循环使用，其浓度应控制在 30% 以上，这样既可保证良好的吸收效率，又可防止亚硝酸钠结晶堵塞管道。

3.氯氨法

用吸收法处理氮氧化物废气时，由于采用的吸收剂品种不同，其吸收率有较大差别。水吸收法效率为 20%～33%，10% 氢氧化钠吸收法效率为 28%～41%，氯吸收法效率为 53%～84%，氨吸收法效率为 79%～86%。近年来，日本科学家研制了利用高效氯氨法处理氮氧化物的新装置。该装置的去除效率达 80%～90%，而且主要反应产物为氮气，其反应式如下：

$$2NO + Cl_2 \rightarrow 2NOCl$$
$$NOCl + 2NH_3 \rightarrow NH_4Cl + N_2 + H_2O$$
$$2NO_2 + 2NH_3 \rightarrow NH_4NO_3 + N_2 + H_2O$$

4.碱-亚硫酸铵吸收法

碱-亚硫酸铵吸收法对氮氧化物实施碱和亚硫酸铵两级吸收。第一级吸收液为氢氧化钠，吸收产物为亚硝酸钠；第二级吸收液为亚硫酸铵，吸收产物为硫酸铵，其反应式如下：

$$2NaOH + NO + NO_2 \rightarrow H_2O + 2NaNO_2$$
$$(NH_4)_2SO_3 + 2NO_2 \rightarrow (NH_4)_2SO_4 + 2NO$$
$$2(NH_4)_2SO_3 + 2NO \rightarrow 2(NH_4)_2SO_4 + N_2$$

实践证明，该方法工艺合理、操作简单、运行费用低、净化效率高。

5.石膏法

石膏法可以处理氮氧化物废气，如氨-石膏法、碱-石膏法和镁-石膏法，其反应式如下：

$$NO + 2NH_4HSO_3 \rightarrow 0.5N_2 + (NH_4)_2SO_4 + SO_2 + H_2O$$
$$NO_2 + 4NH_4HSO_3 \rightarrow 0.5N_2 + 2(NH_4)_2SO_4 + 2SO_2 + 2H_2O$$
$$2NO + 4NaHSO_3 \rightarrow N_2 + 2Na_2SO_4 + 2SO_2 + 2H_2O$$
$$2NO_2 + 8NaHSO_3 \rightarrow N_2 + 4Na_2SO_4 + 2SO_2 + 4H_2O$$
$$NO + Mg(HSO_3)_2 \rightarrow 0.5N_2 + MgSO_4 + SO_2 + H_2O$$
$$NO_2 + Mg(HSO_3)_2 \rightarrow 0.5N_2 + 2MgSO_4 + 2SO_2 + 2H_2O$$

6.催化还原法

催化还原法是处理氮氧化物废气的有效手段，其原理是在催化剂存在的条件下，利用还原性气体将氮氧化物还原为无害的氮气。

氮氧化物废气处理时常用的催化剂有铂、钯、铑等贵金属催化剂以及镍-铜系、镍-镉系、络-铜系、铜系等非贵重金属催化剂,使用的还原性气体有 CH_4,CO,H_2 和氨等。

催化还原法分为非选择性和选择性两种。

(1)非选择性催化还原法

非选择性催化还原法是指还原性气体与氮氧化物和氧同时起作用的方法,例如 CH_4 与氮氧化物的反应:

$$CH_4 + 4NO_2 \rightarrow 4NO + CO_2 + 2H_2O$$
$$CH_4 + 2O_2 \rightarrow CO_2 + 2H_2O$$
$$CH_4 + 4NO \rightarrow 2N_2 + CO_2 + 2H_2O$$

该方法处理效率高,操作简单。如果催化剂选择合理,温度控制合适,氮氧化物中氧含量不超过 3%,氮氧化物的含量可降至 0.01%~0.02%。

(2)选择性催化还原法

选择性催化还原法是指还原性气体只与氧化物起作用的方法,例如氨与氮氧化物的反应:

$$4NH_3 + 6NO \rightarrow 5N_2 + 6H_2O$$
$$8NH_3 + 6NO_2 \rightarrow 7N_2 + 12H_2O$$

该方法技术成熟,净化效率高,操作简便,可净化低浓度氮氧化物气体。当氨与氮氧化物的摩尔比为 1∶1 时,氮氧化物的去除率可达 99%。

用氨催化还原氮氧化物废气的工艺流程如图 7-14 所示。

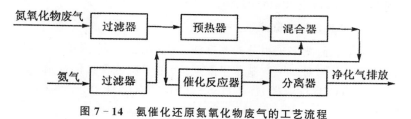

图 7-14　氨催化还原氮氧化物废气的工艺流程

图 7-14 中:过滤器的作用是去除氮氧化物和氨气中的灰尘及雾滴等,是处理系统的预处理阶段;预热器的作用是加热氮氧化物气体,将催化反应器的温度维持在 250~400℃ 范围内;混合器的作用是使氮氧化物废气与氨气充分混合;催化反应器是氮氧化物和氨气进行催化反应的主体设备;分离器的作用是进一步去除净化后废气中的固体粉尘,如催化剂粉末等。

7.吸附法

固体吸附法也是净化氮氧化物废气常采用的方法,常用的吸附剂有丝光沸石、硅胶、活性炭、硅藻土等。

7.4　大气中液体推进剂的污染监测

对液体推进剂在使用过程中产生的气态肼类和氮氧化物污染的监测在国军标中有详细的规定,本节着重阐述这两类气体污染物的大气监测原理和方法。

7.4.1　空气中肼类推进剂的监测

监测作业场所及环境空气中偏二甲肼、肼及甲基肼的含量一般采用分光光度法和气相色谱法,等效于《空气中肼类推进剂含量监测方法》(GJB 2373－1995)。

7.4.1.1 空气中偏二甲肼含量的监测

空气中偏二甲肼含量的监测多采用分光光度法,其监测原理为:用吸附剂采集空气中的偏二甲肼。解吸后的偏二甲肼与氨基亚铁氰化钠在 pH＝6.2 的弱酸性(柠檬酸-磷酸氢二钠混合溶液)条件下反应,生成玫瑰红色的配位化合物,反应为

$$(CH_3)_2NNH_2 + Na_3[Fe(CN)_5NH_3] \rightarrow NH_3 + Na_3[Fe(CN)_5H_2NN(CH_3)_2]$$
玫瑰红色配位化合物

在测定范围内,该配位化合物的颜色深度与偏二甲肼的含量成正比,最大吸收波长为 500nm,可用标准曲线法求得空气中偏二甲肼的含量。

7.4.1.2 空气中肼含量的监测

空气中肼含量的监测多采用分光光度法,其基本原理为:采用吸附剂采集空气中的肼,生成硫酸肼。在硫酸溶液中,硫酸肼与对二甲胺基苯甲醛反应,生成黄色联氮化合物,反应为

$$N_2H_4 + H_2SO_4 \rightarrow N_2H_4H_2SO_4$$
$$(C_6H_{10}N)CHO + N_2H_4 \rightarrow (C_6H_{10}N)CHN_2H_2 + H_2O$$
黄色联氮化合物

在测定范围内,该黄色联氮化合物的颜色深度与肼的含量成正比,最大吸收波长为 460nm,可用标准曲线法求得空气中肼的含量。

7.4.1.3 空气中甲基肼含量的监测

空气中甲基肼含量的监测多采用分光光度法,其基本原理为:采用吸附剂采集空气中的甲基肼,用酸性溶液解吸后,与对二甲胺基苯甲醛反应,生成黄色联氮化合物,反应为

$$CH_3NHNH_2 + (CH_3)_2N(C_6H_4)CHO \rightarrow (CH_3)_2N(C_6H_4)CHNNHCH_3 + H_2O$$
黄色联氮化合物

在测定范围内,该黄色联氮化合物的颜色深度与甲基肼的含量成正比,最大吸收波长为 470nm,可用标准曲线法求得空气中甲基肼的含量。

7.4.2 氮氧化物监测

7.4.2.1 潜艇舱室空气中氮氧化物含量的监测

潜艇舱室空气中氮氧化合物含量的监测采用检定管法,等效于《潜艇舱室空气 45 种组分检测方法 氮氧化合物含量的测定 检定管法》(GJB 533.5－1988),其基本原理为:当含有二氧化氮的气体通过载有碘化钾、淀粉和氯化钠的混合指示胶时,析出的碘与淀粉形成蓝色变色柱,根据变色柱的长度可计算出氮氧化合物的含量,其化学反应如下:

$$2NO_2 + H_2O \rightarrow HNO_3 + HNO_2$$
$$2NO_2^- + 2I^- + 4H^+ \rightarrow 2NO\uparrow + I_2 + 2H_2O$$

7.4.2.2 空气中氮氧化物含量的监测

空气中氮氧化物含量的监测采用盐酸萘乙二胺分光光度法。采样有两种方法:一种是快速采样,吸收液用量少,适用于短时间采样,用于测定空气中氮氧化物的短时间浓度;第二种采样方法吸收液用量大,适用于 24h 连续采用,用于测定空气中氮氧化物的日平均浓度。

这两种方法原理相同,二氧化氮被吸收液吸收后,生成亚硝酸和硝酸,反应如下:

$$2NO_2 + H_2O \longrightarrow HNO_2 + HNO_3$$

生成的亚硝酸与对氨基苯磺酸发生重氮化反应:

$$HO_3S-\!\!\!\!\bigcirc\!\!\!\!-NH_2 + HNO_2 + CH_3COOH \longrightarrow \left[HO_3S-\!\!\!\!\bigcirc\!\!\!\!-N^+\!\equiv\!N\right]CH_3COO^- + 2H_2O$$

再与盐酸萘乙二胺偶合,生成玫瑰红色偶氮染料(或粉红色),其显色反应如下:

$$\left[HO_3S-\!\!\!\!\bigcirc\!\!\!\!-N^+\!\equiv\!N\right]CH_3COO^- + \bigcirc\!\!\!\!\bigcirc\!\!\!\!-\overset{H}{N}-CH_2-CH_2-NH_2-NH_2 \cdot 2HCl \longrightarrow$$

$$HO_3S-\!\!\!\!\bigcirc\!\!\!\!-N\!=\!N-\bigcirc\!\!\!\!\bigcirc\!\!\!\!-\overset{H}{N}-CH_2-CH_2-NH_2 + CH_3COOH + 2HCl$$

玫瑰红色偶氮燃料

生成的偶氮染料在波长 540nm 处的吸光度与二氧化氮的含量成正比,根据其吸光度值用标准曲线法即可求得氮氧化物的含量。

7.5　水环境中液体推进剂的迁移规律

液体推进剂排入水体后,由于推进剂本身的毒性,不可避免地会对水中生物及使用该水源的动植物带来危害。但由于自然水体中含有大量溶解氧、微生物、悬浮物及金属离子等,推进剂排入自然水体后,在氧气、光、金属离子及微生物的作用下降解非常迅速。偏二甲肼污水中不仅含有偏二甲肼,而且还含有氧化分解产物偏腙、四甲基四氮烯、硝基甲烷、甲胺、二甲胺、甲醛、氰化物以及亚硝胺(二甲基亚硝胺、二乙基亚硝胺、二丙基亚硝胺、二丁基亚硝胺、亚硝胺呱啶、亚硝基吡咯烷、亚硝基吗啉)等,这些降解产物中有的毒性比偏二甲肼更大,如亚胺、氰化物等。

7.5.1　液体推进剂对水生生物的毒性

Fisher 等人用两种淡水无脊椎动物(等足目 isopods 和端足目 amphipod)、两种鱼(鲶鱼 channelcat fish 和美洲鲶鱼 oldenshiner)验证肼(HZ)、一甲基肼(MMH)和偏二甲肼(UDMH)的毒性,发现肼的毒性最大。对端足目 amphipod 而言,肼比一甲基肼和偏二甲肼的毒性大,一甲基肼与偏二甲肼的毒性相差不大。

肼对鱼的毒性作用主要有两方面:一方面是直接被鱼吸收,另一方面是消耗水中的溶解氧。对于戛裈鱼(guppy)来说,肼的亚致死浓度(LC_{25})大于 $0.25mg/dm^3$,在 $5mg/dm^3$ 时可存活 4d。如果用于养鱼的肼溶液是由硬水配制的,那么肼的浓度随时间变化非常迅速,很难确定肼是否是被鱼消耗掉的。

Slonim 分别用硬水和软水做了肼、一甲基肼、偏二甲肼对普通戛裈鱼急性中毒的验证试验。研究发现,96h 的 LC_{50} 随着所用水的硬度不同而不同,例如,肼在硬水中的 LC_{50} 是 $3.85mg/dm^3$,在软水中则是 $0.61mg/dm^3$;其他肼类燃料 LC_{50} 数据分别是:一甲基肼为 $3.26mg/dm^3$(硬水)、$2.58mg/dm^3$(软水),偏二甲肼为 $10.1mg/dm^3$(硬水)、$26.5mg/dm^3$(软水)。不论在什么情况下,肼对戛裈鱼的毒性都是最大的。肼 96h 内对蓝腮太阳鱼(bluegill sunfish)的半数致死浓

度是 $1.08 mg/dm^3$。当非致死浓度是 LC_{50} 的 $1/10 \sim 1/100$ 时,可引起鱼类运动增加,使其无法保持平衡,这可能是肼氧化引起水中溶解氧含量降低所造成的。肼对蓝腮太阳鱼的毒性与水温有很大的关系,毒性随着水温升高而增加。

在 MH－30(含有 58%MH 的二乙醇胺盐)中,鲶鱼(Catfish)96h 的 LC_{50} 是 $562 mg/dm^3$,虹鳟鱼(rain－bow tront)96h 的 LC_{50} 为 $430 mg/dm^3$,蓝腮太阳鱼 96h 的 LC_{50} 为 $730 mg/dm^3$。

Christopher 等人用几种单细胞绿藻:羊角月牙藻(Selenastrum capricornutum)、杜氏藻[Dunaliella tertiolecto(D)]、小球藻[Chlorella stigmatophera(C)],进行了肼的毒性研究,发现肼的毒性最大,一甲基肼次之,偏二甲肼最小。肼的 6d 安全浓度(Safe Concentration,SC)对羊角月牙藻是 $0.01 dm^3/dm^3$,对杜氏藻是 $0.005 dm^3/dm^3$,对小球藻是 $0.000\ 1 dm^3/dm^3$,6d 中等影响浓度(Medium Effect Concentration,EC_{50})分别是 $0.016 dm^3/dm^3$,$0.010 dm^3/dm^3$ 和 $0.000\ 4 dm^3/dm^3$。一甲基肼毒性稍小一些,SC 值为 $0.2 dm^3/dm^3$;偏二甲肼毒性最小,SC 值为 $1 \sim 3 dm^3/dm^3$,肼对藻类的毒性比一甲基肼或偏二甲肼大,约大 200 倍。在静态试验中,肼类物质的毒性直接与稳定性相联系,肼最稳定,毒性最大;而偏二甲肼最不稳定,毒性也最小。

在 21d 的连续流动试验中:低浓度肼($0.065 mg/dm^3$)可有助于深海水生生物(aufwuchs-benthic)在充分曝气的容器中生长;但在 $0.17 mg/dm^3$ 和 $0.52 mg/dm^3$ 时,肼对生长有显著抑制作用,这可能是抑制了光合作用的结果。对于棘鱼(stickleback),336h 的 LC_{50} 一甲基肼是 $3.85 mg/dm^3$,肼是 $1.1 mg/dm^3$。对于蟹和贻贝,肼 100%致死浓度是 $0.15 mg/dm^3$,非致死浓度是 $0.012 mg/dm^3$。对于 aufwuchsbenthic 试验,一甲基肼比 HZ 毒性大。

7.5.2 液体推进器在地表水中的降解

由于偏二甲肼的毒性很强,引起了各方面的关注。为了弄清 UDMH 在水环境中的行为,美国空军科研办公室委托西拉鸠斯研究公司就此进行了研究。研究内容包括:①湖水和河水中天然存在的微生物群落对 UDMH 的降解作用,确定该过程的动力学;②鉴定微生物降解作的产物,研究了蒸溜水和湖水中溶解氧氧化 UDMH 的动力学,并初步鉴定化学降解和微生物降解的一些产物。

7.5.2.1 蒸馏水中 UDMH 的氧化

西拉鸟斯研究公司的 Anerjee 等人在初步试验中观察到,含有痕量硫酸铜的碱性 UDMH 溶液氧化后会产生紫色或黄色的溶液,在 326nm 的紫外波段有吸收峰。当酸化时吸收可逆地移向波长较长的波段(356nm),并且离解的 $pK_a^{\ominus}$ 介于 $8 \sim 9$ 之间,两个吸收峰的高度随时间增加,表明生成共轭产物。在较高的 UDMH 浓度($3.34 \times 10^{-3} mol/dm^3$)下,由紫外光谱和气相色谱证实存在着四氮烯。他们采用质子磁共振谱研究了这个氧化反应,以便随时监测生成的产物。在含有 $CuSO_4$ 晶体的 $0.5 cm^3 D_2O$ 中,$UDMH \cdot HCl(\approx 30 mg)$ 被氧化 5h,在 5h 后记录核磁共振谱图,而后将溶液碱化再记录谱图。由于没有合适的参照物,因此对所记录的谱图无法解释,但大量的高场共振表明肯定生成了一些产物;而低场共振谱线则对应于甲酸的谱线,因为加入已知物可以使该共振吸收峰加强。此外,很重要的一点是不存在可检测程度的 N,N－二甲基亚硝胺。

UDMH 氧化的产物在很大程度上取决于试验条件。Urry 等人发现,UDMH 自动氧化会产生氨、二甲胺、二甲基亚硝胺、重氮甲烷、一氧化二氮、甲烷、二氧化碳、甲醛。自动氧化反应对 UDMH 是一级反应,对氧是零级反应,被金属催化,受到自由基清除剂(如 2,3 -丁二烯)的抑制。Ikoku 对其他 1,1 -二烷基肼的研究也得到了同样的结果。

UDMH 的最初氧化产物可能是短寿命的 1,1 -二甲基二氮烯,当浓度足够高时可能再发生二聚反应,生成四氮烯(McBridde 和 Bens,1959 年),或进一步被氧化(McBride 和 Kruse,1957 年)。肼类被溶解氧氧化的这些研究证实 UDMH 具有很高的反应活性,痕量金属离子存在时,催化效应受到限制(Gormley,1973 年)。

为了更清楚地了解这个氧化过程,Anerjee 等人研究了这个反应的动力学。他们使用含有硫酸铜的曝过气的缓冲溶液,在 (30.0 ± 0.1) ℃ 恒温搅拌至少 10min,然后加入微量的浓 UDMH 贮备液,调节 UDMH 和 O_2 的比例,之后开始反应,并用溶解氧监测仪测定氧的消耗情况。Barerjee 的研究表明,UDMH 以游离碱的形式发生反应,当铜浓度低于 1×10^{-8} mol/dm^3 时,铜没有明显的催化作用。Cu^{2+} 对氧化速度的影响表明反应是通过自由基机理进行的。

7.5.2.2　湖水中 UDMH 的降解

Aneljee 等人用纽约州西拉鸠斯附近的詹姆斯维尔水库的水研究了 UDMH 的降解。湖水先经粗滤纸过滤除去固体颗粒,然后分成两份,一份通过 $0.45 \mu m$ 微孔膜过滤器进行杀菌,另一份保持原样,未杀菌的水中的微生物数量是 2.12×10^5 个/cm^3。两种水都配制成浓度为 $10mg/m^3$ 的 UDMH·HC1 溶液,并在 8d 的试验时间内用 5cm 液槽测定紫外光谱。

用膜过滤过的水样,在 326nm 处的吸收逐渐加宽,水样酸化后吸收峰移至 356nm 处,因此可以推测,该产物与用蒸馏水进行 UDMH 氧化时观察到的产物相同。未杀菌的湖水只在 230nm 和 326nm 处有很弱的吸收峰。8d 以后,把 25cm^3 未杀菌的湖水加到 500cm^3 杀过菌的水中,并测定吸收光谱。又过 4d,两个吸收峰的强度大大减弱,微生物数目上升到 2.12×10^5 个/cm^3。

很显然,在没有微生物的湖水中,UDMH·HCl 被氧化后生成在 326nm 处有吸收峰的产物,且该产物可被微生物降解。在未杀菌的水中观察不到该产物。

以上结果表明,偏二甲肼在天然水中的氧化反应速度与在纯蒸馏水中的速度相同,而且氧化产物可被湖水中的微生物降解,因此,研究结果可用来估计偏二甲肼在水环境中的残留期。

7.5.3　液体推进剂在水溶液中的寿命

在水环境中,化学物质的寿命由反应的历程决定,如化学降解、两相之间的迁移、物理稀释和扩散等。Braun 和 Zirrdli 对无催化条件下水溶液中肼类燃料的降解进行了研究。研究表明,未加催化的金属离子时,MMH 和 UDMH 在蒸馏水、海水和淡水中很稳定,在海水和淡水中的半衰期为 10~14d;MMH 分解速度很慢,在去离子(蒸馏)水中降解 300h 后,MMH 仅剩不到 20%;不同自然水体中,降解速率的变化不大,且与 MMH 的初始浓度关系不大。UDMH 的降解速率与 MMH 相似,为了更准确地推出 UDMH 水溶液的半衰期并表征分解产物,用较低浓度的 UDMH 试验了 30d,结果表明 UDMH 的半衰期为 2 周。

7.5.4　液体推进剂在污水处理厂中的降解

Mac Naughton 和 Farwald 对 HZ,MMH 和 UDMH 在活性污泥处理系统中的降解进行了研究。在连续进料时,如果肼的浓度超过 $10mg/dm^3$,在反应池中滞留 9h,有机碳的去除效率明显降低,MMH 和 UDMH 分别为 5mg/dm³ 和 8mg/dm³。对活性污泥的生长不产生影响的浓度分别是肼为 2mg/dm³,MMH 和 UDMH 为 1mg/dm³。然而,即使如此低的浓度也不能确保出水中的肼完全降解,只有当肼的浓度小于 1mg/dm³ 时,出水中的肼才在检测限下,而在同样条件下,仍可检测到 MMH 和 UDMH。对于藻类,不产生影响必须将液体推进剂的进水浓度控制在 1mg/dm³ 以下。

对氮的硝化作用产生抑制的浓度:MMH 为 0.5mg/dm³,UDMH 和 HZ 均为 1mg/dm³。由于保持一个固定的有机氮浓度是很难的,因此定量地估测肼类燃料对有机氮的作用也很难。有机氮的去除与有机碳的去除非常类似,对于进水中浓度为 20mg/m³ 的污水,在反应池中UDMH 表现出较高的稳定性,浓度为 12.6mg/m³,而 HZ 下降至 6.1mg/m³,MMH 则下降至3.7mg/m³。反应池中液体推进剂的浓度由衰减常数(decay constant)来估算。假设是稳定状态,在完全混合反应池中应用质量守恒定律,出水中液体推进剂的浓度(c)与进水中液体推进剂的浓度(c_0)之比的计算公式为

$$\frac{c}{c_0}=\frac{1}{1+k\theta} \tag{7-3}$$

滞留时间 θ 为 6.67h 时,采用在最低浓度的衰减常数,HZ,MMH,UDMH 的去除百分率分别为 77%,67%,39%。除 UDMH 外,其他与实测值符合得很好。UDMH 的低降解率和相应的低毒性表明,UDMH 被自养型和异养型生物的利用都比 HZ 和 MMH 要少。

肼类的间隙进料(slug close)可能是偶然泄漏的结果,对肼的泄漏量大到可产生 25～250mg/d³ 的浓度,处理后的水中仍然有推进剂存在。即使在下限 25mg/dm³ 时,出水中肼的浓度仍然对鱼、藻类和其他水生有机物产生毒害。对污水处理厂会造成较大影响的浓度分别是:UDMH 为 74mg/dm³,HZ 为 44mg/dm³,MMH 约为 32mg/dm³。间隙进料对自养型生物的影响要比对异养型生物的影响显著得多。

7.6　水环境中液体推进剂的污染治理技术

本节就肼类推进剂和硝基氧化剂废水治理技术展开讨论。

7.6.1　肼类推进剂的废水治理技术

肼类推进剂废水中所含的肼类物质从化学属性上讲,属于还原性废水或弱碱性废水。因此,可采用氧化剂将其还原或者用酸中和法破坏废水中有毒的肼类物质,使其向低度、无毒化方面转化,从而实现推进剂废水的净化处理,达到保护环境的目的。常用的废水处理方法有臭氧氧化法、自然净化法、氯化法、催化氯化法、吸附法、离子交换法及光催化法等。下面就这些方法的处理技术进行介绍。

目前,肼类废水处理中常用的氧化剂包括臭氧、过氧化氢、液氯、空气、次氯酸钠、漂白粉、漂粉精、二氧化氯等。

7.6.1.1　臭氧氧化法

臭氧氧化法是以臭氧为氧化剂进行肼类废水处理的一种方法。

1.臭氧的性质

臭氧的分子式为 O_3,常温、常压下是一种有鱼腥味的淡紫色气体,相对分子质量为 48。

在 0℃,100kPa 时,臭氧密度为 2.144g/cm³,液态时密度为 1.572g/m³(温度为－183℃),固态时密度为 1.738g/cm³(温度为－195.21℃)。臭氧的沸点为－111.9℃。

纯的臭氧具有爆炸性,因为臭氧分解时会释放相当大的热量。一个臭氧分子自行分解的热效应为 148.61J,工业上实际应用的臭氧不是纯的臭氧,而是臭氧和空气或臭氧和氧气的混合气体。以无声放电法生产的臭氧为例,臭氧只占空气的 1%～2%。研究表明,臭氧在混合气体中浓度不超过 10% 就不会发生爆炸。

在常温下,臭氧在空气中可自行分解为氧。臭氧在空气中的分解速度与空气的湿度、温度有关。空气的湿度越大,温度越高,其分解速度也越快。臭氧在水溶液中的分解速度比在空气中快,在强碱性溶液中分解速度更快,但是在酸性溶液中分解速度明显变慢。臭氧在水中的半衰期为 17min。当水中有二氧化锰、铜等物质存在时,臭氧会加速分解。

臭氧是一种强氧化剂。在酸性介质中,氧化还原反应及电极电位为

$$O_3 + 2H^+ + 2e^- = O_2 \uparrow + H_2O \quad E^\ominus = 2.07V$$

在碱性介质中,氧化还原反应为

$$O_3 + H_2O + 2e^- = O_2 \uparrow + 2OH^- \quad E^\ominus = 1.24V$$

可见,臭氧无论在碱性还是酸性溶液中均具有很强的氧化能力,它可以同有机物、无机物、蛋白质进行氧化反应,可以把难以生物降解的物质氧化分解为可生物降解的物质。臭氧在与有机物的反应过程中,是臭氧分子同双键或三键的碳碳化合物直接结合,生成臭氧化物。臭氧化物是不稳定化合物,在水解作用下会分解,实现臭氧的氧化过程。

臭氧的这些特征使其广泛应用于水处理工艺中,如含酚废水、石油裂解废水、印染废水、胶卷洗印废水、含氰废水、合成洗漆剂废水、农药废水、晴纶厂废水的治理。利用臭氧处理推进剂肼类废水的技术,经过深入的试验研究和长期的实际使用,已取得了满意的效果。

2. 臭氧的制备

臭氧自 1840 年被发现并命名以来,其制备方法有光化学法、电解法、无声放电法等。由于无声放电法操作简单,管理方便,可获得大量低浓度臭氧化气体,我国和法国、美国、日本等国均采用该方法制取工业臭氧。

无声放电法制取臭氧的发生装置包括臭氧发生器、空气净化装置、供电设备、电气控制及测量设备等。

目前,国内外生产的臭氧发生器种类有板式(立板式、卧板式)和管式(立管式、卧管式)两种,其中卧管式的臭氧发生器使用最为广泛。

3. 臭氧法处理偏二甲肼废水

臭氧为氧化剂,偏二甲肼为还原剂,二者的反应相当复杂,在反应的过程中会生成一系列中间产物。臭氧与偏二甲肼反应首先生成偶氮化合物,多数偶氮化合物联成四甲基四氮烯;部分偶氮化合物继续被臭氧氧化分解,生成二氧化碳、氮气和水,反应式如下:

$$(CH_3)_2NNH_2 + O_3 \rightarrow (CH_3)_2{}^+N = N^- + H_2O + O_2$$
偶氮化合物

$$2(CH_3)_2N^+ = N^- \rightarrow (CH_3)_2NN = NN(CH_3)_2$$
四甲基四氮烯

$$2(CH_3)_2N^+ = N^- + 3O_3 \rightarrow 2CO_2 + N_2 + O_2 + 3H_2O$$

从以上反应式可以看出,臭氧与偏二甲肼反应的部分中间产物主要是四甲基四氮烯和少

部分偶氮化合物、氮、二氧化碳和水。

中间产物四甲基四氮烯进一步被臭氧氧化分解成甲胺、二甲胺、甲醛和氮气,反应式如下:

$$(CH_3)_2NN=NN(CH_3)_2+O_3 \rightarrow CH_3NH_2+(CH_3)_2NH+CH_2O+N_2\uparrow+O_2\uparrow$$

据有关资料介绍,在碱性条件下,臭氧可氧化分解二甲胺和甲胺,其氧化产物主要是甲醛和部分亚硝酸盐、硝酸盐。

四甲基四氮烯被臭氧氧化分解的主要产物是甲醛。氧化过程中也伴随甲胺、二甲胺的不断生成和不断被氧化分解的动态过程。

在臭氧处理偏二甲肼废水的过程中,甲醛是重要的中间产物早已得到证明。未经处理前,废水中偏二甲肼含量较高,而甲醛含量很少;在臭氧的作用下,水中偏二甲肼含量趋于零时,甲醛含量达到最高值。这一规律无论是实验室试验还是实际废水处理都是如此。臭氧与偏二甲肼反应过程和机理是相当复杂,如图 7-15 所示。

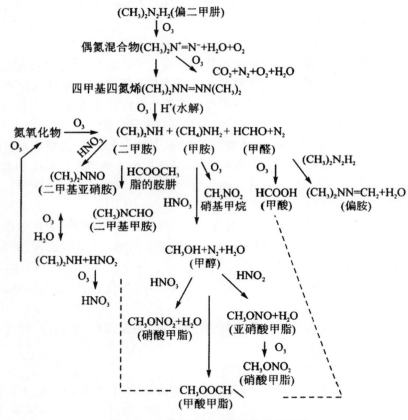

图 7-15　臭氧与偏二甲肼的反应机理

从图 7-15 可知,臭氧氧化分解偏二甲肼并不是一个简单的氧化过程。在该过程中,既存在偏二甲肼氧化分解产生一系列中间产物,又存在中间产物继续分解,以及中间产物之间、中间产物与偏二甲肼之间的反应。该过程是一个复杂的化学反应过程。

由于臭氧氧化分解会产生一系列中间产物,而某些中间产物的毒性并不低于偏二甲肼,如甲酸、四甲基四氮烯、二甲胺、亚硝基二甲胺、硝基甲烷等。因此在采用臭氧法处理偏二甲肼废水时,不但应检测偏二甲肼的氧化分解情况,更应注意一系列中间产物的氧化分解情况,使废水真正实现无害化。

试验研究表明,偏二甲肼及其分解产物绝大部分可通过氧化作用分解为甲醛。甲醛是无色透明液体,与水可任意混合。它是一种较强的还原剂,具有较强的刺激性气味。含有甲醛的废水排入水体,对水生动物尤其是鱼类有一定程度的危害。我国地面水甲醛最高容许浓度为 $0.5mg/dm^3$,对偏二甲肼废水中的甲醛含量必须严格控制。甲醛虽然属于还原性较强的物质,但废水中偏二甲肼含量较低,一般为 $10mg/dm^3$ 左右,因此单纯用臭氧去氧化分解废水中的甲醛是相当困难的。

4.臭氧紫外线联合法处理偏二甲肼废水

采用紫外线与臭氧联合处理工艺时,甲醛在紫外线照射下与臭氧反应,生成甲酸和氧气,甲酸进一步氧化生成二氧化碳和水。甲醛臭氧氧化分解反应方程式如下:

$$HC\underset{H}{\overset{O}{\big/}} + O_3 \xrightarrow{h\nu} HC\underset{OH}{\overset{O}{\big/}} + O_2\uparrow$$

$$HC\underset{OH}{\overset{O}{\big/}} + O_3 \xrightarrow{h\nu} CO_2 + H_2O + O_2\uparrow$$

该工艺很好地解决甲醛的进一步氧化分解问题,实现了肼类推进剂废水中无害化处理的难题。

该方法不仅能去除废水中的偏二甲肼,而且可进一步氧化分解偏二甲肼一系列氧化中间产物,使废水得以净化。实际工程应用的处理流程有光氧化塔处理和光氧化箱处理流程。

(1)光氧化塔处理流程

光氧化塔处理流程如图 7-16 所示,该工艺流程包括污水调节池、接触氧化塔、光氧化塔、臭氧发生器等设施。

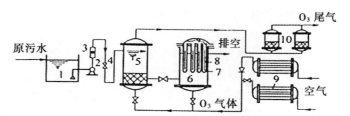

1—污水调节池;2—污水泵;3—转子流量计;4—调节阀;5—接触氧化塔;6—光氧化塔

7—石英玻璃套管;8—紫外线灯管;9—臭氧发生器;10—臭氧尾气罐

图 7-16　光氧化塔处理流程

(2)光氧化箱处理流程

光氧化箱处理流程如图 7-17 所示,该流程主要包括污水调节池、气水混合器、光氧化箱、臭氧发生器等设施。

该处理工艺已应用在我国航天发射中心,在多次执行卫星发射任务中处理推进剂废水数千吨,各项指标均满足国家排放标准。废水中偏二甲肼与甲醛处理前后的变化值见表 7-4。

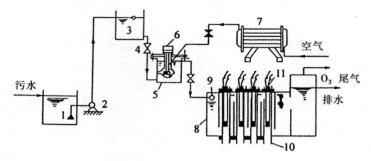

1—污水调节池;2—污水泵;3—高位水箱;4—阀门;5—气水混合器;6—乳化搅拌器;
7—臭氧发生器;8—光氧化箱;9—配水管;10—石英玻璃套管;11—紫外线灯管

图 7－17　光氧化箱处理流程

表 7－4　臭氧-紫外线处理推进剂废水效果

序号	处理前废水浓度/(mg·L^{-1})		处理后废水浓度/(mg·L^{-1})	
	偏二甲肼	甲醛	偏二甲肼	甲醛
1	3.8	2.2	0	0
2	138	7.0	0	0
3	50	19.5	0	0
4	90	27.8	0	0.198
5	108	36.4	0	0.217
6	325	87.3	<0.1	0.327

5.臭氧法处理甲基肼、无水肼废水

(1)臭氧法处理甲基肼废水

甲基肼是一种强还原剂,臭氧是一种强氧化剂,因此臭氧极易氧化破坏甲基肼。臭氧与甲基肼的反应式如下:

$$CH_3N_2H_3 + 2O_3 \rightarrow CH_3OH + N_2\uparrow + H_2O + 2O_2\uparrow$$

$$CH_3N_2H_3 + 5O_3 \rightarrow CO_2\uparrow + N_2\uparrow + 3H_2O + 5O_2\uparrow$$

试验研究证明,臭氧与甲基肼反应中所产生的 O_2 也可氧化分解甲基肼。反应过程中若有 Cu^{2+} 存在时,可明显提高反应速度。

(2)臭氧法处理含肼废水

由于肼是一种还原剂,因此采用臭氧氧化法处理含肼废水是一种有针对性的处理方法。臭氧处理无水肼废水的反应方程式如下:

$$3H_2N_4 + 2O_3 \rightarrow 3N_2\uparrow + 6H_2O$$

试验表明,影响臭氧氧化法处理无水肼效果和速度的重要因素是废水的 pH。当废水的 pH 在 9 左右时,反应时间为 1h,臭氧的投配比为 $O_3 : N_2H_4 = (1\sim1.3):1$ 时,无水肼浓度可由 $200mg/dm^3$ 降至 $0.5mg/dm^3$ 以下,去除率可达 99.9%,COD 去除率在 80% 左右,当废水的 pH 调整到 11 以上时,无水肼浓度可由 $200mg/dm^3$ 降低至 $0.5mg/dm^3$ 以下,处理时间可缩短一半。

7.6.1.2　自然净化法

臭氧光氧化处理工艺采用了紫外线处理后,成功实现了甲醛的分解,但其设备投资较高,日常运行管理、设备维修较为烦琐,电力消耗也较大。

偏二甲肼废水自然净化法是指在 Cu^{2+} 的催化作用下,使偏二甲肼自然缓慢氧化,其分解中间产物偏腙、甲醛、亚硝胺、氰化物等也随之缓慢氧化,不会产生短期中间产物浓度相对增加的现象,较好地防止了二次污染。自然净化法简便、有效、节能、实用,不需专用处理设备,一次性投资少,具有明显的经济效益和环境效益。另外,自然净化法靠水中的溶解氧,避免了使用臭氧对环境的污染。

该工艺用于实际废水处理试验的结果表明,当偏二甲肼废水在碱性条件下(pH=8~9)自然存放半年左右,在阳光的照射和空气的自然氧化作用下,推进剂废水中的偏二甲肼及其分解产物偏腙、亚硝胺、甲醛和氰化物等指标均可达到排放标准。若在废水中加入 $1×10^{-5}$ mol/dm³ 的 Cu^{2+},自然净化周期可缩短到两个月甚至更短。

1.影响自然净化法的因素

光照、催化剂、空气、温度以及废水的 pH 等均会影响自然净化法处理肼类废水的净化效果。

对于光照对净化效果的影响,表 7-5 列出了三组加有 Cu^{2+} 的偏二甲肼配制废水在有光照和无光照条件下的净化效果。

表 7-5　阳光对三组加 Cu^{2+} 配制废水中偏二甲肼的分解影响

样品组	1		2		3	
样品放置条件	光照	避光	光照	避光	光照	避光
UDMH 起始浓度/10^{-6}	97.2	97.2	93.3	93.3	101	101
UDMH 终止浓度/10^{-6}	0.5	5.9	0.5	7.3	0.4	—
自然净化天数	7	60	12	52	—	—

表 7-5 所列数据可以说明光照对自然净化法的处理效果影响较大。在相同起始浓度时,有光照比无光照时的偏二甲肼浓度降低了 93% 以上,而时间也相应减少 377%,可见有光照时,偏二甲肼分解速度明显加快。光照的分解机理复杂,既有能量转换,又有催化活化作用。有光照作用时,紫外光的辐射能可被废水中的偏二甲肼吸收,成为活化分子。废水中溶解的氧等氧化剂在紫外光的照射下会产生更多的自由基,例如 O·,HO·,HO₂· 等。这些自由基具有很强的活性,尤其是 HO·,可将偏二甲肼分子 N—H 中的氢原子拉出,使其成为分解偏二甲肼的引发剂,加速偏二甲肼的分解。

加催化剂也是重要的影响因素。Cu^{2+} 在偏二甲肼的自然净化过程中就起到催化剂的作用,它不仅加速了偏二甲肼的分解,而且也进一步提高了偏二甲肼分解的中间产物的降解速度。表 7-6 中所列数据为偏二甲肼原始浓度为 100mg/dm³,加酸碱(pH 不同)及加铜离子配制的废水,在高温季节(6~9 月),有阳光照射条件下,废水中亚硝胺含量的测定结果。由表 7-6 可知,当有 Cu^{2+} 催化剂存在时,废水中亚硝胺的含量可降低 97.2%~99.6%。

关于空气和温度的影响机理是显而易见的,空气主要是提供偏二甲肼分解的氧化剂,温度升高可提高分子的活性和运动速度,增加分子的碰撞机会,提高偏二甲肼废水的处理效果和缩短其净化周期。

表7-6   加酸、碱及 Cu^{2+} 的偏二甲肼废水在光照后的亚硝胺浓度

废水类型	单一 UDMH	UDMH+HNO₃	单一 UDMH	UDMH+NaOH	UDMH+Cu²⁺
pH	8~9	2~3	8~9	10~11	8~9
自然净化天数	110	110	50	50	15
亚硝胺浓度/(mg·dm⁻³)	0.07	1.94	0.41	1.96	0.008

2.自然净化法的工艺流程

自净化法处理偏二甲肼废水的工艺首先应具备光照条件,为此必须设置自然净化池,如图7-18所示。

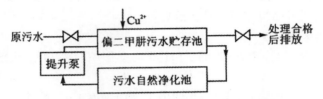

图7-18   自然净化法处理肼类废水的工艺流程

自然净化池是自然净化法处理偏二甲肼废水的关键部分,是实施偏二甲肼废水净化的重要手段,其中最为重要的是废水贮存池和废水自然净化池。

废水贮存池的结构示意图见图7-19。由图7-19可知,该废水贮存池分为两格,每格可贮存污水 200m³,二者交替使用。偏二甲肼污水贮存池的作用除起到污水贮存、均质均量作用外,还起到污水初级自然净化的作用。由于池水比较深,影响光照和空气溶入,只能达到自然净化的初级阶段或起辅助作用。

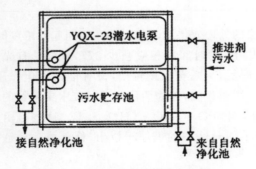

图7-19   污水贮存池结构示意图

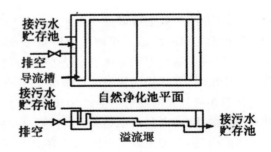

图7-20   废水自然净化详图

废水自然净化池结构形式见图7-20。由图7-20中可见,污水贮存池中的偏二甲肼废水经2台 YQX-23 潜水电泵,提升到自然净化池的导流槽,污水沿着溢流堰经三级跌水汇集到集水池,通过管道自流回污水贮存池。如此不断循环,直至废水检测合格后排放。

污水在自然净化池中的流动状态是:污水在跌水部分形成水膜垂直流下,造成局部湍流旋涡,挟带大量空气的废水沿着自然净化池的坡面顺坡逐级流下。坡面上的水膜厚度达5mm

左右,在阳光的照射下形成了一个良好的自然氧化条件。

采用跌水和薄水膜形式是自然净化的必备条件。自然净化池的尺寸可根据污水量、污水处理周期的要求、可占用地的多少做适当的增减,以便充分发挥自然净化池的处理效果。

实践证明,自然净化法是一种有效、经济、适用、简便、节能的污水处理方法,尤其是采用强氧化剂氧化后易产生一系列有毒中间产物的污水采用自然净化法更有其优越性。

7.6.1.3　氯化法

氯气和氯制剂是较强的氧化剂,作为氧化剂和消毒剂广泛应用于给水消毒和污水处理领域。对于肼类推进剂污水治理,氯气及氯制剂是常用的处理药剂。氯和氯制剂的种类很多,目前应用较多的有液氯、漂白粉、次氯酸钠、二氧化氯等。

氯气是黄绿色、带强烈特殊刺激性气味的气体,相对分子质量为空气的 2.5 倍,密度为 $3.2kg/m^3$(0℃,100kPa)。水处理工艺中常用的氯是装在有绿色环带钢瓶中的液氯。液氯的密度为 $1.5kg/m^3$(0℃,100kPa)。在常温常压下,液氯极易气化。它的沸点(液化点)为 $-34.5℃$(100kPa),1kg 液氯可气化成 $0.31m^3$ 氯气。氯气能溶于水,并与水发生水解作用。氯气在水中的溶解度与压力和温度有关。当温度为 20℃、压力为 100kPa 时,氯气在水中的溶解度为 $7.3kg/m^3$;当温度为 10℃、压力为 100kPa 时,氯气的溶解度为 $9.65kg/m^3$。

氯气溶解在水中后会迅速水解成次氯酸,并进一步离解成离子,其反应如下:

$$Cl_2 + H_2O \rightarrow H^+ + Cl^- + HOCl$$

$$HOCl \rightarrow H^+ + OCl^-$$

次氯酸的离解度与水的 pH 有关,pH=7.5 时,HOCl 和 OCl^- 各占 50%。随着 pH 的提高,OCl^- 的浓度将越来越大,HOCl 的浓度将相应减小。

其他氯制剂的作用原理也是在溶液中形成 HOCl。本书着重阐述氯化法在处理肼类推进剂污水工程上的应用。

氯制剂处理含肼类废水时,在常温下 3～5min 内即可完成反应,在 0～5℃低温下反应略慢一些,但相差不多。当原水浓度较高($c_0 > 100mg/dm^3$)时,随反应过程的进行,废水会经历明显变红,然后再变黄至无色的颜色变化过程,这是因为肼在氧化剂的作用下会逐步分解成一系列中间产物,中间产物也会不断再分解。

研究证明,1kg 偏二甲肼需用 6.5kg 次氯酸钙(有效氯占 80%)或 9.5kg 三合二(漂粉精,有效氯占 58%)固体。下面介绍两种工艺流程。

1.漂白粉、漂粉精处理肼类废水

漂白粉是氯制剂的一种,常用于山区给水和游泳池杀菌消毒。漂白粉常态下是白色粉末,保存时应注意防潮避光,防止漂白粉失效。按化学成分来说,漂白粉是钙盐与次氯酸盐的混合物,稳定的漂白粉成分包括 50% 的 $CaCl_2 \cdot Ca(OH)_2 \cdot H_2O$,30% 的 $Ca(ClO)_2 \cdot 2Ca(OH)_2$ 和 20% 的 $Ca(ClO)_2$。市售漂白粉的有效氯含量为 25%～30%。投加漂白粉时,根据其用量大小配制成浓度一定的澄清液(有效氯含量为 0.2%～0.5%),再用计量设备注入待处理的水。

漂粉精的主要成分为 $3Ca(ClO)_2 \cdot 2Ca(OH)_2$,它具有很强的杀菌、消毒、净化和漂白作用,主要由次氯酸钙与 H_2O 和 CO_2 发生反应生成具有强氧化性的次氯酸。

$$Ca(ClO)_2 + 2CO_2 + 2H_2O \rightarrow Ca(HCO_3)_2 + 2HClO$$

漂白粉、漂粉精(三合二)处理肼类污水的工艺流程详见图 7-21。由图 7-21 可知,污水

沿着管道 1 经阀门 2 流入间歇式接触池 3 中;在接触池中由投药管 5 加入漂白粉或漂粉精,通过压缩空气搅拌使药液与污水均匀混合;氯化处理后的污水进入沉淀池 6,沉淀去除悬浮渣后,合格水经管道 7 排放。

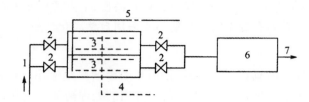

1—原污水管;2—阀门;3—接触池;4—压缩空气管;
5—投药管;6—沉淀池;7—处理污水排放管

图 7 - 21   漂白粉处理偏二甲肼污水流程

2.次氯酸钠、二氧化氯处理肼类废水

次氯酸钠是继液氯之后应用比较广泛的一种氯制剂。它除用于饮用水和游泳池水杀菌消毒外,还应用于医院污水、生活污水和其他工业废水治理领域。

次氯酸钠的分子式为 NaClO,相对分子质量为 74.44,白色粉末,有类似氯气的气味,溶于水呈微黄色。次氯酸钠具有和其他氯的衍生物相同的氧化和消毒作用。次氯酸钠溶液在 pH =11 时最稳定,含量为 $160\sim180g/L$。次氯酸盐的饱和强碱性溶液能保存两周,活性氯的浓度可达 $100\sim180g/L$。由次氯酸钠发生器生产的次氯酸钠为淡黄色透明的液体,pH $=9.3\sim$ 10,含有效氯为 $6\sim11mg/dm^3$。

二氧化氯(ClO_2)用来控制饮用水的味和嗅最早始于 20 世纪 30 年代末至 40 年代初。由于二氧化氯制造技术逐步完善,尤其是工业化生产型二氧化氯发生器的出现,使它在 20 世纪 80 年代初进入了消毒剂的行列,并越来越受到人们的重视。二氧化氯的相对分子质量为 67.5,其中氯占 53%,氧占 47%,是一种带强烈气味的黄绿色气体,10℃ 时密度为 $3.09g/dm^3$。二氧化氯易溶于水,在室温及 100kPa 时,水中的溶解度为 $2\,900g/dm^3$。二氧化氯的水溶液在 pH $=2$ 时最稳定,在碱性条件下分解速度很快,反应式如下:

$$2ClO_2 + 2NaOH \rightarrow NaClO_2 + NaClO_3 + H_2O$$

ClO_2 是强氧化剂,它对废水中的硫化物、氰化物、铁、锰、酚、氯酚、硫醇、仲胺和叔胺均有降解作用。当污水的 pH 在 $5\sim9$ 之间,平均 2.48mol 的 ClO_2 可迅速把 1mol 硫离子(S^{2-})氧化成硫酸盐离子(SO_4^{2-})。ClO_2 能把简单的氰化物,如氰化钠和氰化钾氧化成氰酸盐。试验结果表明,平均 0.97mol 的 ClO_2 可将 1mol 的氰化物(CN^-)氧化成氰酸盐离子(CNO^-)。当 pH 在 10 以上时,平均 2.13mol 的 ClO_2 可将 1mol 的氰化物离子(CN^-)氧化成二氧化碳(CO_2)和氮(N_2),平均 4.63mol 的 ClO_2 可把 1mol 的苯酚氧化成低分子非芳香羧酸。

次氯酸钠、二氧化氯处理肼类污水的工艺流程详见图 7 - 22。

由图 7 - 22 可见,污水集水池 1 中的废水经提升泵 6 提升到接触池 4;加药间 3 中的次氯酸钠发生器或二氧化氯发生器产生的次氯酸钠或二氧化氯经计量设备投入接触池 4 中,其与待处理水的混合搅拌由水泵间 2 中的循环泵 7 完成;处理合格后的水经管道 5 进入观察池停留 $3\sim5d$ 后排放。

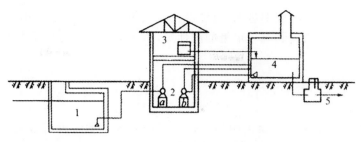

1—废水集水池；2—水泵间；3—加药间；4—接触池；
5—排放管；6—提升泵；7—循环泵

图 7－22　次氯酸钠处理偏二甲肼污水的流程

7.6.1.4　催化氯化法

肼类废水采用臭氧、次氯酸钠、过氧化氢等强氧化剂进行氧化处理，均获得了较好的效果，有的已用于实际工程。当偏二甲肼发生少量泄露时，可以采用高锰酸钾、次氯酸钠、漂粉精等进行清洗，因此对肼类废水采用氧化法处理是可行的。

空气中的氧气占 21%。如果能够充分利用空气中的氧气来氧化分解肼类废水，则更加经济、实用。试验研究已证明，氧气与偏二甲肼的反应生成物主要有甲醛二甲腙（偏腙）、水和氮气，二者的反应方程式如下：

$$3(CH_3)NNH_2 + 2O_2 \rightarrow 2(CH_3)_2NN=CH_2 + 4H_2O + N_2$$

但是，实际上空气对偏二甲肼污水的氧化效率相当低。$2dm^3$ 浓度为 $75mg/dm^3$ 偏二甲肼废水，$1min$ 内通入 $2dm^3$ 空气，氧化 $3h$ 后，其出水中偏二甲肼的浓度仍为 $70.2mg/dm^3$ 左右。

为了提高上述工艺过程的效率，可加入活性炭或者浸渍有铁、锰、铜离子的活性炭，使其氧化效率明显提高。例如，原水中偏二甲肼浓度为 $100mg/dm^3$，加入浸渍有金属离子的活性炭，同样用空气氧化处理 $3h$，其出水中偏二甲肼浓度可降到至 $1mg/dm^3$。这说明活性炭吸附剂中金属离子的催化作用提高了氧化效率。

空气催化氧化法处理偏二甲肼污水的工艺流程如图 7－23 所示。

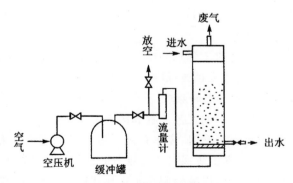

图 7－23　催化氧化法处理肼类污水的工艺流程

由图 7－23 可知：偏二甲肼污水从反应塔顶部进入，从塔下部流出；由空压机供给空气，经缓冲罐、调节阀、流量计从塔底部进入,再经微孔布气板,使空气变成微小气泡垂直上升,与偏二甲肼污水充分混合。塔内装有一定量的活性炭,由于上升空气的吹浮作用,活性炭在塔内上下翻浮。

7.6.1.5 离子交换法

1. 离子交换法概述

离子交换法是利用离子交换剂中的交换离子同废水中的有毒有害离子进行交换取代反应,去除废水中的有害物质,使废水得以净化的一种方法。

离子交换可以看作是一种特殊的固体吸附过程,它是由离子交换剂在电解质溶液中进行的。离子交换剂能够从电解质溶液中吸附某种阳离子或阴离子,而把本身所含的另外一种带相同电荷的离子等量地交换放出到溶液中去。离子交换和其他化学反应一样,严格按照化学当量定律进行,这是它与其他吸附过程的明显区别。离子交换是一种可逆过程。交换剂对各种离子具有不同的亲和力,它可以优先吸取溶液中的某些离子,这是离子交换的选择性。

2. 离子交换树脂

离子交换剂分无机和有机两大类:无机交换剂有天然海绿砂和合成沸石等;有机离子交换剂又可分为碳质和有机合成离子交换剂,碳质离子交换剂主要是磺化煤,有机合成离子交换剂即为离子交换树脂。

离子交换树脂是一种带有交换离子基团的高分子有机化合物,由两大部分组成。一部分是交换剂本体,为高分子化合物和交联剂组成的高分子共聚物,它构成了离子交换剂的固体骨架,也称母体。交换剂本体不溶于水,其结构呈晶体状态或者凝胶状态,分布成空间网状物。另一部分是交换基团,由能起交换作用的阳(阴)离子与和交换剂本体联结在一起的阳(阴)离子组成。

离子交换树脂根据离子基团的本性可分为阳离子交换树脂和阴离子交换树脂。阳、阴离子交换树脂又可根据它们酸碱反应基的强度分为强酸性和弱酸性、强碱性和弱碱性等。

当用离子交换树脂处理肼类燃料废水时,其净化过程如下:

$$(CH_3)_2NNH_2 + H_2O \rightarrow (CH_3)_2NNH_3^+ + OH^-$$
$$R-H^+ + (CH_3)_2NNH_3^+ + OH^- \rightarrow R^-(CH_3)_2NNH_3^+ + H_2O$$

其中,$R-H^+$为阳离子交换树脂。

由于肼类燃料废水中还含有肼类分解的中间产物亚硝基、氰基等阴离子,所以还需要用阴离子交换树脂处理后,才能达到废水排放标准。

3. 离子交换法处理肼类燃料废水的原理

离子交换法处理肼类燃料废水的工艺流程如图 7-24 所示。

用离子交换法处理肼类燃料废水时,废水首先通过提升泵进入装有石英砂等过滤介质的机械过滤器中,以除去悬浮物,防止堵塞离子交换柱;然后进入阳离子交换柱,去除肼类化合物,之后进入脱气塔除去二氧化碳,以减轻阴离子交换树脂的负荷;出水再进入阴离子交换柱,以除去氰根、亚硝基等阴离子;处理后的出水进入循环水池,可用于对再生后的离子交换树脂进行冲洗或排放;再生液进行焚烧无害化处理。

离子交换剂的离子交换能力有一定的限度,通常称为交换容量。当某一时刻离子交换剂

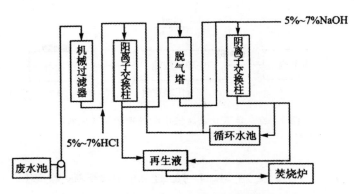

图 7-24　离子交换法处理肼类燃料废水的工艺简图

的交换量达到其交换容量时,交换剂就失去了继续交换水中阳、阴离子的能力,即达到了饱和状态,此时就需要通过一定的方法再生。

离子交换树脂的再生通常采用化学药剂法,又称酸碱再生法。它的基本原理是将一定浓度的酸、碱溶液加入失效的离子交换树脂柱中,利用酸、碱溶液中的 H^+ 和 OH^- 分别将饱和树脂上所吸附的阳、阴离子置换下来,使离子交换树脂重新获得交换水中阳、阴离子的能力。

离子交换法处理肼类燃料废水是一种简单、实用的方法,但一次性投资太大,并且废水中如果可溶性盐类太多,会影响离子交换树脂的交换能力,缩短树脂再生周期。

7.6.2　硝基氧化剂废水的治理技术

用四氧化二氮、红烟硝酸等硝基氧化剂产生的废水属于氮氧化物废水,其来源主要是加注系统的残留液、成分变质不能使用的废液,以及含有这些物质的废水。为了防止氮氧化物的废液及废水对环境的污染,在其排放前必须实施中和处理,使废液的 pH 在 6.5～8.5 范围内。

7.6.2.1　氮氧化物废液中和处理的方法

1. 碱中和法

氮氧化物废液是酸性废液,排放前必须用碱中和。如能用废碱中和达到节省处理费用、以废治废的效果则是最理想的。处理中使酸液与废碱液充分混合,待废液 pH 为 6.5～8.5 时,即可排放。

2. 碱性物质中和法

向氮氧化物废液中投加碱或碱性氧化物是实施中和处理的重要手段。通常投加的碱或碱性氧化物有氢氧化钠、碳酸钠、氧化钙、氢氧化钙、碳酸钙等。中和 1kg 硝酸需氢氧化钠 0.635kg、碳酸钠 0.84kg、氧化钙 0.455kg、氢氧化钙 0.59kg、碳酸钙 0.795kg。在实施中和处理时,应依据氮氧化物的废液量、废液浓度、处理周期及环保部门的要求等,对上述碱及碱性氧化物综合比较后,确定选择某种碱或碱性氧化物。

7.6.2.2　氮氧化物废液处理

氮氧化物废液中和处理设施在我国各航天发射中心均有配备,其工艺流程如图 7-25 所示。

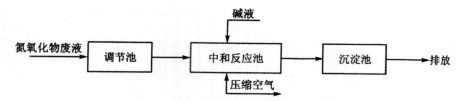

图 7-25 氮氧化物废液中和处理的工艺流程

7.7 水及废水中推进剂的污染监测

1.一甲基肼的监测

一甲基肼的监测采用二甲氨基苯甲醛分光光度法,等效于《水质 一甲基肼的测定 对二甲氨基苯甲醛分光光度法》(GB/T 14375-1993),其基本原理为:在硫酸溶液中,微量一甲基肼与对二甲氨基苯甲醛反应生成黄色络合物,反应为

$$CH_3NHNH_2+(CH_3)_2N(C_6H_4)CHO \rightarrow (CH_3)_2N(C_6H_4)CHNNHCH_3+H_2O$$
黄色联氮化合物

然后在 470nm 处用分光光度计测定。该方法可用于地表水、航天工业废水的测定。

2.偏二甲肼的监测

偏二甲肼的监测采用氨基亚铁氰化钠分光光度法,等效于《水质 偏二甲肼的测定 氨基亚铁氰化钠分光光度法》(GB/T 14376-1993),其基本原理为:微量偏二甲肼与对氨基亚铁氰化钠在弱酸水溶液中生成红色络合物,反应为

$$(CH_3)_2NNH_2+Na_3[Fe(CN)_5NH_3] \rightarrow NH_3\uparrow+Na_3[Fe(CN)_5H_2NN(CH_3)_2]$$
红色的配位化合物

然后在 500nm 处用分光光度计测定水中偏二甲肼的含量。该方法适用于地表水、航天工业废水的测定。

3.肼的监测

肼的监测采用对二甲氨基苯甲醛分光光度法,等效于《水质 肼的测定 对二甲氨基苯甲醛分光光度法》(GB/T 15507-1995),其基本原理为:在硫酸溶液中,微量肼与对二甲氨基苯甲醛作用,生成二甲氨基苄联氮黄色络合物,反应为

$$(C_6H_{10}N)CHO+N_2H_4 \rightarrow (C_6H_{10}N)CHN_2H_2+H_2O$$
黄色联氮化合物

然后在 458nm 处用分光光度计吸光度值,计算出肼的含量。该方法可用于地表水、航天工业废水的测定。.

4.黑索今的监测

黑索今的监测采用风格光度法,等效于《水质 黑索今的测定 分光光度法》(GB/T 13900-1992),其基本原理为:黑索今在硫酸溶液中加热分解生成甲醛,甲醛与对乙酰丙酮及氨作用,生成黄色 3,5-二乙酰基-1,4-二氢卢锡啶,然后在 412nm 处用分光光度计测定吸光度值,计算出黑索今的浓度。该方法适用于弹药装药工业废水中黑索今的测定。

5.梯恩梯的监测

梯恩梯的监测采用分光光度法,等效于《水质　梯恩梯的测定　分光光度法》(GB/T 13903—1992),其基本原理为:梯恩梯与亚硫酸钠发生加成反应,经氯代十六烷基吡啶增敏作用,生成红色络合物。加成反应为

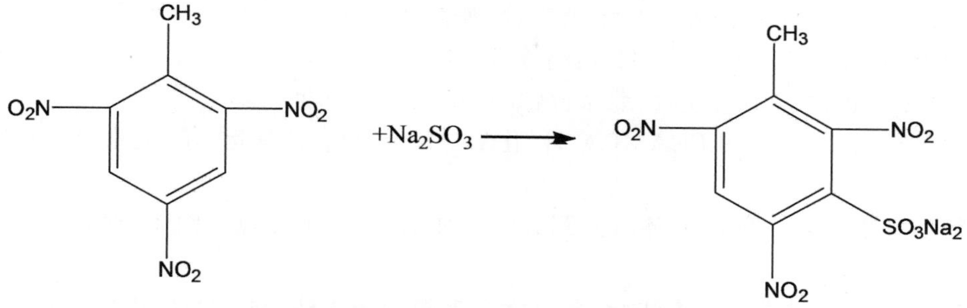

然后在 466nm 波长处用分光光度计测定吸光度值,计算出梯恩梯的含量。该方法适用于测定弹药装药工业废水中梯恩梯的浓度。

《水质　梯恩梯的测定　亚硫酸钠分光光度法》(GB/T 13905—1992)中的方法适用于生成粉状铵梯炸药工厂排出废水中梯恩梯含量的测定。该方法原理为:在室温下,梯恩梯与无水亚硫酸钠作用,生成黄色三硝基甲苯磺酸钠,在 420nm 波长下进行分光光度法测定,反应同上。

6.三乙胺的监测

三乙胺的监测采用溴酚蓝分光光度法,等效于《水质 三乙胺的测定　溴酚蓝分光光度法》(GB/T 14377—1993),其基本原理为:在碱性介质中,三乙胺被三氯甲烷定量萃取后,与酸性有机染料溴酚蓝反应生成黄色化合物。

$$C_{19}H_{10}Br_4O_5S + N(C_2H_5)_3 \rightarrow C_{19}H_{10}Br_4O_5S - N(C_2H_5)_3$$
溴酚蓝　　　　　三乙胺　　　　　　黄色化合物

在测定范围内,颜色的深度与三乙胺含量成正比,用分光光度计在 410nm 处测定。

该方法适用于地面水、航天工业废水中三乙胺的测定。

参 考 文 献

[1]叶芬霞. 无机及分析化学[M]. 2版.北京:高等教育出版社,2014.

[2]史启帧. 无机及分析化学[M]. 北京:高等教育出版社,2014.

[3]武汉大学. 分析化学[M]. 5版. 北京:高等教育出版社,2008.

[4] EUBANKS L P,MIDDLECAMP C H. 化学与社会[M]. 段连运,译. 北京:化学工业出版社,2008.

[5]中国标准出版社第二编辑室.环境监测方法标准汇编:土壤环境与固体废物[M].北京:中国标准出版社,2007.

[6]国家环保局《大气监测分析方法》编委会.大气监测分析方法[M].北京:中国环境科学出版社,2006.

[7]国家环保局《水和废水监测分析方法》编委会.水和废水监测分析方法[M].北京:中国环境科学出版社,2009.

[8]国防科工委后勤部.火箭推进剂监测防护与污染治理[M].长沙:国防科技大学出版社,1993.

[9]贾瑛,崔虎,慕晓刚. 推进剂污染与治理[M]. 北京:北京航空航天大学出版社,2016.

[10]孙宝盛,单金林. 环境分析检测理论与技术[M]. 北京:化学工业出版社,2004.

[11]奚旦立,孙裕生,刘秀英. 环境监测[M]. 北京:高等教育出版社,2010.

[12]谭惠民. 固体推进剂化学与技术[M].北京:北京理工大学出版社,2015.

[13]张炜,周星,鲍桐. 固体推进剂分析测试原理及典型案例[M]. 北京:国防工业出版社,2016.

[14]戴树桂. 环境化学[M]. 北京:高等教育出版社,2006.

[15]朱明华,胡坪. 仪器分析 [M]. 4版. 北京:高等教育出版社,2008.

[16]吴婉娥. 化学与应用[M]. 西安:西北工业大学出版社,2019.

[17]吴婉娥. 分析化学习题精解[M]. 西安:西北工业大学出版社,2006.

[18]吴婉娥,张剑,李舒艳,等. 无机及分析化学实验[M]. 西安:西北工业大学出版社,2015.

[19]吴婉娥,马岚,许国根. 无机化学导教导学导考[M]. 西安:西北工业大学出版社,2013.